DIE ENTWICKLUNG DER CHEMISCHEN TECHNIK

BIS ZU DEN ANFÄNGEN DER GROSSINDUSTRIE

EIN TECHNOLOGISCH-HISTORISCHER VERSUCH

Wiesbaden

Dr. Martin Sändig oHG.

ISBN-13:978-3-642-89671-2   e-ISBN-13:978-3-642-91528-4
DOI: 10.1007/978-3-642-91528-4

1969
Softcover reprint of the hardcover 1st edition 1969
Neudruck der Ausgabe von 1923 mit freundlicher Genehmigung des Springer-Verlages, Berlin - Heidelberg - New York.
—   Titel-Nummer 2119

FRITZ FESTER
ZUGEEIGNET

Vorwort.

Die vorliegende Schrift ist aus einer Vorlesung entstanden, die der
Verfasser im Sommersemester 1919 an der Universität Frankfurt
gehalten hat. Die notwendigerweise dort nur kurz als Einleitung
behandelte Darstellung der vorgroßindustriellen Epoche hatte das
Interesse des Verfassers an tieferem Eindringen in dieses Gebiet ge-
weckt, und das allmähliche Anschwellen des Stoffes hatte die getrennte
literarische Behandlung wünschenswert gemacht. Über das Bedürfnis
historisch-technologischer Studien läßt sich streiten. Wird es aber überhaupt zugestanden — und von jedem nicht rein-utilitarischen Standpunkt aus ist es unbedingt zu bejahen —, so muß es auch für diese
Schrift gelten, zumal ein Versuch der gleichen allgemeinen Richtung
bisher kaum vorliegt. Der Verfasser ist sich der dabei bestehenden
Schwierigkeiten durchaus bewußt gewesen und hat dementsprechend
mit voller Absicht den Untertitel „Technologisch-historischer Versuch"
gewählt. Eine Behandlung in so eingehender Weise, wie sie für bestimmte Zeitepochen oder stofflich abgegrenzte Gebiete, beispielsweise in den vorbildlichen Schriften von v. LIPPMANN vorliegt, wäre
naturgemäß auch möglich gewesen, hätte aber statt dreier Jahre
vielleicht ebensoviel Jahrzehnte in Anspruch genommen. Nicht
immer war ein so reichhaltiges zeitgenössisches Material vorhanden,
wie es z. B. für die Technik des 16. Jahrhunderts der Fall ist, oder
konnte auf streng kritischen, unter Benutzung urkundlicher Grundlagen
abgefaßten Studien aufgebaut werden, wie sie in den Schriften des genannten Verfassers, in den von HEYD, ROMOCKI, SIMONSFELD, WRANY
u. a. vorliegen, vielmehr mußte hier und da auch auf Quellen zweifel-
hafteren Wertes zurückgegriffen werden, so auf die historischen Ein-
leitungen technologischer Handbücher, was naturgemäß trotz vor-
sichtigster Benutzung zu einer gewissen Ungleichmäßigkeit in der
Verläßlichkeit führen mußte. Der Verfasser richtet daher an alle
Fachgenossen die Bitte, ihn auf etwaige Irrtümer oder wichtigere
Auslassungen aufmerksam machen zu wollen.

Unterstützt wurde der Verfasser durch Privatmitteilungen der
Herrn Dr. BUGGE-Konstanz und Prof. Dr. RATHGEN-Berlin, der die
große Mühe nicht gescheut hat, im Laboratorium der staatlichen
Museen eigene Untersuchungen über antike keramische Farben an-
stellen zu lassen, ferner durch Mitteilungen des Hüttenamts in

Oker und des Herrn Prof. Dr. BERGSTRÄSSER-Breslau, der die Recht-
schreibung der arabischen Namen revidierte; bei dem Lesen der
Korrekturen hat Herr stud. chem. BRUDE mitgewirkt. Allen genannten sei an dieser Stelle besonderer Dank zum Ausdruck gebracht, nicht zum wenigsten auch dem Verlagshause Julius Springer,
das trotz der schwierigen Zeitumstände das Risiko der Herausgabe
eines nicht unmittelbar praktischen Zwecken dienenden Buches nicht
gescheut hat.

Frankfurt a/M., im Februar 1923.

Gustav Fester.

Inhaltsverzeichnis.

Berichtigungen.

S. 24, Z. 19 v. o. „THEOPHRAST".

Zu S. 39/40 (Angewandte Chemie der arabischen Periode) ist als Literaturangabe nachzutragen: Vgl. RUSKA, Steinbuch des Aristoteles, ferner Zeitschr. f. angewandte Chemie Jg. 1922, S. 719.

S. 57, Z. 9 v. o. „BIRINGUCCIO", desgl. auf S. 58ff.

S. 60, Z. 5 v. o. „ORTHOLF".

S. 104, Z. 18 v. o. „MEGENBERG".

S. 116, Z. 18 v. u. sind die Worte „Fugger und" zu streichen.

S. 177, Z. 20 v. u. „WEDGWOOD".

Einleitung.

Die chemische Werktätigkeit befaßt sich mit der technischen und wirtschaftlichen Auswertung solcher Vorgänge, bei denen stoffliche Umwandlungen stattfinden. In engerem Sinne gehören dazu lediglich diejenigen Prozesse, welche die Darstellung reiner chemischer Individuen zum Ziele haben, in weiterem Sinne auch solche, bei denen wie beispielsweise beim Gärungsgewerbe keine derartige Identität des chemischen und technischen Vorganges besteht, auch solche, bei denen wie bei der Glasindustrie der chemische Prozeß auf das engste mit der mechanischen Formgebung verknüpft ist, ferner Verfahren, bei welchen — beispielsweise bei der Zuckergewinnung — ohne eigentliche Stoffumwandlung mit ähnlichen Hilfsmitteln wie bei den chemischen Verfahren die Isolierung eines bereits vorhandenen Körpers aus Naturprodukten stattfindet, und endlich auch die Metallurgie, die zwar der Definition nach in den engeren Kreis gehört, aber doch wegen ihrer eigenartigen Methoden, ihrer selbständigen Entwicklung und der engen Verknüpfung mit dem Bergbau eine Sonderstellung zu beanspruchen hat.

Die stoffliche Umwandlung erscheint im Gegensatz zu der Änderung der Form zunächst weniger sinnfällig. Sie kann auch nicht wie diese durch die Hand und die gewissermaßen als deren Weiterbildung aufzufassenden Werkzeuge ausgeführt, also nicht unmittelbar durch mechanische Arbeit zur Auslösung gebracht werden, vielmehr können chemische Vorgänge nur durch energetische Prozesse nichtmechanischer Art hervorgerufen werden; soweit die chemischen Reaktionen nicht ohne Zufuhr von Fremdenergie freiwillig verlaufen, ist es bis in die Neuzeit hinein ausschließlich die Wärmeenergie gewesen, die, sei es, um chemische Vorgänge überhaupt zu ermöglichen, sei es, um solche zu beschleunigen, den notwendigen Arbeitsaufwand in der chemischen Technik bestritten hat.

Erscheint also schon genetisch betrachtet der chemische Prozeß und das auf chemischem Wege gewonnene Material als etwas Mittelbares, so gilt dies in noch höherem Grade, wenn wir die chemische Substanz, d. h. die ungeformte Materie, auf ihre Verwendungsfähigkeit hin untersuchen. Soweit nicht etwa wie bei Färberei und Keramik die substanzbildenden Teile der Verfahren mit formgebenden abwechseln, sind, abgesehen von der Metallurgie, in der Kindheitsperiode der Menschheit und bis in die neuere Zeit hinein praktisch ausgeführte chemische Prozesse außerordentlich selten. Die chemische Substanz als solche dient zumeist nicht der unmittelbaren Bedarfsbefriedigung, sie ist gewöhnlich nur Ausgangsprodukt für weitere chemisch-technische Prozesse oder Hilfsstoff für andere Gewerbe, sie ist vielfach nur ein Glied in einer ganzen Kette von Produkten, wie wir sie erst auf der Stufe einer allgemeinen weitgehenden Industrialisierung vorfinden.

Die Kompliziertheit ferner der chemischen Vorgänge, deren außerhalb des Bereiches des Sichtbaren liegende Mechanik durchgebildete wissenschaftliche Grundlagen zum Verständnis voraussetzt, wie sie erst zu Anfang der Neuzeit in ausreichender Vollendung vorliegen, läßt die chemische Werktätigkeit gegenüber der unmittelbar den Sinnen zugänglichen makromechanischen ebenfalls als die spätere, fortgeschritteneren Zeiten angehörige gewerbliche Entwicklungsform erscheinen. Die rohe Empirie vergangener Jahrhunderte bedeutet in noch weit höherem Grade ein Tasten im Dunkeln bei den chemischen als bei den mechanischen Prozessen, und die Wahrscheinlichkeit des empirischen Auffindens einer der langen, für die heutige chemische Technik charakteristischen Vorgangsketten ist in früheren Zeiten verschwindend gering gewesen. Nur dort, wo sich zwischen Urstoff und Verbrauchsgut gar keine oder nur wenige Zwischenstufen einschieben, wächst die Wahrscheinlichkeit für empirische Erfolge, und in solchen Fällen sind auch tatsächlich die wenigen Beispiele chemisch-technischer Prozesse im engeren Sinne bis in die neuere Zeit zu suchen.

Da also das Tempo des technischen Fortschritts durch die Jahrtausende hindurch im wesentlichen von unveränderter Langsamkeit geblieben ist und erst etwa mit Ablauf des 18. Jahrhunderts im Zusammenhang mit der wissenschaftlichen Rationalisierung und dem gewaltigen Aufschwung der nichtchemischen Industrien eine vervielfältigte Beschleunigung erfahren hat, erscheint es gerechtfertigt, die Darstellung mit diesem Wendepunkt zunächst abzuschließen und die Entwicklung der großindustriellen Periode einer späteren besonderen Behandlung vorzubehalten. Unter Berücksichtigung technischer, wirtschaftlicher und kultureller Momente ergibt sich ungezwungen folgende Einteilung des Stoffes, die naturgemäß mit den üblichen Abschnitten der politischen Geschichte und auch der Geschichte der Wissenschaft nicht immer völlig im Einklang steht:

I. Altertum und Frühmittelalter. Chemische Gewerbe im engeren Sinne spielen noch fast gar keine Rolle. Anfänge der rein empirisch betriebenen Metallurgie, Keramik, Glasbereitung, Färberei, Gerberei usw. Herstellung vereinzelter Präparate. Chemisches Klein- und Kunstgewerbe und Anfänge der wissenschaftlichen Chemie.

a) Ägyptisch-orientalischer Kulturkreis.

b) Griechisch-römischer Kulturkreis.

c) Spätgriechisch-arabischer Kulturkreis, Alchemie.

d) Westeuropäisches Frühmittelalter, als Fortsetzung antiker Tradition.

II. Periode vom späteren Mittelalter bis zum Ende des 18. Jahrhunderts. Beginn der chemischen Werktätigkeit in größerem Umfange im Anschluß an den Bergbau, den Warenhandel und die Arzneikunde. Anfänge einer Verselbständigung der chemischen Gewerbe. Übergang zur chemischen Großindustrie.

a) Periode der italienisch-deutschen gewerblichen Vorherrschaft bis etwa zum Ausbruch des Dreißigjährigen Krieges.

b) Periode der holländisch-französisch-englischen Handels- und Gewerbssuprematie bis zum Beginn der Großindustrie.

Hieran würde sich als Gegenstand späterer Darstellung die großindustrielle Periode seit Beginn des 19. Jahrhunderts anreihen, die ihrerseits wieder in einen anorganischen (englischen), organischen (deutschen) und den gegenwärtigen, durch stärkere Berücksichtigung elektro- und physikochemischer Arbeitsmethoden gekennzeichneten Zeitabschnitt unterteilt werden könnte.

Im übrigen darf der Wert einer solchen Anordnung des zu behandelnden Stoffes, worin sich am ehesten ein Hineintragen der Ideen des Autors in das Objekt der Darstellung dokumentiert, nicht überschätzt werden. Der Versuch des Aufzeigens größerer Entwicklungslinien und Entwicklungstendenzen darf nicht dazu führen, der geschichtlichen Wahrheit in dem Prokrustesbett eigener vorgefaßter Vorstellungen Gewalt anzutun. Induktion oder wissenschaftlicher Impressionismus und nicht Deduktion oder Expressionismus muß auch dann die oberste Maxime bleiben, wenn der Naturwissenschaftler und Techniker sich auf das Gebiet geschichtlicher Darstellung begibt.

A. Die chemische Technik im Altertum und Frühmittelalter.

1. Ägyptisch-orientalische Technik.

Als Beispiel industrieller Urgeschichte erscheint die der altägyptischen Technik besonders geeignet, einmal, weil im Zusammenhang mit der staatlich-wirtschaftlichen Struktur des Nillandes wie der psychischen Eigenart des Volkes schon früh eine reiche Entfaltung der Technik zu beobachten ist und zweitens, weil dank dem erhaltenden Einfluß des Trockenklimas uns Schriftdenkmäler und bildliche Darstellungen sowie Gebrauchsgegenstände aller Art in seltener Reichhaltigkeit und bestem Erhaltungszustande überkommen sind, so daß wir hier in technisch-wirtschaftlicher Beziehung in gewisser Hinsicht besser unterrichtet sind als über die Völker des klassischen Altertums. Auch die durch die vorgeschobene Lage am Berührungspunkt des orientalischen und griechisch-römischen Kulturkreises bedingten engen Beziehungen zu den Mittelmeervölkern haben das Interesse an dem Studium der altägyptischen Kultur weit früher erwachsen lassen, als dies gegenüber den anderen großen orientalischen Kulturvölkern der Fall gewesen ist, wiewohl auch bei diesen die fortschreitende Forschung eine erstaunlich hohe Entwicklung in technisch-wirtschaftlicher Hinsicht erkennen läßt.

Die Übereinstimmung staatlichen und wirtschaftlichen Aufbaues am Nil wie im Zweistromlande — ähnliches mag für andere große altorientalische Reiche gelten — ist offenbar eine direkte Folge der hydrographischen Gleichheit: beidesmal sehen wir als Rückgrat eines Trockengebietes mächtige Ströme, die Anlaß zu einer Staatenbildung schärfster Konzentration geben und das zu einer Zeit, als die übrige Menschheit noch größtenteils in ein loses Haufwerk von Sippen und Stämmen zersplittert war. Nur in solchen, staatlich und wirtschaftlich geschlossenen Gebilden, wie sie die altorientalischen Länder darstellen, vermochte sich auch frühzeitig eine gewisse Industrie zu entfalten, die, obwohl sie auf ganz anderer Grundlage beruht, mit dem Manufakturwesen der neueren Zeit oder gar der neuzeitlichen Fabrikindustrie eher gemeinsame Züge als mit der handwerksmäßigen Betriebsform aufweist. Das bedürfnis- und willenlose Element der Maschine auf der einen Seite, des Hörigen- oder Sklaventums auf der anderen Seite ermöglicht eine mechanisierte, rationelle Betriebsführung, weitgehende Arbeitsteilung und eine Massenhaftigkeit der Produktion, wie es bei dem nach Art des Künstlers individuell gestaltenden, langsam und verhältnismäßig weniger über den Eigenbedarf hinaus produzierenden Handwerker nicht denkbar ist. Die Wasserbautechnik großen Stiles, eine Lebensnotwendigkeit für die Gebiete der großen Ströme, die wohl zuerst mit ihren gewaltigen Kanal- und Dammbauten Tausende von Händen in Sklaven- oder Fronarbeit unter einem einzigen Unternehmer in Bewegung gesetzt hat, mag die orientalischen Völker an technische Objekte großer Dimensionen gewöhnt haben; die damit gegebenen wirtschaftlich-technischen Formen haben sich dann auch sonst in der Baukunst durchgesetzt und auch jedenfalls die weitere Technik beeinflußt. Im übrigen hat das eigentliche Sklaventum, das später vielfach die Grundlage des griechisch-römischen Gewerbebetriebes — soweit er überhaupt großgewerblicher Natur war — gebildet hat, in dem älteren Ägypten[1]) keine besondere Rolle gespielt. Hier tritt die Fronarbeit ganzer Bevölkerungsteile im Dienste des Pharao oder die Hörigkeit gegenüber den Feudalherrn an diese Stelle; auch Kleinhandwerker, wie Töpfer, Glasarbeiter und Gerber werden neben völlig freien Gewerben als hörig aufgeführt.

Die mit einer Stoffumwandlung verbundenen und meist nicht, wie oben gezeigt, einer unmittelbaren Bedarfsbefriedigung dienenden chemischen und verwandten Gewerbe tragen allerdings im Gegensatz zur Baukunst meist kleingewerblichen Charakter. Am meisten hat großindustriellen Umfang — abgesehen von der Ziegelbereitung — schon früh die mit dem Erzbergbau verknüpfte Metallgewinnung erreicht, die angesichts der bedeutenden Massen wertlosen Materials, welche im Vergleich zum Endprodukt bewegt werden müssen, ebenfalls nur im arbeitsteiligen Großbetrieb mit Sklaven, Hörigen oder Gefangenen möglich war.

In der Metallurgie[2]) dürfte der älteste, sich chemischer Umsetzungen bedienende Gewerbezweig vorliegen, wie überhaupt die wissenschaftliche und technische Chemie von der Metallgewinnung ihren Ursprung genommen hat. Welches Metall am frühesten in der Urgeschichte der Völker auftaucht, läßt sich an Hand der Gräberfunde leicht feststellen, und zwar ist es das Gold, das in Ägypten z. B. in Form von Schmucksachen neben Steinwerkzeugen bereits in Gräbern der älteren Steinzeit (5000—3500) angetroffen wird. Daß gerade dieses Metall zuerst in Gebrauch genommen wird, leuchtet ein, da es durch das

---

[1]) Über ägyptische Kultur- und Wirtschaftsgeschichte vgl. EDUARD MEYER, Geschichte des Altertums, Wirtschaftliche Entwicklung, und SCHNEIDER, Kultur und Denken der alten Ägypter.

[2]) Vgl. NEUMANN, Metalle; STRUNZ, Vorgeschichte, S. 28 f.; LIPPMANN, Alchemie, S. 216, 517; NEUBURGER, Technik des Altertums, S. 11 f.

Vorkommen in gediegenem Zustand leicht erkennbar ist und ohne großen technischen Aufwand durch einfaches Waschen des goldführenden Sandes gewonnen werden kann. In historischer Zeit, d. h. seit etwa 2000, ist man dann dazu übergegangen, das Gold auf primärer Lagerstätte aufzusuchen, und es hat mit Hilfe von Sklaven und Gefangenen ein reger Bergbau großen Stiles in Nubien eingesetzt, der die Hauptmenge des ägyptischen Goldes geliefert haben dürfte; außerdem ist auch Gold eingeführt (teilweise als Tribut geliefert) worden, das vielleicht aus Ost- oder gar Südafrika stammte. Die in den nubischen Bergwerken angewandte Technik wie auch die außerordentlich schlimme Lage der Arbeiter wird in einem Bericht des AGATHARCHIDES aus dem 2. vorchristlichen Jahrhundert geschildert; die eigentliche Goldgewinnung dürfte aber schon in den ältesten Zeiten in gleicher Weise vor sich gegangen sein, und zwar auf rein mechanische Art durch ein Zerkleinern des goldführenden Gesteins mit nachfolgendem Schlämmen. Ein an der gleichen Stelle beschriebener, auf chemischer Umsetzung beruhender Hilfsprozeß zur Reinigung des Goldes dürfte wohl aus Lydien im 6. Jahrhundert eingeführt worden sein. Der Berichterstatter beschreibt dies Verfahren als ein Umschmelzen des Goldes mit Kochsalz, Blei, Zinn (?) und Gerstenkleie oder Spreu zum Zweck des Läuterns; das Silber ging dabei in Chlorsilber über, welches dann durch die Tiegelwände aufgesaugt wurde.

Die Gewinnung der eigentlichen Gebrauchsmetalle, des Kupfers (der Bronze) und des Eisens, setzt bereits erhebliche technische Fertigkeiten voraus und ist daher wesentlich jüngeren Datums als die des Goldes, wenn auch in Ägypten Kupfergegenstände bereits in Gräbern aus dem 5. Jahrtausend vorkommen. Die Frage, welches der beiden Nutzmetalle zuerst aufgetreten ist, ist viel erörtert worden, hat aber in ihrer Allgemeinheit jedenfalls keinen Sinn, ebenso wie überhaupt die absolute zeitliche Fixierung technischer Epochen sinnlos ist, vielmehr, namentlich für die Zeiten eines unvollkommenen Weltverkehrs und Erfahrungsaustausches, die technisch-industrielle Entwicklung eines jeden Volks- oder Kulturkreises gesondert betrachtet werden muß. Je nach der Art der vorhandenen Erze — jedenfalls auch mitbeeinflußt durch die äußeren Handelsbeziehungen — ist das eine oder das andere der beiden Metalle bei den verschiedenen Völkern zuerst in Erscheinung getreten. Die technischen Schwierigkeiten der Kupfergewinnung sind jedenfalls von denen der Eisengewinnung wenig verschieden: läßt sich das Eisen bei geringerer Temperatur reduzieren, so läßt sich das Kupfer wieder bequem gießen und leichter bearbeiten. Die Gräberfunde des ägyptisch-vorderasiatischen Kulturkreises zeigen, daß dort der Gebrauch des Kupfers weit älter ist als der des Eisens, während z. B. einzelne Negerstämme, die wohlvertraut mit der Eisenmetallurgie sind, den Gebrauch des Kupfers und der Bronze nie gekannt haben.

Die oxydischen Kupfererze des Sinai haben wohl in erster Linie das Material für die altägyptischen Waffen und Werkzeuge geliefert. Während die ersten Spuren der Kupferverwendung bis in das 5. Jahrtausend hinaufgehen, sind doch erst gegen 3000 die Steinwerkzeuge völlig verdrängt worden; daß dies überhaupt möglich war, beruht auf einem Arsengehalt des Metalls, wodurch dieses nicht nur leichter schmelzbar, sondern auch wesentlich härter wurde. Über die technisch-metallurgischen Einzelheiten sind wir nicht näher unterrichtet; die Metallgewinnung dürfte in kleinen Öfen unter Verwendung von Blasebälgen vor sich gegangen sein, die, wie bildliche Darstellungen zeigen, mit den Füßen niedergetreten und dann wieder mit Hilfe von Schnüren hochgezogen wurden.

Infolge seiner Weichheit spielt das Kupfer als Werkzeugmaterial meist nur eine vorübergehende Rolle zwischen dem Stein und der Bronze. Die Entdeckung der Härtung des Kupfers durch Zinn scheint an verschiedenen Stellen unabhängig gemacht worden zu sein, da z. B. auch die altamerikanischen Kulturvölker die Bronze kennen. In Ägypten wie im Zweistromlande dürfte die Bronze gegen 3000 aufgetreten sein, und zwar hat man in Babylonien an Stelle von Zinn teilweise auch Blei zugesetzt. In Mitteleuropa ist die Bronzezeit wesentlich jünger und hat erst gegen 2000 begonnen; die ältesten Gegenstände sind zudem wahrscheinlich Importartikel phönizischer und mykenischer Händler gewesen. Die Beschaffungsmöglichkeit für das notwendige, nur an einzelnen Stellen der alten Welt vorkommende Zinn ist an das Vorhandensein eines ausgedehnten internationalen Handels geknüpft. Ägypten — dessen Bronze einen im Lauf der Zeit ansteigenden Gehalt an Zinn aufweist — hat das Zinn aus dem Osten, wahrscheinlich aus dem nordöstlichen Persien bezogen, indes die bekannten Zinninseln (die Scilly-Inseln, die aber nur Umschlagplatz für das britannische Zinn waren) jedenfalls erst im 1. Jahrtausend durch Vermittlung des phönizischen Handels die antike Kulturwelt mit Zinn versehen haben; im 5. Jahrhundert werden die Kassiteriden von HERODOT erwähnt.

Auch die Eisenindustrie[1] hat sich wahrscheinlich an zahlreichen Stellen unabhängig entwickelt. Wenn auch eine Herstellung geschmolzenen Eisens angesichts der geringen metallurgischen Fertigkeit im ganzen Altertum nicht stattfand, so vermochte man doch in den kleinen, mit Blasebälgen versehenen Öfen oder Gruben das Erz mit Holzkohle zu einem schlackendurchsetzten Eisenschwamm

---

[1] Vgl. auch BECK, Geschichte des Eisens.

zu reduzieren, der dann ausgeschmiedet und weiter verarbeitet wurde, eine Technik, die übrigens in Indien und bei Naturvölkern heute noch in fast unveränderter Form in Anwendung ist. Je nach der stärkeren oder geringeren Kohlung dürfte dabei Weicheisen oder Stahl erhalten worden sein, ohne daß man sich naturgemäß des tieferen Grundes dieses Unterschiedes bewußt war, ebenso wie auch die sonstigen Manipulationen der Stahlbereitung, das Erhitzen und Abschrecken, Härten und Anlassen bis zur Neuzeit rein empirisch betrieben wurden.

Als ältester Eisengegenstand der ägyptischen Frühzeit gilt gewöhnlich das Bruchstück eines Werkzeuges aus Weicheisen, das von HILL aus der Cheopspyramide hervorgezogen wurde. Der Mangel Ägyptens an Eisenerzen macht die langsame Einführung des Metalls erklärlich, das bis 1200 noch recht selten war. Der Überlieferung nach wurde es ebenso wie Stahl teilweise als Tribut von den Hetitern bezogen. Überhaupt scheinen die Völker des östlichen Kleinasiens in der Eisenmetallurgie bewandert gewesen zu sein, da die griechische Überlieferung den pontischen Chalybern die Erfindung der Stahlbereitung zuschrieb.

Auch das Blei sowie das Antimon dürften am frühesten in Vorderasien aufgetaucht sein; dank der leichten Gewinnbarkeit gehören beide zu den am längsten bekannten Metallen überhaupt. In Ägypten wird das Blei zunächst meist als Einfuhrartikel erwähnt, der wahrscheinlich aus dem Zweistromland, vielleicht auch aus Spanien bezogen wurde; in den ausführlichen sogenannten Tribut-listen des Königs THUTMES II. aus der Zeit um 1500 (die wahrscheinlich Handelslisten waren) wird es neben Edelmetallen und Kupfer aufgeführt. Daß bei den Sumerern der Gebrauch des Bleis wesentlich älter ist — er ist bis in das 3. Jahrtausend nachzuweisen, wo auch schon Bleibronze vorkommt — ist deshalb besonders einleuchtend, weil das östliche Kleinasien reichhaltige Vorkommnisse silberhaltigen Bleiglanzes aufweist; manche Gruben haben dort den verschiedensten Völkerschaften Blei und Silber geliefert und sind teilweise bis in die Gegenwart in fast unverändert primitiver Technik ausgebeutet worden.

Das Silber, das durch den Treibprozeß, eines der ältesten chemisch-metallurgischen Verfahren, mit dem Blei auf das engste verknüpft ist, tritt uns in größerem Umfange ebenfalls zuerst im Zweistromlande entgegen. Die Funde an silbernen Schmuckgegenständen gehen bis etwa 2900 hinauf — ebenso alt sind die Silberfunde des altägäischen Kulturgebiets — und zur Zeit HAMMURABIS, also etwa um 2000, ist Mesopotamien bereits als Silberwährungsland mit dem Schekel als Münzeinheit anzusehen. Demgegenüber tritt die Bedeutung des Silbers für Ägypten sehr zurück, wo noch gegen 1500 das Gold das minder wertvolle Metall war. Das Silber dürfte dort ebenfalls aus dem Norden eingeführt und später durch phönizische Vermittlung aus Spanien bezogen worden sein. Von dort stammt vielleicht auch das Quecksilber, das man in einem ägyptischen Grab aus dem 15. oder 16. Jahrhundert aufgefunden hat. Älteren Datums war jedenfalls die Bekanntschaft mit dem sogenannten „Asem", wahrscheinlich einer natürlichen Gold-Silberlegierung, die seit dem 3. Jahrtausend aus Nubien eingeführt wurde. Dieses Asem, das griechische Elektron, dessen Name später die allgemeine Bedeutung einer Legierung überhaupt bekommt, hat große Wichtigkeit für den Ursprung der Alchemie: das aus Gold und Silber erhältliche, scheinbar neue Metall dürfte zuerst den Gedanken der Möglichkeit einer Metallverwandlung nahegelegt haben.

Der Bergbau, wie z. B. der Goldbergbau, ist in Ägypten staatlicher Großbetrieb gewesen. Daneben finden wir eine ganze Anzahl Kleingewerbe, die teils von freien, teils von unfreien, hörigen Handwerkern betrieben werden. Als dritte gewerbliche Form endlich entwickelt sich nach und nach eine unter priesterlicher Leitung stehende sakrale Technik, die allmählich in der Gestalt der Großmanufaktur erscheint. Von den den chemischen nahestehenden Gewerben[1] dürfte die Keramik vielleicht das älteste sein, aber auch Gärungsgewerbe, Glasfabrikation, Gerberei, Färberei, Ölschlägerei, Papyrusfabrikation, Kosmetik (Kunst des Einbalsamierens) gehen mit ihren Anfängen meist über das 2. Jahrtausend hinaus. Schon im alten Reiche vor 2000 kannte man die Weinkelterei — die Trauben wurden in Säcken ausgequetscht — und ebenso die Bierbereitung, deren Erfindung man dem Gott Osiris zuschrieb, auch der Essig war seit alters bekannt. In Babylonien verstand man sich ebenfalls bereits 2800 v. Chr. auf die Erzeugung von Bier, das übrigens, da es aus Brot bereitet und nicht gehopft wurde, mehr eine Art Kwaß gewesen ist. Die Gerberei ist unter Sesostris — um 1880 — sicher schon in größerem Umfang, und zwar mit Baumrinde ausgeübt worden. Auch die Textilfärberei muß sich schon frühzeitig in Ägypten zu bemerkenswerter technischer Höhe entwickelt haben, worauf die Zeugnisse der hellenistisch-römischen Zeit gewisse Rückschlüsse zulassen, wenn auch praktische Belege der alten Technik nur in vereinzelten Fällen vorliegen. So hat man bei Mumienbinden aus der Zeit um 2500 Safflor als färbenden Bestandteil nachgewiesen, und um 1300 ist Hennah bereits wohlbekannt gewesen. Der Indigo — wahrscheinlich der einheimischen Indigofera argentea entstammend — wurde schon

---

[1] Über die verschiedenen Gewerbe vgl. Blümner, Gewerbliche Tätigkeit; Lippmann, Alchemie, S. 261 f.; Neuburger, Technik des Altertums.

um das Jahr 1000 verwendet, wie aus einer von RATHGEN[1]) durchgeführten Untersuchung der Reste des Gewandes einer Prinzessin hervorgeht. Lediglich die Purpurfärberei scheint nicht ägyptischer Provenienz gewesen zu sein, wenn auch die antike Tradition, welche diese Erfindung den Phöniziern zuspricht, unzutreffend sein dürfte, da schon um 1600 in Kreta mit Purpur gefärbt worden ist.

Wie weit Kosmetik und Pharmazie[2]) bereits um die Mitte des 2. Jahrtausend gewesen ist, zeigen die zahlreichen Rezepte des Papyrus EBERS, einer wohlerhaltenen Handschrift des 16. Jahrhunderts. Wenn es sich hier auch weniger um chemische Prozesse als um Präparationen von natürlich vorkommenden Stoffen handelt (Auspressen von Ölen, Herstellen von Salben und Schminken usw.), so zeigen doch die angewandten Handgriffe, das Rösten, Auskochen, Auspressen, Vergären, Seihen und Klären, schon ein respektables Maß chemischer Fertigkeit, wie überhaupt neben der Metallurgie die Pharmazie als Mutter der chemischen Technik anzusehen ist. Ebenso wie die Präservierung des toten Körpers, das Einbalsamieren, von jeher eine große Rolle spielte und von einer besonderen Handwerkerklasse ausgeübt wurde — es geschah in der Hauptsache durch Einlegen in natürliche Sodalauge oder Kochsalzlösung —, so war auch die Kosmetik, das Bereiten der wohlriechenden Salben und Schminken, wie die zahlreichen Funde beweisen, von großer Wichtigkeit. Als Material für schwarze Schminke diente zumeist Bleiglanz und Grauspießglanz, der in der ganzen alten Welt verwandt wurde und einen wichtigen Handelsartikel bildete. Für Schwarz oder Braun findet sich außerdem Braunstein, eisenhaltige Tone und wahrscheinlich durch Glühen aus Carbonat bereitetes Kupferoxyd, für Grün, womit man sich Ringe um die Augen malte, natürliche oder künstliche Kupferverbindungen, wie Grünspan und das unten erwähnte Kupferglas in pulverisiertem Zustande, mit die ersten Beispiele für künstlich hergestellte chemische Präparate. Von organischen Farbstoffen findet sich damals schon das Rot der Hennahpflanze verwendet, mit dem sich auch heute noch die Orientalinnen die Fingernägel färben.

Von teilweise ähnlicher Zusammensetzung wie die Schminken erwiesen sich die Farben[3]) der altägyptischen Wandgemälde, die nur wenig Nuancen zeigen, aber von großer Haltbarkeit sind. Eine Untersuchung von Fresken, die aus der griechisch-römischen Epoche stammen, hat neben der Verwendung von Ocker, Eisenoxyd und

---

[1]) Chemiker-Zeitung, Bd. 45, S. 1101. 1921.

[2]) LIPPMANN, Abhandlungen II, S. 1; NEUBURGER, Technik des Altertums, S. 118, 127.

[3]) Über Farben, Glas, Keramik vgl. BLÜMNER, Technologie II u. IV; HORN, Glasindustrie; KISA, Glas im Altertum; LIPPMANN, Alchemie, S. 271; NEUBURGER, Technik des Altertums, S. 133, 155, 194.

Mennige ebenfalls gepulvertes Kupferglas als blauen Farbstoff ergeben; für Rosa wurde Gips benutzt, der wahrscheinlich mit Krapp gefärbt wurde. Die blauen, kupferhaltigen Glasflüsse mit grünlichem Stich, das im ganzen Altertum berühmte Ägyptischblau, gehen in ihrer Anwendung als solche, als keramische Glasur und in feingestoßenem Zustande als Malerfarbe bis in sehr frühe Zeiten zurück. Nach den Untersuchungen von RATHGEN[1]) enthält die hellblaue Glasur eines Scherbens aus der Zeit um 2800 bereits Kupferoxyd als färbenden Bestandteil, und schon vor 2000, dann in besonders großem Umfang zur Zeit des neueren Reiches, nach 1600, finden sich die bekannten grünblau glasierten Keramiken, wie sie jedes Museum aufweist. Eine ebenfalls von RATHGEN untersuchte, etwas dunklere, schön blaue Glasur aus dem Jahre 1375 enthält gleichfalls Kupferoxyd, während eine aus der gleichen Zeit stammende dunkelblaue, außen glänzende, innen violett getönte Glasurmasse, die in einer Dicke von über einem Zentimeter auf einem grauweißlichen, stark kieselsäurehaltigen Material sitzt, ihre Färbung ausschließlich einem Gehalt an Kobaltoxyd verdankt[1]). Auch außerhalb Ägyptens, in dem ägäischen und mykenischen Kulturkreis, kommen blaue, kupferoxydhaltige Glasuren vor, wie beispielsweise eine aus dem Jahre 2000 stammende blaue Scherbe von NAXOS[2]) beweist. Die Bereitung des Ägyptischblau für Zwecke der Malerei ist aus wesentlich späterer Zeit durch VITRUVIUS überliefert worden, der angibt, daß Sand mit Soda und Kupferfeilspänen in irdenen Töpfen geglüht werden soll. Die Analysen der abgekratzten Farben, ebenso wie der Glasuren, haben den Kupfergehalt der Glasflüsse bestätigt, und von PUKALL[3]) sowie von LE CHATELIER[4]) wurden solche Glasuren — als kupferhaltiges Kalk-Natronglas — in der gleichen Tönung wie die antiken Erzeugnisse erhalten.

Nach den Untersuchungen von BURTON[5]) sind die ägyptischen Keramiken, die man als Fayencen angesprochen hat, keineswegs als solche zu bezeichnen, da sie in der Grundmasse aus Sandstein mit nur geringem Tongehalt bestehen. Im allgemeinen hat die Keramik, eines der ältesten Gewerbe überhaupt, in Ägypten weder künstlerisch noch technisch einen besonders hohen Stand erreicht. Die Ziegel wurden zumeist nur an der Sonne getrocknet — wenn auch gebrannte schon aus prähistorischer Zeit bekannt sind — und die Tongefäße zeigen nur die einfachsten Formen. Namentlich in der Kunst der

---

[1]) Privatmitteilung des Herrn Prof. RATHGEN.
[2]) RHOUSOPOULOS bei DIERGART, Beiträge zur Geschichte.
[3]) Sprechsaal, Jg. 1912, Nr. 48.
[4]) Ztschr. f. angew. Chemie, Jg. 1907, S. 517.
[5]) Sprechsaal, Jg. 1912, S. 687.

Herstellung farbiger Fliesen, die sich nur vereinzelt in Ägypten finden, ist das Zweistromland weit überlegen gewesen, dessen hervorragende Bedeutung in diesem Zweig des Kunstgewerbes noch bis in die persisch-islamische Keramik des Mittelalters und der neueren Zeit nachgewirkt hat. Als beste Erzeugnisse altbabylonischer Fliesenkunst dürfen die im Berliner Museum befindlichen Tierbilder der Prozessionsstraße von Babylon gelten. Die in den Farben Blau, Weiß, Grün, Gelb, Braun und Schwarz gehaltenen Darstellungen von Löwen, Drachen, Stieren und Kriegern sind auch technisch von solcher Vollkommenheit, daß sie sich bis heute völlig unversehrt erhalten haben. Wie RATHGEN[1]) festgestellt hat, ist die hell- und dunkelblaue Farbe der Fliesen auf einen Gehalt an Kupferoxyd — völlig kobaltfrei — zurückzuführen. Die gelbe Farbe besteht aus Bleiantimoniat, das opake Weiß der Glasur aus Antimonsäure; Zinnoxyd und Phosphorsäure (Knochenasche) sind nicht vorhanden.

Für die Glasbereitung dagegen ist den Ägyptern nicht nur das Verdienst einer weitgehenden technischen Ausgestaltung, sondern wahrscheinlich auch überhaupt die Priorität der Erfindung zuzuerkennen. Es spricht hierfür auch der Umstand, daß gerade das Nilland mit seinen Binnenseen während des ganzen Altertums wohl der einzige Lieferant der zur Fabrikation notwendigen Soda gewesen ist; wie aus der späteren Schilderung des PLINIUS hervorgeht, hat man diese durch Eindunsten des Wassers in flachen Becken nach Art der Salzgärten gewonnen. Die Tätigkeit der Phönizier hingegen, denen man wohl fälschlicherweise die Erfindung der Glasbereitung zuschrieb, hat wahrscheinlich zunächst nur in dem Vertrieb von Glaswaren bestanden; erst später hat sich in Sidon und Tyrus eine umfangreiche Industrie entwickelt, deren Ruhm bis zum Mittelalter angedauert hat.

Als älteste Belegstücke ägyptischer Glasmacherei[2]) sind verschiedene Perlen anzusehen, die man in etwa aus dem Jahre 3500 stammenden Hockergräbern gefunden hat. Wenn man damals also auch kleinere Gegenstände herzustellen verstand, so erlaubte doch die primitive Technik noch lange nicht die Fabrikation größerer Gefäße. Eine Vase aus dem Jahre 2800 besteht noch lediglich aus einer Fritte von Sand, Kochsalz und Bleioxyd, und im übrigen weisen die Funde bis zur Mitte des 2. Jahrtausends nur Glasperlen und als Edelsteinimitation dienende Glasflüsse usw. auf. Ein Glasstück aus dem Besitze des Königs AMENEMHET III. von 1830 zeigt deutlich die damals angewandte Technik, die auch aus den Resten einer 500 Jahre

---

[1]) Privatmitteilung des Herrn Prof. RATHGEN.
[2]) Vgl. RATHGEN, Sprechsaal, Jg. 1913, S. 98; Chemiker-Zeitung, Jg. 1913, S. 441.

jüngeren, bei Tell-el-Amarna ausgegrabenen Glasmacherwerkstätte sich rekonstruieren läßt: als Ausgangsmaterial dienten verschiedenfarbige Glasstäbe, die, in Bündel zusammengefaßt, in beliebige Formen gebracht wurden; auf den Schnittflächen erhielt man auf diese Weise ein mosaikartiges Muster, sogenanntes Fadenmosaik oder Millefioritechnik. Als färbende Bestandteile der Gläser kommen die Oxyde von Eisen, Kupfer und Mangan vor (Kobalt siehe oben). Auch Glasgefäße — der älteste Fund, ein Kännchen aus hellblauem Glase mit gelbbraunen Wellenlinien, stammt etwa aus dem Jahre 1500 — wurden in der genannten Technik hergestellt. Die Glasstäbe wurden zunächst um einen Tonkern herumgelegt und dann verschmolzen, oder man tauchte einen Kern von Formsand, der von einem Metallstab getragen wurde, in die Glasmasse ein; der Kern ließ sich nachher leicht aus den Gefäßen entfernen, die sämtliche auf der Innenseite die Spuren dieses Verfahrens tragen. In späteren Zeiten goß man auch in Hohlformen, dagegen war die Glasbläserei im alten Ägypten nicht bekannt und ist wahrscheinlich erst zur Zeit von Christi Geburt in Sidon erfunden worden. Eine bildliche Darstellung, die lange für die Wiedergabe des Glasblasens gegolten hat, stellt jedenfalls lediglich einen metallurgischen Schmelzprozeß dar. Auch echtes Email kommt in der älteren Zeit in Ägypten nicht vor, sondern ist erst eine Errungenschaft der römischen Periode gewesen. Anstatt des aufgeschmolzenen Glasflusses wurden eingesetzte, geschnittene Glasstücke verwendet, so beispielsweise bei einem im Berliner Museum befindlichen Armband der Königin AAH-HOTEP aus der Zeit von 1500[1]).

Aus der hellenistischen Zeit[2]), die in technisch-industrieller Hinsicht durchaus eine Fortsetzung der altägyptischen und nicht etwa der griechisch-römischen Entwicklung darstellt, haben wir besonders eingehende Zeugnisse über die Kunst der Metallverarbeitung, einen Gewerbszweig, der nicht nur mit der frühen Entwicklung der chemischen Technik, sondern auch der Urgeschichte der chemischen Wissenschaft, der sogenannten Alchemie, in engstem Zusammenhang steht. Der Umstand, daß stoffliche Umwandlungen in der Frühzeit fast ausschließlich auf metallurgischem Gebiet beobachtet wurden, verbunden mit dem, daß die altägyptische Priesterschaft frühzeitig für sakrale Zwecke sich mit der Metallverarbeitung befaßte, hat jahrhundertelang überhaupt der Entwicklung der Chemie das Gepräge gegeben. Daß schon in den älteren Zeiten ein enger Zusammen-

---

[1]) Privatmitteilung des Herrn Prof. RATHGEN auf Grund einer Äußerung des Herrn Prof. SCHAEFER, Direktors der Ägypt. Abteilung der Staatlichen Museen. Die Angabe von FELDHAUS, Technik der Vorzeit, S. 265, ist also unzutreffend.

[2]) Über das Gewerbe der hellenistisch-römischen Zeit und die Anfänge der Alchemie vgl. besonders LIPPMANN, Alchemie.

hang zwischen dem Priestertum und dem metallverarbeitenden Gewerbe bestand, zeigt die Tatsache, daß der Oberpriester des Gottes PTAH in Memphis gleichzeitig Oberster der Goldschmiede gewesen ist. Dieses Gewerbe, dessen Aufgabe die Herstellung von Kultgerätschaften, Weihgeschenken und ähnlichem gewesen ist, hat sich im mittleren und neueren Reich durch Hinzutritt anderer Gewerbe, wie der Weberei und Verarbeitung unedler Metalle, erheblich erweitert, und schließlich haben wir in der hellenistischen Zeit neben der Profantechnik eine ausgebreitete hieratische Industrie, die — zunächst wenigstens — unter priesterlicher Leitung alle im Tempeldienste benötigten Gegenstände, Weihgaben aus edlem und unedlem Metall, Prunkkleider u. dgl. herstellte. Abgesehen also von der alten, gewissermaßen fiskalischen, von Beamten im Dienste des Königs geleiteten Großtechnik — Bergbau, Bautechnik — haben wir in Ägypten im wesentlichen zwei voneinander geschiedene Arten von Gewerbetreibenden, die gewöhnliche, schließlich in zahlreiche Gilden gegliederte Profantechnik und die genannten hieratischen Gewerbe. In diesem Gegensatz liegt bereits die Wurzel des Dualismus, der viele Jahrhunderte lang sich durch die chemische Entwicklung hindurchgezogen hat: besonders mit dem Eindringen des Geistes der orientalischen Kultur wird die ursprünglich durchaus rationalistisch gerichtete Sakraltechnik mystisch umgedeutet, sie wird ihres technischen Charakters entkleidet, wird zur spekulativen Wissenschaft, zur Alchemie, indes sie sich immer mehr von der soliden Profantechnik entfernt, die, der Befruchtung von intellektueller Seite beraubt, rein empirisch, handwerksmäßig in der von den Vätern ererbten Weise arbeitet und durch den Lauf der Zeiten hindurch nur langsame Fortentwicklung zeigt. Erst die Neuzeit hat wieder mit der Rationalisierung der empirischen Technik, mit der Vermählung von Technik und Wissenschaft, die Vorbedingung zum raschen Fortschritt geschaffen.

Das sakrale Gewerbe und Kunstgewerbe hatte sich wohl ursprünglich auf die Verarbeitung von Edelmetallen beschränkt, dann aber dürfte man mit steigendem Umfang der Tätigkeit zu der Anwendung von Surrogaten aus unedlen Metallen übergegangen sein, und die weitere Tätigkeit auf dem Gebiete der Ersatzstoffe hat dann im Laufe jahrhundertelanger Tradition einen recht bemerkenswerten Bestand von chemisch-metallurgischen Kenntnissen hervorgebracht, gewissermaßen ein Ergebnis des befruchtenden Einflusses des gebildeten Priesterelements auf die handwerksmäßige Technik. Über diese Technik sind wir durch zwei in der Nähe von Theben aufgefundene Papyri, den sogenannten Leidener und Stockholmer Papyrus[1]),

---

[1]) LAGERCRANTZ, Papyrus Holmiensis; LIPPMANN, Alchemie u. Chemiker-Zeitung, Jg. 1913, S. 933ff.; DIELS, Antike Technik VI.

genau unterrichtet. Beide Schriftstücke – auf deren Zusammenhang mit der alten Sakraltechnik auch schon die an der gleichen Stelle aufgefundenen Zauberformeln hindeuten — stammen aus der Zeit des Diokletian, die auffallende Übereinstimmung aber, die sie mit weit älteren Schriften in der Anordnung zeigen, beweist, daß sie auf uralter Tradition beruhen. Die im ganzen 250 Rezepte der Papyri handeln von der Metallverarbeitung, der Herstellung künstlicher Edelsteine und Perlen, sowie von der Färberei, besonders der Herstellung unechter Purpurgewänder, also gerade denjenigen Verfahren, welche für die alte Sakraltechnik von Bedeutung gewesen sind. Diese verschiedenen Arten zeigen gewisse Zusammenhänge mit dem im zweiten vorchristlichen Jahrhundert entstandenen Buch HENOCH und entsprechen ganz genau den verschiedenen, allerdings nur in entstellter Form überlieferten Büchern des sogenannten Pseudodemokrit, besonders den „$\gamma\varepsilon\iota\varrho\delta\kappa\mu\eta\tau\alpha$ $\kappa\alpha\grave{\iota}$ $\varphi\upsilon\sigma\iota\kappa\grave{\alpha}$ $\delta\upsilon\nu\alpha\mu\varepsilon\varrho\acute{\alpha}$", die lange dem Philosophen von Abdera selbst zugeschrieben wurden, aber schon von einzelnen antiken Autoren als Unterschiebungen bezeichnet wurden; der Alexandriner KALLIMACHOS im 3. Jahrhundert v. Chr., dann COLUMELLA, ein Zeitgenosse des PLINIUS, und AULUS GELLIUS (2. nachchristl. Jahrhundert) nennen BOLOS aus Mendes als Fälscher, der zur Ptolemäerzeit — etwa um 250 v. Chr. — in Ägypten gelebt haben soll. Auf jeden Fall dürfte die Urform der chemisch-technischen Rezeptbücher bis in das 3. vorchristliche Jahrhundert zurückgehen und unmittelbar an die alte Tempelindustrie anknüpfen.

Der metallurgische Teil der Papyri gibt in erster Linie zahlreiche Vorschriften zum Legieren und Fälschen edler Metalle. Daß man sich dabei des Betrugs durchaus bewußt war, zeigt der Ausdruck: $\dot{\omega}\varsigma$ $\kappa\alpha\grave{\iota}$ $\tau o\dot{\upsilon}\varsigma$ $\tau\varepsilon\chi\nu\acute{\iota}\tau\alpha\varsigma$ $\lambda\alpha\nu\vartheta\acute{\alpha}\nu\varepsilon\iota\nu$, „so daß auch die Fachleute getäuscht werden". Überhaupt wird man sich die ägyptische Sakraltechnik zunächst als durchaus rationalistisch im Geiste des Altägyptertums vorzustellen haben. Das mystische, magische Element tritt im Zusammenhang mit dem Eindringen asiatischer religiöser Lehren erst allmählich in Erscheinung; an Stelle des bewußten Betrugs, der nüchternen Fälschertechnik, tritt die im wesentlichen wohl gutgläubige mystische Wissenschaft der Alchemie. Das Entstehen eines dritten Metalles mit ganz verschiedenen Eigenschaften aus zwei anderen, etwa des „Asems", der hellen Gold-Silberlegierung, aus der sich Gold wie Silber wiedergewinnen ließ, mußte, da ja eine Identifizierung der chemischen Individuen bei dem Stand der damaligen Wissenschaft nicht möglich war, die Vorstellung erwecken, daß wirklich ein neuer Grundstoff entstanden sei und mithin tatsächlich ein Metall in ein anderes verwandelt werden könnte. Dies stand auch mit der Naturlehre des ARISTOTELES im Einklange, der ebenfalls eine Umwandlungsmöglichkeit seiner vier Elemente annimmt. Es erscheint also durchaus einleuchtend, daß die frühen Alchimisten keineswegs als bewußte Betrüger anzusehen sind, und auch für viele ihrer Nachfolger in späteren Jahrhunderten darf an der Lauterkeit der Gesinnung bei ihrem häufig rein wissenschaftlichen Streben nicht gezweifelt werden. Bei den ägyptischen Priestern und Zauberern hingegen hatte die Fälscherkunst einen höchst realen Hintergrund, wofür z. B. auch die in Alexandrien blühende Falschmünzerei Zeugnis ablegt, die besonders von DIOKLETIAN mit den schärfsten Mitteln bekämpft wurde.

Die Vorschriften der Papyri beziehen sich auf die Herstellung edelmetallartiger Legierungen aller Art, wobei Kupfer, Zinn, Blei, Quecksilber, auch Arsenerz und Galmei als Ausgangsmaterialien dienen; letzteres wurde zur Herstellung von Messing verwendet, das in der Römerzeit wohlbekannt war, wenn man auch das Zink als solches nicht zu isolieren vermochte. Eine besondere Rolle spielt die Bezeichnung „Asem", unter der ursprünglich eine, wie erwähnt, helle Gold-Silberlegierung verstanden wurde, die aber in den Vorschriften der Papyri ganz allgemein eine edelmetallartige Legierung bedeutet. Auch die Bezeichnung der Legierung als $\mu\acute{\alpha}\zeta\alpha$, aus der sich durch Hinzufügen weiterer Metalls beliebige Mengen des gewünschten Produktes herstellen lassen, läßt bereits eines der Elemente des späteren alchimistischen Glaubens erkennen, mit einer kleinen Menge, einer Art von Ferment, der „Tinktur", ein großes Quantum unedles Metall in edles verwandeln zu können. Diesem entspricht auch der Ausdruck $\beta\acute{\alpha}\varphi\eta$, Färbung, der in den Papyri immer wiederkehrt: Kupfer wird durch Arsen, Zinn oder Blei zu Silber gefärbt, durch Feuervergoldung mit Quecksilber oder auf kaltem Wege durch Firnis in Gold verwandelt. Den Legierungsprozessen schließen sich dann noch zahlreiche Vorschriften zur Herstellung von echter und falscher Goldtinte an, eine Kunst, die noch in mittelalterlichen Rezeptbüchern eingehend behandelt wird. Ein weiteres, in den Rezepten der Papyri wiederholt vorkommendes Reagens soll dann hier noch besonders erwähnt werden: es ist dieses das sogenannte $\vartheta\varepsilon\tilde{\iota}o\nu$ $\H{\upsilon}\delta\omega\varrho$, ein durch Zusammenschmelzen von Kalk und Schwefel gewonnenes Produkt (Polysulfid), das wegen seiner Reaktionsfähigkeit vielfache Anwendung findet. Das „göttliche Wasser" spielt als eines der wenigen wässerigen Reagenzien in der chemischen Frühzeit eine wichtige Rolle und taucht, oft auch als Sulfoarseniat u. dgl., immer wieder in der alchimistischen Literatur auf.

Die $\beta\acute{\alpha}\varphi\eta$, die Umfärbung minderwertigen Materials in Surrogate edler Stoffe, kommt auch für die Industrie der künstlichen Edelsteine und Perlen in Betracht, über die noch von anderer Seite

berichtet wird; so erwähnt PLINIUS, daß in den ägyptischen Fälscher-
werkstätten nach den Vorschriften des DEMOKRIT, ZOROASTER,
XENOPHANES und „anderer Magier" geárbeitet werde. Abgesehen
von der Herstellung farbiger Glasflüsse dürfte es sich dabei um die
ebenfalls in den Papyri beschriebene Färbung poröser Steine mit
Farbbrühen verschiedener Art gehandelt haben, und zwar wurden
zu diesem Zweck wahrscheinlich die im Innern des Bambusrohrs
vorkommenden, aus Kieselsäuresekretionen bestehenden Knollen[1])
verwendet, welche leicht Farbe annehmen.

Die zahlreichen Vorschriften über Textilfärberei beweisen
durch ihre Mannigfaltigkeit die hohe Überlegenheit, welche dieses
Gewerbe seit alters in Ägypten gegenüber dem anderer antiker
Kulturländer gehabt hat. Auch das Zeugnis des PLINIUS bestätigt
dieses Urteil, der das Färben vorher mit verschiedenen Beizen be-
handelter (oder mit Reserven versehener) Stoffe, also die Anfänge
des Zeugdrucks[2]), als eigentümliche ägyptische Kunstfertigkeit erwähnt. Bei Achmin ist dann auch eine wahrscheinlich aus dem
4. nachchristlichen Jahrhundert stammende, mit der Model bedruckte
Kindertunika gefunden worden, und ebenso sind aus der gleichen Zeit
noch die hölzernen Druckformen erhalten. Die Papyri weisen an
Farbstoffen schon fast alle die auf, welche bis zur Einführung der
überseeischen Farbhölzer in der abendländischen Färberei gebraucht
wurden. In den Rezepten, die in der Hauptsache der Nachahmung
echten Purpurs dienen, werden neben anderen aufgeführt: Krapp,
Kermes, unechte Alkanna (Anchusa tinctoria), Orseille, Safflor,
Schöllkraut, Waidindigo, vielleicht auch Indigo aus Indigofera (vgl.
S. 9). Als Beizen und sonstige Hilfsstoffe, für die auch Prüfungs-
verfahren angegeben werden, sind genannt: Alaun, Kalk, Harn,
Eisenrost mit Essig (also basisches Eisenacetat), Kupfer- und Eisenvitriol, Galläpfel u. a. m. Die ins einzelne gehenden, sehr umständlichen
Vorschriften liefern zahlreiche Nuancen, die „unbeschreiblich schön"
und dem echten Purpur völlig gleich sein sollen. Wie wichtig die
Imitation des echten Purpurs gewesen sein muß, erhellt auch aus
dem Maximaltarif des DIOKLETIAN von 301 n. Chr., der für echten
und unechten Purpur gesonderte Preise festsetzt.

Wir haben also in der hellenistischen und römischen Zeit in
Ägypten, namentlich in Alexandria[3]), ein vergleichsweise außer-
ordentlich reges industrielles Leben. Textil- und Papyrusindustrie,
Glaserzeugung und Salbenfabrikation waren von besonderer Bedeu-

---

[1]) Vgl. LIPPMANN, Alchemie, S. 15.
[2]) PLINIUS, Naturalis historia XXXV, 42; FORRER, Kunst des Zeugdrucks.
[3]) Vgl. BLÜMNER, Gewerbliche Tätigkeit; BÜCHSENSCHÜTZ, Hauptstätten
des Gewerbefleißes; EDUARD MEYER, Geschichte des Altertums; Wirtschaftliche Entwicklung.

tung in dieser Stadt, von der HADRIAN gesagt haben soll: „Niemand ist hier untätig, jeder betreibt ein Gewerbe." Wenn überhaupt im Altertum, so kann hier sogar von einer gewissen Exportindustrie die Rede sein, obwohl es sich bei den ausgeführten Gütern zumeist nur um hochwertige, besonders kunstgewerbliche Produkte und, abgesehen vielleicht von Papyrus, nicht um Fabrikate für den Massenverbrauch gehandelt hat. Die alexandrinische Glasindustrie[1]), deren Spezialität Bunt- und Krystallgläser waren — in der berühmten Portlandvase ist heute noch ein Zeugnis des hohen Standes dieses Kunstgewerbes erhalten —, hatte derart das Übergewicht, daß ALEXANDER SEVERUS die römischen Fabriken durch einen Einfuhrzoll zu schützen suchte, der von AURELIAN noch auf ägyptischen Papyrus ausgedehnt wurde. Namentlich auch mit dem letztgenannten Produkt[2]) wurde von Alexandria aus damals die ganze alte Welt versorgt. Die Fabriken, die in arbeitsteiligem Betrieb „glutinatores" zum Zusammenleimen der Streifen und „malleatores" zum Glätten beschäftigten, brachten neun Sorten Papyrus in den Handel; auch der Ausspruch eines Fabrikanten „exercitum se alere posse papyro et glutine" ist für den Umfang einiger dieser antiken Großunternehmen bezeichnend. Die ägyptische Papierindustrie ist auch noch während der arabischen Periode bis zu Ende des Mittelalters von großer Bedeutung geblieben, wie überhaupt Ägypten seine Stellung als wichtiges Industrie- und Handelsland erst durch die türkische Eroberung verloren hat.

Gegenüber den technischen Leistungen der Ägypter können die anderer alter Kulturvölker, soweit sie nicht bereits genannt wurden, für unsere Betrachtung unberücksichtigt bleiben. Es soll jedoch nicht unerwähnt bleiben, daß auch den übrigen Kulturkreisen wichtige technische Errungenschaften zu verdanken sind. Um nur einige Gebiete zu nennen, so haben auf dem der Metallerzeugung und Metallverarbeitung mykenische und vormykenische Völker, Sumerer und Babylonier, Inder und Chinesen Bedeutendes geleistet, auf dem der Keramik Vorderasiaten und Chinesen, in der Glasbereitung die Phönizier, in der Färberei Phönizier und Inder.

2. Griechisch-römische Technik.

Gemessen an den technischen Pionierleistungen des ägyptisch-asiatischen Kulturkreises sind die des klassischen Altertums, der Griechen und Römer, verhältnismäßig minder hoch zu werten. Immerhin ergibt sich auf Grund der eingehenden Schilderungen einzelner antiker Schriftsteller das Gesamtbild einer Technik, welche auf den

---

[1]) KISA, Glas im Altertume.
[2]) POPPE, Geschichte d. Technologie II, S. 189; HOYER, Fabrikation des Papiers; MUSPRATT, Chemie, 4. Aufl., VI, S. 1429.

verschiedensten Gebieten eine beachtliche Höhe erreicht hat, wenn auch diese technischen Errungenschaften mehr als Resultate der gesamten Entwicklung des Altertums als gerade der griechisch-römischen Epoche zu gelten haben; auch die bereits geschilderte, verhältnismäßig reiche industrielle Entwicklung des alexandrinischen Ägyptens dürfte als eine Erscheinung der spätägyptischen und weniger der griechischen Zivilisation anzusehen sein.

Daß bei den Griechen der klassischen Zeit die gewerbliche Entfaltung[1]) überhaupt außerordentlich gering gewesen ist und sich kaum über die Stufe handwerksmäßiger Technik emporgehoben hat, darf als sicher anzunehmen sein, wenn auch von mancher Seite versucht worden ist, aus den spärlichen Angaben antiker Schriftsteller eine Art von griechischer Großindustrie zu konstruieren. Die Befriedigung des Bedarfs an gewerblichen Erzeugnissen ist jedenfalls fast ausschließlich durch das einsässige Handwerkertum der städtischen Gemeinwesen erfolgt — soweit nicht sogar die Eigenerzeugung der Hauswirtschaft hinreichte —, und Gegenstand des Außenhandels werden nur Lebensmittel, einzelne Rohstoffe und hochwertige Erzeugnisse des Kunstgewerbes, dagegen keine für den Massenkonsum bestimmten Fabrikate gewesen sein. Mag auch immerhin in der Blütezeit Athens im 5./4. Jahrhundert neben den freien Handwerkern hier und da ein manufakturartiger Gewerbebetrieb mit einer größeren Anzahl von Sklaven gearbeitet haben — es wird von Gewerbesklaven zur Anfertigung von Waffen und Werkzeugen berichtet, auch von einer mit Hilfe von Sklaven betriebenen Arzneimittelbereitung —, so sind doch die Angaben, die uns über solche Manufakturen erhalten sind, außerordentlich wenige und nur beiläufiger Art, so daß gerade hieraus auf den geringen Umfang der Industrie, wenn man sie überhaupt so nennen will, geschlossen werden darf. Schiffbau und Bergbau dürften die einzigen Gewerbszweige gewesen sein, die notwendigerweise zu Unternehmungen größeren Stiles geführt haben, obwohl wir auch hier über Einzelheiten des Betriebs kaum unterrichtet sind.

Die Interesselosigkeit der antiken Schriftsteller für gewerblichtechnische Dinge steht im Einklang mit der Geringschätzung, mit welcher man ganz allgemein auf den Gewerbetreibenden herabsah. HERODOT, PLATO, ARISTOTELES, XENOPHON und PLUTARCH bringen die Anschauung zur Geltung, daß es eines freien Bürgers unwürdig sei, sich durch Handarbeit zu betätigen, da hierdurch die Entfaltung aller edlen Eigenschaften gehindert werde. Die Geistesrichtung des Griechen — und das entspricht der genannten Art der Einschätzung des Technischen — ist vorwiegend, wenn man so sagen darf, geistes-

---

[1]) Vgl. EDUARD MEYER, Wirtschaftliche Entwicklung; FRANCOTTE, Industrie de la Grèce ancienne; BÜCHER, Wirtschaftsgeschichte.

wissenschaftlicher und vorwiegend deduktiver Art und führt daher, soweit sich die großen Denker mit dem Naturgeschehen befaßt haben, zur rein spekulativen Naturphilosophie. Diese Art der wissenschaftlichen Betrachtung ist namentlich unter dem Einfluß des für die spätere Entwicklung wichtigsten der griechischen Geistesheroen, des ARISTOTELES, lange Jahrhunderte hindurch maßgeblich gewesen, und erst etwa seit ROBERT BOYLE hat sich die eigentlich naturwissenschaftliche Methodik, Experiment und Induktion, völlig durchgesetzt. Es soll damit nicht gesagt sein, daß etwa bei ARISTOTELES jegliche Beobachtung der Naturereignisse gefehlt habe — es sind bei ihm manche Fälle überraschender Beobachtungsgabe zu verzeichnen —, für den eigentlichen Aufbau der Theorie aber spielt die Naturbeobachtung keine große Rolle, und vor allem fehlt völlig das absichtlich angestellte Experiment, das von PLATO sogar als Eingriff in das göttliche Walten abgelehnt wird. In gewissem Gegensatz also zu dem späteren Ägypten, wo, wie wir gezeigt haben, aus der Befruchtung des Gewerbes durch die Intelligenz die Experimentalwissenschaft der Alchemie hervorging, haben wir im klassisch-griechischen und auch im römischen Kulturkreis eine tiefe Kluft zwischen der Welt höherer Geistigkeit und der des empirisch arbeitenden Gewerbes ohne das vermittelnde Band der experimentell tätigen Wissenschaft. Am ehesten finden sich noch auf physikalisch-mechanischem Gebiete Ansätze zu einer Experimentalwissenschaft, während die minder in die Augen springenden chemischen Vorgänge (mit gewissen Ausnahmen auf medizinisch-pharmazeutischem Gebiete) nur ganz geringe Beachtung gefunden haben. DEMOKRIT[1]), dessen „Handgriffe" χειρόκμητα in ihrer echten Fassung (sofern das Werk nicht überhaupt lediglich eine Unterschiebung des BOLOS gewesen ist) leider verloren gegangen sind, scheint fast der einzige gewesen zu sein, der sich mit Experimenten chemischer Art befaßt hat, wie er auch ganz allgemein in Gegensatz zu anderen die Erfahrung als letzten Quell allen Wissens bezeichnet. Schon die Tatsache, daß man ihm die genannten Schriften zuschrieb — selbst wenn keine echte Fassung vorgelegen hat —, und daß ferner PLINIUS ihn als „Magier" bezeichnet, läßt darauf schließen, daß er sich eingehend mit chemisch-technischen Studien und Experimenten befaßt haben muß.

Abgesehen von dem Mangel an experimenteller Forschung haben wir auch, entsprechend dem geschilderten Mangel an Interesse für gewerbliche Dinge, unter den lediglich wiedergebenden Autoren nur ganz wenige, die sich mit der Technologie[2]), mit dem Eingehen auf

---

[1]) LIPPMANN, Alchemie, S. 27.

[2]) Über antike Technik vgl. besonders BLÜMNER, Gewerbliche Tätigkeit; Technologie; dann BÜCHSENSCHÜTZ, Hauptstätten des Gewerbefleißes, und NEUBURGER, Technik des Altertums; über PLINIUS und DIOSKORIDES auch LIPPMANN, Abhandlungen I, S. 1, 47.

technisch-industrielle Prozesse befaßt haben. Im griechischen Zeitalter ist vielleicht nur THEOPHRAST (im 4. Jahrhundert) zu nennen, der in seiner Schrift περὶ λίθων auch technische Verfahren beschreibt, wie z. B. die Fabrikation von Bleiweiß und Grünspan sowie die Aufbereitung von Zinnober. Aber auch in der späteren römischen Epoche sind wir auf eine sehr kleine Anzahl von Autoren angewiesen, in erster Linie auf PLINIUS und DIOSKORIDES, während andere, wie VITRUVIUS STRABO und GALEN, nur vereinzelt chemisch-technische Dinge behandeln.

Die „Naturalis historia" des PLINIUS ist ein enzyklopädisches, das Gesamtgebiet der Naturwissenschaften umfassendes Sammelwerk. Wenn auch die chemisch-technischen Tatsachen nur einen Teil des Ganzen ausmachen, ist doch eine Fülle von Material darin enthalten, das allerdings nicht immer von unmittelbarer Kenntnis und exakter, nüchterner Beobachtung zeugt. Die „Materia medica" seines Zeitgenossen DIOSKORIDES, der nicht wie PLINIUS naturwissenschaftlicher Laie, sondern römischer Militärarzt gewesen ist, hält sich von dem überflüssigen, spekulativen oder abergläubischen Beiwerk im wesentlichen frei, enthält aber, da es die ganze Materie ausschließlich von dem pharmazeutisch-pharmakologischen Standpunkt aus behandelt, weniger chemisch-technische Beobachtungen; soweit solche vorhanden sind, sind sie denen des PLINIUS an exakter Wissenschaftlichkeit wesentlich überlegen. Beide Schriftsteller haben viele Jahrhunderte hindurch einen großen Einfluß auf Medizin und Naturwissenschaft ausgeübt; selbst ein so moderner Technologe wie AGRICOLA gibt in naiver Weise, vermischt mit eigenen Beobachtungen, ganze Absätze aus PLINIUS wieder.

Die pharmazeutische Technik, soweit sie unorganischer Natur ist, verwendet in der Hauptsache Schwermetallpräparate und steht teilweise in engerer Beziehung zu Bergbau und Hüttenwesen[1]), so daß auch dieses bei DIOSKORIDES eine gewisse Berücksichtigung erfährt. Besondere Fortschritte gegenüber der ägyptisch-orientalischen metallurgischen Technik läßt allerdings die Technik selbst der späteren Antike nur verhältnismäßig wenige erkennen. Insbesondere ist auch die erste Herstellung von Gußeisen, die man auf Grund einzelner zweifelhafter Funde bereits dem römischen Zeitalter zugeschrieben hat, sicher erst im späteren Mittelalter erfolgt.

Cypern im Osten — für Kupferbergbau — und Spanien im Westen für den Bergbau auf Kupfer, Blei, Silber, Gold und Queck-

---

[1]) Über antike Metallurgie und anorganische Präparate vgl. BLÜMNER, Technologie IV, S. 7; STRUNZ, Vorgeschichte, S. 28; LIPPMANN, Alchemie, S. 517; NEUBURGER, Technik des Altertums, S. 11; über Eisen auch BECK, Geschichte des Eisens I, S. 374.

silber bewahren auch in der griechisch-römischen Epoche ihren Ruf. Daneben ist namentlich die Bleierzgewinnung von Attika und der Eisenerzbergbau von Elba sowie von Noricum, dem heutigen Steiermark, als besonders wichtig zu nennen. Die staatlichen Blei - Silberbergwerke von Laurion, die zeitweise mit 20 000 Sklaven (d. h. in der Hauptsache durch Pächter) betrieben wurden, haben im Wirtschaftsleben Athens im 5. und 4. Jahrhundert jedenfalls eine recht wesentliche Rolle hinsichtlich des Ausgleichs der Handelsbilanz gespielt. Charakteristisch ist, wie spärlich trotzdem die Nachrichten über die Art und Weise des Betriebes sind, insbesondere ist über die Technik der Verhüttung nur bekannt, daß die Erze zunächst gepocht, gesiebt und geschlämmt wurden, dagegen nichts genaues über die Weiterverarbeitung, wobei vielleicht Eisen zur Reduktion benutzt wurde. Aus Abbildungen auf Tontäfelchen geht jedenfalls hervor, daß zwei Sorten von Öfen Verwendung fanden, die einen flaschenförmige Rundöfen zum Verschmelzen auf silberhaltiges Werkblei, die anderen von Halbkugelform mit seitlichem Ansatz für die Feuerung zur Treibarbeit. Die Verhüttung war übrigens ziemlich mangelhaft, so daß die Schlacken noch in der Gegenwart die Grundlage einer Blei- und Silbergewinnung bilden konnten. Noch umfangreicher ist der römische Blei-Silberbergbau in Spanien gewesen, wo zur Zeit des TITUS etwa 40 000 Sklaven beschäftigt gewesen sind. Die Bergwerke sind nacheinander von Phöniziern, Eingeborenen, Karthagern, dem römischen Staat und schließlich von privaten Unternehmern betrieben worden. Über die technischen Einzelheiten des Verfahrens sind wir allerdings auch hier trotz PLINIUS[1]) nur schlecht unterrichtet, doch unterschied es sich jedenfalls prinzipiell nicht von der allgemein üblichen Methode.

Als Folgeerscheinung der griechischen Bleigewinnung darf wohl eine gewisse kleine chemische Fabrikation von Bleipräparaten angesehen werden, deren Erwähnung wir abgesehen von älteren Schriftstellern besonders bei DIOSKORIDES[2]) finden. Bleiweiß, das schon früher bekannt gewesen ist, wurde zu Zeiten des PLINIUS in besonderer Güte in Rhodos, Korinth und Lakedämon hergestellt. Die Gewinnungsweise war sehr einfacher Art: man füllte schärfsten Essig in ein Gefäß mit weiter Öffnung und überließ das auf Rohrgeflecht oder Holzeinsatz befindliche Blei der Einwirkung der Dämpfe. Im Winter wurden die Gefäße auf den Ofen oder Herd gestellt. Das Produkt diente nicht nur als Malerfarbe, sondern auch als Medikament sowie als Ausgangsmaterial für die Darstellung von Mennige „cerussa usta", ein Prozeß, der angeblich bei einem Brand des Piräus zufällig entdeckt worden war. Man brannte das Bleiweiß unter Umrühren in Tongefäßen vermittels eines Kohlenfeuers, schlämmte, reinigte und

---

[1]) Naturalis historia, XXXIV, 47 f.   [2]) Materia medica, V, 95 f.

trocknete das Fertigprodukt, das ebenso wie Bleiweiß in Pastillenform gebracht wurde. Als beste Mennige galt die asiatische, die auch häufig mit Zinnober verwechselt wurde. Noch manche andere Bleipräparate fanden besonders medizinische Verwendung, so zerriebenes Blei, Bleiasche und Bleiglätte, von der Attika die beste Sorte lieferte. Es war auch bereits bekannt, daß Glätte mit Kochsalz weiß wurde, d. h. in basisches Chlorblei übergeht. MENEKRATES (im Jahre 14 n. Chr.) erwähnt ferner schon die Herstellung einer Art Bleiseife. Ebenso wie man Schwefelblei aus den Bestandteilen durch Glühen im Tiegel erhielt, war auch die Herstellung des Schwefelsilbers[1]) aus Metall und Schwefel bekannt. Man gewann auf diese Weise das Material für die sog. Niello-Technik (die heute als Tula bezeichnete Einlegearbeit), eine uralte Kunst, deren Formen auf ägyptischen Ursprung hinweisen, und die sich auch in späteren Schriften, z. B. der mittelalterlichen Mappae clavicula wiederfindet.

Zinkpräparate[2]), d. h. mehr oder weniger reines Zinkoxyd, ist ein Nebenprodukt der cyprischen Kupferhütten gewesen. Das Metall selbst in reiner Form ist erst in der neueren Zeit bekannt geworden, doch wurde Messing auch im Altertum — wohl schon von den Persern — durch Verhüttung zinkhaltiger Kupfererze oder Zusatz von καδμεία (Zinkoxyd, auch Galmei oder Silikat) bei der Reduktion gewonnen. Messingmünzen wurden unter AUGUSTUS ausgeprägt; es ist ferner bemerkenswert, daß bereits im dritten vorchristlichen Jahrhundert in Baktrien eine stark nickelhaltige Kupferlegierung als Münzmetall Verwendung fand. Die Kadmia genannte Form des Zinkoxyds erhielt man bei der Verhüttung der cyprischen Kupfererze; das Material setzte sich in platten- oder traubenförmigen Stücken an den Wänden der Schmelzöfen an, wo es abgekratzt wurde. Andere Formen des Zinkoxyds waren der πομφόλυξ (Hüttenrauch) und der σπόδος (Ofenbruch), deren chemische Identität naturgemäß mangels analytischer Kenntnisse nicht festgestellt werden konnte, so daß man eine grundsätzliche Verschiedenheit annahm. Die Gewinnung erfolgte einmal ebenfalls bei der Kupfererzverhüttung, dann aber auch in einem von DIOSKORIDES beschriebenen gesonderten Fabrikationsgang. Man entzündete Kohlen in einem durch zwei Stockwerke gehenden und mit Blasebälgen versehenen Schmelzofen und schüttete feingepulverte Kadmia und Kohlen auf. Das sich bildende Zinkoxyd stieg empor und setzte sich teilweise an der Decke als Pompholyx ab, teils auch fielen die schwereren Teile, der minder reine Spodos, zu Boden. Das Material wurde durch Schlämmen und Seihen mittels Leintüchern gereinigt und dann getrocknet, worauf es medizinische Anwendung

---

[1]) Naturalis historia, XXXIII, 55.   [2]) Materia medica, V, 84 f.

fand; auch das weiter durch Glühen mit Schwefel gewonnene Schwefelzink wurde als Medikament benutzt.

Die Kupfergewinnung[1]), auch die Verhüttung geschwefelter Erze, war zur Zeit des PLINIUS bereits ziemlich ausgebildet. Die Abröstung des Erzes erfolgte jedenfalls in Stadeln, die Metallgewinnung dann durch wiederholtes Schmelzen (Schwarzkupferarbeit und Garmachen) in den oben genannten Schachtöfen, in Tiegelöfen und Herden. Die spanische Kupfererzeugung wird auf die beträchtliche Menge von jährlich 2400 t geschätzt.

Von den natürlichen Kupferverbindungen haben eine Anzahl ohne weitere chemische Umwandlung, lediglich nach mechanischem Aufbereitungsprozeß hauptsächlich als Malerfarben Verwendung gefunden. Es waren dies die Kupferlasur, Coeruleum, die in mehreren Feinheitsgraden in den Handel kam, und der Malachit, die sog. Chrysokolla. Auch sonst sind die in der Antike verwendeten Malerfarben meist solche Aufbereitungsprodukte von Mineralien gewesen, wie Rötel, Ocker, Grünerde, Gips und Zinnober. Eine künstlich bereitete Kupferfarbe war der Grünspan, dessen schon in Ägypten bekannte Gewinnung auch von THEOPHREST, PLINIUS und DIOSKORIDES beschrieben wird; neben Essig wurden auch Trester oder Weinhefe als Hilfsstoffe bei dem Prozeß verwendet, der im übrigen wie die Bleiweißdarstellung ausgeführt wurde. Bemerkenswert ist, daß in rhodischen und anderen Fabriken auch schon eine Verfälschung von Grünspan stattfand, und zwar erfolgte diese mit Marmorstaub, Kupfervitriol und anderen Stoffen. Den Zusatz von Vitriol wies man bereits damals auf Grund seines Eisengehaltes durch Papier nach, das mit Gallusabkochung getränkt war, jedenfalls die früheste Verwendung chemischen Reagenspapieres und eine der ältesten Anwendungen der chemischen Analyse überhaupt.

Kupfervitriol[2]) selbst, das unter dem Namen „atramentum sutorium", griechisch χάλκανθος (ν), besonders zum Schwärzen des Leders — daneben als Medikament — Verwendung fand, wurde in Cypern und namentlich in Spanien in größerem Umfange hergestellt. Über die Art der Darstellung werden wir durch PLINIUS[3]) genauer unterrichtet, und zwar haben wir hier das erste Beispiel einer regelrechten Krystallisation aus wässeriger Lösung. Die kupfersulfathaltigen natürlichen oder durch Einleiten von Süßwasser gewonnenen Grubenwässer ließ man in Salzgärten verdunsten, oder man kochte ein und ließ in hölzernen

---

[1]) Über Kupfer und Kupferverbindungen vgl. PLINIUS, Naturalis historia XXXIV; DIOSKORIDES, Materia medica, V, 87 f.

[2]) Über Vitriole und Alaun vgl. HOFMANN, Journal für praktische Chemie II, Bd. 86, S. 305. 1912.

[3]) Naturalis historia XXXIV, 30; DIOSKORIDES, Materia medica V, 114.

Behältern krystallisieren; das Sulfat schied sich dabei an mit Steinchen beschwerten Schnüren ab, die an Querhölzern befestigt waren. (Die Abscheidung metallischen Kupfers durch Eisen aus diesen Wässern war jedenfalls auch schon bekannt.) Auch der sich in der Grube freiwillig bildende Tropfvitriol wurde unmittelbar verwendet. Im übrigen wurde im ganzen Altertum und bis in die neuere Zeit hinein zwischen Kupfer- und Eisenvitriol kein Unterschied gemacht, zumal da jegliches Kriterium chemischer Individualität damals fehlte, abgesehen von der Farbe, die infolge der in der Regel vorliegenden Mischung beider Körper naturgemäß keine sichere Unterscheidung zuließ; nur gelegentlich deutet der Zusatz „viride" zu „atramentum sutorium" darauf hin — wie in der Beschreibung GALENS von den cyprischen Gruben —, daß es sich hier ganz oder überwiegend um Eisenvitriol handelt. Auch die Abgrenzung zwischen unreinen Vitriolen und dem mehr oder minder verwitterten Kupfer- oder Eisenkies (misy, pyrites) ist nicht ganz scharf; solche Produkte sind jedenfalls unter den Bezeichnungen Chalkitis, Sory und Melanteria zu verstehen. Diese Materialien, ebenso auch Kupferschlacke und Hammerschlag, gebranntes Kupfer (z. B. durch Erhitzen mit Schwefel), abgeröstetes Kupfersulfat, geröstete Eisenerze und Eisenhammerschlag fanden nach DIOSKORIDES u. a. medizinische Verwendung.

Ferner wurde auch Eisenvitriol und Alaun[1]) nicht immer genau unterschieden. „Alumen phorimon" oder „paraphoron" des PLINIUS ist sicher Eisenvitriol, und auch die Angabe, daß „alumen" selbst schwarz färbe, deutet auf eisenhaltigen Alaun hin. An anderer Stelle wird jedoch gerade von PLINIUS das Ausbleiben der Schwarzfärbung bei dem „alumen" betont, das in der Hauptsache für Gerberei und Wollfärberei Verwendung findet. Im allgemeinen sind die Bezeichnungen „alumen", griechisch στυπτηρία, jedenfalls durchweg mit Alaun (auch Alunit und Keramohalit) gleichzusetzen, was auch schon aus der Beschreibung der Eigenschaften bei PLINIUS und DIOSKORIDES, der Verwendung und der Herkunft hervorgeht. Die wichtigsten Lieferanten sind zunächst Ägypten und die Insel Melos gewesen, während zur Zeit des DIODOR und des STRABO besonders die Liparischen Inseln, Lipara und Strongyle, reichliche Mengen geliefert haben.

Abgesehen von seinen Kupfer-, Blei- und Silbervorkommen ist Spanien auch durch seine Zinnobergruben[2]) berühmt gewesen, die in wohl lückenloser Folge bis in die Gegenwart abgebaut wurden. Die Bergwerke waren römischer Staatsbesitz, wurden jedoch an eine Privatgesellschaft verpachtet, die jährlich bis zu 2000 Pfund gewinnen durfte. Das kostbare Material wurde in Rom in besonderen Fabriken

---

[1]) Naturalis historia XXXV, 52; Materia medica V, 122.
[2]) Naturalis historia XXXIII, 36, 37, 40.

aufbereitet und zu amtlich festgesetzten Preisen als Malerfarbe verkauft. Vielfach wurde der Zinnober, besonders für den Wandanstrich, auch durch Mennige ersetzt, die überhaupt nicht immer scharf von ersterem unterschieden wurde. Auch Purpur, mit Kreide vermischt, diente als Zinnoberersatz. Unter Sandarach, der ebenfalls als Farbe benutzt und mit Mennige verfälscht wurde, ist jedenfalls Realgar zu verstehen. Auripigment, Arsenikon, das auch als Farbe diente, wurde in Mischung mit Kalk zum Enthaaren benutzt. Auch arsenige Säure wurde durch Rösten des Sulfids dargestellt.

Die Gewinnung des metallischen Quecksilbers[1]) wird von PLINIUS, DIOSKORIDES und VITRUVIUS erwähnt. Man brachte den Zinnober in eine eiserne Schale, deren Deckel mit Ton aufgedichtet war, und erhitzte stark in einem Tongefäß. Das in Freiheit gesetzte Metall sammelte sich in Tröpfchen im Deckel an. Auch durch Verreiben des Zinnobers mit Essig in einem kupfernen Mörser sollte Quecksilber erhalten werden, was jedoch nicht zutrifft.

Benutzt wurde das Metall unter anderem zur Gewinnung von Gold aus alten golddurchwirkten Gewändern. Auch sonst hatte die Metallurgie der Edelmetalle in der griechisch-römischen Periode gewisse Fortschritte gemacht, namentlich hinsichtlich der Scheidung und Reinigung. Das wichtigste Bezugsland der Römer für Gold ist wieder Spanien gewesen, wo durch Waschen der im Etagenbruchbau und Tagebau geförderten Erdmassen mit Hilfe von gegen 60 000 Sklaven jährlich bis zu 7000 Kilo Gold gewonnen wurden. Über die Reinigung bzw. Scheidung des Goldes werden von STRABO nach POSIDONIUS, von THEOPHRAST und PLINIUS Angaben gemacht, ohne daß jedoch das angewandte Verfahren ganz klar beschrieben wäre. THEOPHRAST nennt z. B. Kochsalz, Nitrum und Stypteria als Zusätze, worunter hier vielleicht Eisenvitriol zu verstehen ist. PLINIUS[2]) macht einmal die Angabe, daß Gold durch Blei zu reinigen sei (wohl ähnlich wie es AGATHARCHIDES beschreibt), und an anderer Stelle, wo er offenbar die Zubereitung des Goldes für medizinische Verwendung schildert, gibt er — in nicht eindeutiger Lesart — Salz, „mysi" (wohl verwitterter Eisenkies, Vitriol) und „schistos" (vielleicht Alaunschiefer?) als Zuschläge an; es scheint also bereits eine Art Zementation stattgefunden zu haben.

Hinsichtlich der Gewinnung der Alkali- und Erdalkalisalze im Altertum sind die Angaben der Autoren ebenfalls außerordentlich schwer einwandfrei zu deuten. Sicher ausgeführte chemische und technische Operationen waren die Gewinnung des Kochsalzes in Salzgärten oder durch Versieden von Solen, die Darstellung der Soda[3]),

---

[1]) Naturalis historia XXXIII, 41; Materia medica V, 110.
[2]) Naturalis historia XXXIII, 25.
[3]) Naturalis historia XXXI, 46; vgl. auch LUNGE, Sodafabrikation II, S. 50.

des Nitrums aus den ägyptischen Salzseen, die der Holzasche und der reinen Pottasche (aus Weinstein und Weinhefe), des Weinsteins, des Natriumacetats und endlich von Sulfiden aus Soda oder Kalk und Schwefel, die Anwendung gegen Hautkrankheiten fanden. Minder sicher dagegen ist die Bekanntschaft der Alten mit den Ammoniumsalzen. Ammoniumcarbonat wurde in Form gefaulten Harns zum Reinigen benutzt, und auch der Geruch gebrannten Hirschhorns war bekannt. Das Vorkommen des Salmiaks dagegen in der Römerzeit („sal ammoniacum" bedeutet im Altertum Steinsalz) ist nicht ganz sicher, wenn auch PLINIUS[1]) eine Art ägyptischen Nitrums anführt, das mit Kalk einen heftigen Geruch entwickele. Ganz unwahrscheinlich ist ferner die Annahme, daß der Borax den Römern bekannt gewesen sei. Die Angabe des PLINIUS[2]) von der Verwendung des Nitrums in Verbindung mit „chrysocolla" (Malachit?), „aerugo" (Grünspan) und Harn zum Löten ist so unbestimmt, daß hieraus keinerlei Schlüsse gezogen werden können; im übrigen leitet sich von dieser Literaturstelle noch die konfuse Auffassung späterer Autoren, z. B. des AGRICOLA, über die Boraxfabrikation ab. Auch hinsichtlich des ersten Vorkommens und Namens des Salpeters herrscht eine ähnliche Verwirrung; „nitrum" und auch „aphronitrum" (Schaumnitrum) bedeutet, wie erwähnt, natürliche Soda und niemals Salpeter[3]), der auch im Mittelalter und später als „sal petrosum" oder „sal nitri" bezeichnet wird. Der Salpeter ist mit seinen spezifischen Eigenschaften — und darauf allein kommt es an — den Alten sicher unbekannt gewesen und auch die Bemerkung des PLINIUS über ein als Mauerausblühung vorkommendes Nitrum muß nicht unbedingt auf Kalksalpeter gedeutet werden, da solche Ausblühungen häufig auch aus anderen Salzen (Natriumsulfat usw.) bestehen.

In der Glaserzeugung und Keramik[4]) haben die Griechen in technischer Hinsicht jedenfalls nicht solche Fortschritte erzielt, wie wir sie den orientalischen Völkern verdanken. Im eigentlichen Griechenland dürfte, obwohl Glasfunde schon aus mykenischer Zeit bekannt sind, eine Glasfabrikation selbst in der Diadochenzeit nicht bestanden haben. Erzeugnisse griechisch-orientalischer Fabriken zeigen die bereits erwähnte Millefiori-Technik, die Zusammensetzung aus einzelnen verschiedenfarbigen Glasstreifen. Besonders bekannt sind kleine Fläschchen und ähnliche Gefäße aus undurchsichtigem Glas, bei denen in die meist blaue Grundmasse bunte Streifen eingelegt sind.

---

[1]) Naturalis historia XXXI, 46.   [2]) Naturalis historia XXXIII, 29.
[3]) Vgl. LIPPMANN, Abhandlungen I, S. 128.
[4]) Vgl. BLÜMNER, Technologie II, S. 4, IV, S. 379; BUCHER, Geschichte der techn. Künste III, S. 267, 411; HORN, Glasindustrie; KISA, Glas im Altertume; NEUBURGER, Technik des Altertums, S. 133, 155.

Auch die Römer fingen verhältnismäßig spät — und zwar in Campanien — mit der aus Ägypten übernommenen Glasindustrie an, haben aber dann rasch bedeutende technische Fortschritte gemacht. Aus der Zeit STRABOS erfahren wir bereits von einer erfolgreichen Konkurrenz gegen den übermächtigen Einfluß Alexandrias. Von PLINIUS werden auch Glashütten in Spanien und Gallien erwähnt.

Als Ausgangsmaterial diente importierte Soda oder Pottasche; auch Bleioxyd wurde in antiken Gläsern gefunden. Eine besondere römische Erfindung ist die Einführung von Kupferoxydul als färbendem Agens gewesen, wodurch das sog. Hämatinon, Kupferrubinglas, erhalten wird, dessen dunkelrote Farbe im reduzierenden Feuer entsteht; die Gläser enthalten neben Kupferoxydul Kalk, Natron, Bleioxyd und Kieselsäure. Überhaupt wurden außer großen Gebrauchsgegenständen aus farblosem Glase, in denen die römischen Hütten technisch Bedeutendes leisteten, auch vielerlei Arten von Ziergläsern hergestellt, die teils durch Farbe, teils durch Form bemerkenswert waren. So verzierte man die Gläser mit aufgeschmolzenen Glasfäden oder schliff auch — sog. diatretum — ein ganzes Netzwerk aus der Glasmasse heraus. Einen besonderen Industriezweig scheint ferner die von SENECA erwähnte Anfertigung künstlicher Edelsteine gebildet zu haben. Das Überfangen mit verschiedenfarbiger Glasmasse ermöglichte die Herstellung von künstlichen Gemmen, bei denen, ähnlich wie bei der berühmten alexandrinischen Portlandvase, der dunkle Untergrund wieder herausgeschliffen wurde. Auch die Millefioritechnik — beispielsweise die Herstellung von Schalen mit geblümten mosaikartigem Muster — war von den Römern zu großer Vollendung gebracht worden. Wahrscheinlich sind auch die bei PLINIUS u. a. genannten, hoch bezahlten „murrinischen" Gefäße mit Millefiorischalen identisch gewesen.

Die Leistungen der griechischen Keramik liegen besonders auf künstlerischem Gebiet, namentlich in der Ausgestaltung der Vasenbilder, indes sie in technischer Hinsicht, stark am Überkommenen festhaltend, weniger Fortschritte gebracht hat. Die Vasen, die im ganzen Altertum Berühmtheit genossen, wurden — namentlich von Athen und Korinth — in alle Teile der antiken Welt versandt, wobei sie teilweise auch als Gefäße für ausgeführtes Olivenöl und Wein gedient haben. Im großen und ganzen ist die Vasentechnik stets die gleiche geblieben, mit dem Unterschied, daß in der älteren Zeit bis Mitte des 6. Jahrhunderts die Figuren in schwarzer Farbe auf rotem Grund angebracht wurden, indes später die Zeichnungen rot auf schwarzem Grunde ausgespart waren. Die schöne glänzende schwarze Glasur der späteren Vasen mit ihren grünlichen Reflexen enthält Eisen als färbenden Bestandteil; wahrscheinlich stellte man sie mit

Hilfe von natürlichem Magneteisenstein dar. Gelegentlich finden sich auch andere Farben verwendet, und zwar zur Bemalung wie unter der Glasur, beispielsweise auch bunte Malereien auf mattem weißem Grund. Selbst vergoldete und versilberte Gefäße sind, und zwar schon aus mykenischer Zeit stammend, aufgefunden worden. Ohne Glasur, lediglich aus rohem Ton gebrannt und nachher mit Leimfarben in lichten Tönen bemalt, wurden die sog. Tanagrafiguren hergestellt, die in zahlreichen Stücken aus öffentlichen und privaten Sammlungen bekannt sind. Der Reiz der Erzeugnisse dieser Kleinkunst liegt auch hier nicht in der technischen Vollendung, sondern in der meisterhaften Formgebung.

In künstlerischer Hinsicht steht die römische Keramik hinter der griechischen erheblich zurück und ist ebenso wie die etruskische von dieser stark beeinflußt gewesen, namentlich in der Frühzeit. Eine besondere römische Spezialität bilden die schön roten Tongefäße mit samtartigem Glanz, die man heute als „terra sigillata" bezeichnet, während man sie im Altertum samisch oder arretinisch — nach der Stadt Arretium in Etrurien — nannte. Das Problem des schönen Oberflächenglanzes ist erst vor wenigen Jahren durch einen deutschen Kunsttöpfer gelöst worden, der durch Überziehen der schwach gebrannten Gefäße mit einer Schicht feinsten Tonschlamms und nachheriges Brennen und Polieren das Aussehen der antiken Vorbilder wieder erreicht hat.

Von einer chemischen Industrie im engeren Sinne kann, wie vorher gezeigt, auch im griechisch-römischen Altertum noch keine Rede sein. Soweit es sich um anorganische Erzeugnisse handelt, findet lediglich im Anschluß an Bergbau und Verhüttung die Herstellung einzelner Präparate, namentlich für Zwecke der Medizin und der Malerei statt, ohne daß diese Fabrikation als selbständig angesehen werden darf. Die Herstellung organischer Präparate, von denen uns DIOSKORIDES eine besonders große Zahl überliefert hat — wobei es sich meist um Präparationen natürlich vorkommender Stoffe, seltener um eigentlich chemische Produkte handelt —, dürfte wohl meist durch den Arzt selbst ausgeführt worden sein, wenn auch hier und da besondere kleine handwerksmäßige Betriebe pharmazeutisch-kosmetischer Art, Salben- und Drogenfabriken, beispielsweise in Kleinasien und Athen bestanden haben. Die organisch-chemische Fabrikation ist lange Jahrhunderte auf das engste mit der Pharmazie und Kosmetik verwachsen gewesen und kann den Beginn ihres selbständigen Daseins eigentlich erst seit der neueren Zeit datieren.

Besonders sind es zahlreiche fette und ätherische Öle[1]), deren

---

[1]) Über organische Präparate vgl. besonders BLÜMNER, Technologie I, S. 328; NEUBURGER, Technik des Altertums, S. 113.

Gewinnung und Eigenschaften von PLINIUS[1]) und DIOSKORIDES beschrieben werden, Prozesse, die allerdings zumeist, wie aus dem Papyrus EBERS hervorgeht, seit urdenklichen Zeiten bekannt sind. Beispielsweise werden die verschiedenen Arten der Gewinnung des Rhizinusöles durch Mahlen des Samens und Auspressen oder auch durch Auskochen und Abschöpfen erwähnt. Ähnlich wird die Darstellung des Mandel-, Behen-, Sesam- und Walnußöles beschrieben. Die Olivenölindustrie hat besonders im klassischen Athen auch volkswirtschaftlich eine wichtige Rolle gespielt, da das Öl neben dem Wein einen der wichtigsten Ausfuhrartikel gebildet haben dürfte. Funde aus Stabiae in Unteritalien zeigen, daß die damalige Technik nur wenig von der der heutigen Kleinbetriebe verschieden gewesen ist. Auch hier werden die Oliven zunächst mit einem Kollergang zerquetscht und dann ausgepreßt. Ursprünglich verwandte man in primitiver Weise dazu einen Sack, der mit einem Stein beschwert oder mit einer hebelartig wirkenden Stange ausgepreßt wurde. In späterer Zeit (etwa 50 n. Chr.) benutzte man regelrechte Schraubenpressen oder wohl auch Keilpressen, wie auf einer Darstellung aus Pompeji zu sehen ist.

Die ätherischen Öle wurden außer durch Abpressen und Auskochen auch noch durch kaltes und warmes Extrahieren mit verschiedenen Medien, besonders mit Olivenöl, gewonnen. Erwähnt werden bei PLINIUS und DIOSKORIDES wohl fast alle der auch heute bekannten aromatischen Erzeugnisse der Mittelmeerflora. Besonders geschätzt ist damals auch schon das Rosenöl gewesen, dessen Gewinnung durch siebenmaliges Extrahieren der Blätter mit Olivenöl erfolgte. Die so gewonnenen Parfüms dienten besonders zur Salbenfabrikation, die namentlich in Kleinasien und Syrien blühte. Man setzte den fetten Extrakten meist noch Färbemittel zu (wie Zinnober, Safran oder Anchusa tinctoria) sowie Salz zum Konservieren und Harz oder Gummi zum Fixieren des Geruchs.

Die Gewinnung der Riechstoffe durch Destillation[2]) der ätherischen Öle ist erst eine Errungenschaft des arabischen Mittelalters gewesen. Immerhin wird eine Art primitiver Destillation[3]) von Terpentinöl auch schon im Altertum ausgeführt, indem über kochendem Holzteer Bündel von Wolle angebracht werden, in denen sich das flüchtige Öl kondensiert. Die Teerbereitung[4]) war in waldreichen Gegenden allgemein üblich. Nach der Beschreibung von THEOPHRAST wurden unter den Meilern Gruben angelegt, wo sich der Teer ansammelte; in Kupferkesseln wurde dann daraus Pech gewonnen. PLINIUS

---

[1]) Naturalis historia XV; Materia medica I, 29f.
[2]) Über Destillation vgl. auch LIPPMANN, Abhandlungen II, S. 203, 216; dort auch Kritik von SCHELENZ, Destilliergeräte.
[3]) Materia medica I, 95; Naturalis historia XV, 7.
[4]) Naturalis historia XVI, 21f.; Materia medica I, 94f.

erwähnt eine Art Schwelung der Harzfichten in Öfen, wobei vor dem Teer zunächst eine wässerige Flüssigkeit übergeht, die in Ägypten zum Konservieren der Leichen benutzt wurde. Ruß[1]), der meist aus den Glashütten kam, wurde auch dadurch gewonnen, daß man etwas Teer zum Lampenöl hinzusetzte und dann ein kühl gehaltenes Gefäß in eine Flamme hineinbrachte. VITRUVIUS gibt auch eine Schilderung der Bereitung im Großen. Auf einem Herd wurde Harz oder Pech verbrannt; die Flammen ließ man durch Öffnungen in einen mit Marmorstuck verkleideten Raum eintreten, in dem sich der Ruß absetzte. Das so gewonnene Produkt wurde mit Vitriol, Gummi und Leim versetzt als Tinte oder auch als Farbe benutzt. Die Eisengallustinten dagegen sind den Römern kaum, wohl aber im späteren Ägypten bekannt gewesen; der Leidener Papyrus erwähnt bereits solche Tinte in den nicht zum Hauptstück gehörigen Teilen.

Eine der ältesten organisch-chemischen Präparationen, deren technische Einzelheiten uns genau überliefert sind, ist die der Stärke[2]), welche im Prinzip auch heute noch in gleicher Weise gewonnen wird. Die Erfindung des Prozesses, der schon von CATO beschrieben wird, wird von PLINIUS den Chioten zugeschrieben. Zunächst wird der Weizen durch wiederholtes Übergießen mit Wasser eingeweicht. Dann tritt man ihn mit Füßen, wobei sich die Hülsen ablösen, die mittelst Durchschlages entfernt werden. Man sieht ab und trocknet schließlich die Stärke möglichst schnell auf heißen Steinen oder in der Sonne. Verwendet wurde sie in der Hauptsache als Zusatz zu Arzneien und als Kleister. — Die Papierfabrikation, die stets ägyptische, besonders alexandrinische Spezialität gewesen ist, wurde in Rom erst verhältnismäßig spät ausgeführt. Immerhin erwähnt PLINIUS bereits zwei römische Papierfabriken.

Von tierischen Produkten wird von PLINIUS wie DIOSKORIDES ausführlich das Lanolin[3]) und seine Bereitung beschrieben. Die Wolle wird zunächst mit heißem Wasser behandelt und das rohe Wollfett ausgepreßt. Hierauf erfolgt das Reinigen auf die verschiedenste Weise, durch Behandeln mit Seewasser, Kneten, Seihen, Umschmelzen, auch Bleichen in der Sonne; in ganz ähnlicher Weise geschah auch die Reinigung des Bienenwachses. Die Darstellung des Wollfettes, deren Beschreibung PLINIUS und DIOSKORIDES aus der gleichen Quelle genommen haben, ist unverändert bis Anfang des 18. Jahrhunderts ausgeübt worden, worauf das Präparat allmählich in Vergessenheit geriet, um erst in der Gegenwart wieder zu einem wichtigen pharmazeutischen Artikel zu werden.

---

[1]) Materia medica I, 84f.
[2]) Naturalis historia I, 17; Materia medica II, 123.
[3]) Naturalis historia XXIX, 10; Materia medica II, 84.

So bedeutend die Herstellung der Kosmetika, der Schminken, Salben und Pomaden in Rom gewesen ist, war doch selbst in der Kaiserzeit die eigentliche Seife[1]) dort unbekannt. PLINIUS erwähnt zwar ein Produkt, das die Gallier aus Buchenasche und Ziegentalg herstellten (da kohlensaure Alkalien nicht verseifen, kann es sich hier kaum um eine eigentliche Seife gehandelt haben), doch wurde auch dieses nicht zum Reinigen, sondern als Haarfärbemittel benutzt. Auch MARTIAL kennt solche Erzeugnisse nur als Pomade, und erst GALEN (im 2. Jahrhundert) nennt Seife (besonders aus Germanien und Gallien) als Reinigungsmittel. Ferner werden von THEODORUS PRISCIANUS im 4. Jahrhundert auch Seifensieder erwähnt. Wenn auch der Prozeß der Kaustifizierung der Alkalien noch nicht damit im Zusammenhang genannt wird, so muß doch dieses als Vorstufe der Seifenbildung unbedingt notwendige Verfahren längst bekannt gewesen sein. Im Stockholmer Papyrus wird übrigens auch schon die Bereitung von Kalilauge aus Pottasche und Kalk geschildert. In Rom benutzte man zur Reinigung des Gesichtes statt der Seife meist lemnische Walkerde. Für Textilien wurde zum Bleichen schweflige Säure verwendet, zum Walken neben der Walkerde auch Urin und aus Ägypten eingeführte Soda.

Die römische Färberei[2]) dürfte hinter der ägyptisch-orientalischen Färbekunst entschieden zurückgestanden haben, wie schon aus der Schilderung des PLINIUS[3]) von dem in Ägypten als Spezialität ausgeführten Zeugdruck hervorgeht. Immerhin ist die Färberei auch in Rom ein uraltes Handwerk gewesen, da sie bereits unter den Zünften des NUMA aufgeführt wird, wo nur wirklich wichtige Gewerbszweige genannt werden. Die Farbstoffe sind die gleichen, wie sie auch im Orient verwandt werden. An der Spitze steht die Purpurfärberei[4]), von der PLINIUS allerdings geringschätzig sagt, daß sie nicht zu den „liberales artes“ gehöre. Als bester Purpur galt immer noch der tyrische, wenn auch in Süditalien und anderwärts ebenfalls mit Purpur gefärbt wurde. Um 300 n. Chr. bestand in Tyrus eine besondere kaiserliche Färberei, ebenso weiter an anderen Plätzen. Es wurden die verschiedensten Farbtöne hergestellt, wobei nicht nur die eigentliche Purpurschnecke, Purpura lapillus, sondern auch die Trompetenschnecke, Murex brandaris und Murex trunculus, ferner auch andere Farbstoffe zum Nuancieren benutzt wurden. Man zerschnitt oder zerstampfte die Schnecken, versetzte mit Salz und kochte den gewon-

---

[1]) PLINIUS, Naturalis historia XXVIII, 51; BECKMANN, Beyträge zur Geschichte IV, 1, S. 1; BLÜMNER, Technologie I, S. 174; DEITE, Seifenindustrie; FELDHAUS, Technik der Vorzeit, S. 1287; NEUBURGER, Technik des Altertums, S. 118.

[2]) BLÜMNER, Technologie I, S. 215; NEUBURGER, Technik des Altertums, S. 179, 190.

[3]) Naturalis historia XXXV, 42.   [4]) Naturalis historia IX, S. 60f.

nenen Saft in Bleikesseln ein, bis die gewünschte Konzentration zum Färben erzielt war. In späterer Zeit wurden die Schnecken auch zunächst zur Aufbewahrung oder zum Zwecke des Versands getrocknet.

Von sonstigen Farbstoffen finden wir Kermes, Krapp, Safran, Wau, Waid, Orseille, Gallen, Eichenrinde, Nüsse (zum Haarfärben), Anchusa tinctoria (meist für Schminken und Salben), Färbeginster, Heidelbeeren (für Sklavenkleider in Gallien) u. a. m. erwähnt, also fast alles bereits längst bekannte Materialien. Indigo[1]) wird lediglich als Malerfarbe genannt; als Ursprung wird teils der Import aus Indien angegeben, teils wird er als Abfallprodukt, abgeschiedener Schaum der Purpurfärberei bezeichnet. Man vermochte also weder Indigo noch den einmal in fester Form abgeschiedenen Purpur zu verküpen.

Auch die Gerberei[2]) zeigt gegenüber der ägyptisch-orientalischen kaum etwas neues. Das Äschern der Häute mit Rhusma ist ebenfalls bekannt gewesen. Überwiegend wurde wohl die Lohgerberei angewandt, und zwar benutzte man Rinden aller Art (Kiefern, Erlen usw.), Eicheln, Gallen, Sumach und andere Pflanzenprodukte. Auch Alaun und Salz wurden zum Gerben benutzt, vielleicht wurde auch schon eine Art Sämischgerberei angewandt. Als Lederfärbemittel werden die Rinde des Lotosbaumes, Krapp und Kermes erwähnt. Zum Schwärzen diente Kupfervitriol, das sog. „atramentum sutorium".

3. Spätgriechisch - arabische Technik.

Die reiche Entfaltung, die die chemische Technik im späten Altertum namentlich in dem spätägyptisch-alexandrinischen Kulturkreis erreicht hatte, stellt einen Höhepunkt dar, der erst viele Jahrhunderte danach wieder überschritten wurde. Von dem Erbe des reichen Schatzes technischer Erfahrungen hat das ganze frühe Mittelalter gezehrt, ohne seinerseits allzuviel aus Eigenem dazu beigetragen zu haben. Der Geist der orthodoxen Scholastik, der sich in allzu zähem Festhalten an buchstabengetreuer Tradition dokumentiert, hat auch auf naturwissenschaftlich-technischem Gebiete bis in das 16. Jahrhundert hinein ein starkes Hemmnis jeglichen Fortschritts bedeutet. Vielfältig sind die Linien der Überlieferung, die das Altertum an das westeuropäische Mittelalter knüpft, und es ist an Hand der erhaltenen Schriftdenkmäler genau festzustellen, welchen Gang die Tradition im einzelnen genommen hat, wenn auch durch zahlreiche Fälschungen und spätere Einschiebungen die historische Forschung oft stark erschwert wird.

Streng auseinander zu halten ist die Entwicklungslinie der technischen und der wissenschaftlich-chemischen, d. h. alchemistischen

---

[1]) Naturalis historia XXXV, 27.
[2]) BLÜMNER, Technologie I, S. 254; NEUBURGER, Technik des Altertums, S. 79.

Tradition. Während die Stürme der Völkerwanderung mit dem Untergang der antiken Kultur es auch mit sich brachten, daß von der spätantiken chemischen Wissenschaft so gut wie keine Fäden unmittelbar in das europäische Mittelalter hinüberreichen, so läßt sich doch annehmen, daß die Linie der technischen Überlieferung auf italienischem Boden niemals irgendwelche Unterbrechung erfahren hat. Antike handwerksmäßige Technik, die Kunst der Metallerzeugung und -verarbeitung, Färberei und Lederbereitung, Seifensiederei, Keramik und Glaserzeugung ist, ursprünglich von römischen Kunsthandwerkern aus Ägypten übernommen, vom Vater auf den Sohn sich vererbend, stets lebendig geblieben, und die in den frühmittelalterlichen Rezeptbüchern niedergelegten praktischen Vorschriften zeigen oft wörtliche Übereinstimmung mit den Rezeptsammlungen der alexandrinischen Zeit. Teilweise geht allerdings neben der bodenständigen römischen Werkstatt-Tradition auch die mittelbare Überlieferung über Byzanz, wo das Erbe des alexandrinischen Kunsthandwerks, gefördert durch die Prachtentfaltung von Kaisertum und Kirche, eine besonders günstige Pflegstätte gefunden hatte.

Anders steht es mit der eigentlichen chemischen Wissenschaft, die, als Alchemie[1]) auf alexandrinischem Boden erwachsen, erst auf weiten Umwegen nach Westeuropa gelangt ist. Die Anfänge der Alchemie, dieser aus ägyptischer Sakraltechnik, griechischer Naturphilosophie, jüdischen, orientalischen und frühchristlichen Religionselementen gebildeten Wissenschaft, sind bereits im vorigen Kapitel gestreift worden. Eine ausführliche Darstellung dieses Gegenstandes gehört nicht in den Rahmen dieser Erörterung, und es soll hier lediglich die Entwicklung in großen Zügen dargelegt werden, soweit der Werdegang der angewandten Chemie damit im Zusammenhang steht. Die ägyptische Sakraltechnik hat, obwohl das Priestertum der Träger war, ausschließlich praktischen Charakter gehabt, und ebenso zeigen die Anfänge der alexandrinischen Naturwissenschaft, die noch durchaus den Stempel klassisch-griechischer Geistesklarheit tragen, sich noch frei von der späteren Mystik. Der oben erwähnte Synkretismus, das Durchsetzen mit mystisch-religiösen Vorstellungen, vollzieht sich wohl erst im vierten nachchristlichen Jahrhundert, in dem zuerst die Idee der Metallverwandlung, der Grundglaubenssatz der Alchemie, zur Herrschaft gelangt; von diesem Zeitpunkt ab ist also die eigentliche alchemistische Periode zu datieren. Bedeutet die Alchemie mit ihrem typisch orientalischen mystischen Grundcharakter auch einen entschiedenen Rück-

---

[1]) Über die frühmittelalterliche Alchemie und Technik vgl. KOPP, Alchemie; BERTHELOT, Chimie au moyen-âge etc.; SVEDBERG, Materie; DIELS, Antike Technik VI und vor allem das grundlegende Werk von LIPPMANN, Entstehung und Ausbreitung der Alchemie, dem zahlreiche Angaben entnommen sind.

schritt gegenüber der reinen Wissenschaft des klassischen Griechentums, so darf doch auch nicht außer acht gelassen werden, daß sie vor dieser den Umstand voraus hat, daß nunmehr das chemische Experiment, das dem Altertum unbekannt ist, maßgeblich wird, wenn auch die immer noch vorherrschende deduktive Betrachtungsweise den Blick für die aus der Experimentalarbeit zu ziehenden Folgerungen trübt. Die Chemie wird zunächst in Form der Alchemie zu einer selbständigen, wenn auch ins Groteske verzerrten Wissenschaft, und damit löst sie sich auch von der ausschließlich materiellen Interessen dienenden alten Sakraltechnik los, um hauptsächlich ideelle Ziele zu verfolgen; der Drang nach Erkenntnis hat, wenigstens in der Frühzeit, stets an erster Stelle gestanden, und erst später tritt die Goldmacherei zum Zwecke des Gewinnes in den Vordergrund. Etwa vom 4. Jahrhundert jedenfalls scheiden sich die Wege von chemischer Wissenschaft und chemischer Technik, um, nur hier und da sich wieder berührend, erst in der neueren Zeit wieder zu einer innigeren Durchdringung von Theorie und Praxis zu führen. Die ausschließliche Beschäftigung mit der Frage der Metallverwandlung, dieser enge Kreis, in dem sich das ganze Tun und Denken der Alchemisten bewegte, ist sicher mit die Ursache gewesen, daß die chemisch-wissenschaftlichen Fortschritte der Alchemie wie auch die Befruchtung der Technik durch die Wissenschaft — abgesehen von einzelnen metallurgischen Operationen — ziemlich gering waren; zum mindesten war mit dieser Arbeitsrichtung auch die Art des praktischen Vorgehens gegeben, d. h. man beschränkte sich auf Operationen im schmelzflüssigen Zustande, und erst etwa 1000 Jahre Laboratoriumsarbeit waren nötig, bis gleichzeitig mit der Darstellung der Mineralsäuren sich der wichtige Übergang zum Arbeiten mit gelösten Stoffen vollzog. Immerhin eine wesentliche Errungenschaft der Laboratoriumstechnik ist schon der Frühzeit der Alchemie zu verdanken: die Kunst der Destillation oder richtiger Sublimation (erstere wohl nur im Falle des Quecksilbers), fand schon in der alexandrinischen Epoche ihre Ausbildung und damit auch die Durchbildung der nötigen Apparate mit gesondertem Rezipienten.

Alexandria ist wohl bis zur arabischen Eroberung, 641 n. Chr., der Hauptsitz der alchemistischen Gelehrsamkeit gewesen, daneben aber hat die Alchemie auch in dem frühchristlichen Syrien wahrscheinlich schon im 4. Jahrhundert eine Pflegstätte gefunden. Auf syrische Gelehrte wiederum ist die Übertragung alchemistischer Ideen in das Zweistromland und damit die spätere Weitergabe an das Arabertum zurückzuführen. Besonders originelle Leistungen allerdings hat die syrische Alchemie nicht aufzuweisen, und es fällt ihr im wesentlichen nur eine Übersetzer- und Vermittlerrolle zu. Die Einwanderung syri-

scher Gelehrter in das Zweistromland ist durch die Verfolgungen verursacht worden, denen die Sekte der Nestorianer durch die byzantinische Regierung ausgesetzt waren. 431 erfolgte die erste Vertreibung
und dann 489 die endgültige mit der auf Befehl des Kaisers ZENON
durchgeführten Zerstörung der Akademie von Edessa.

Die sassanidischen Herrscher nahmen die Flüchtlinge auf, denen
die Begründung der persischen Akademie von Dschondisabur zu verdanken ist. Das eigentliche Zentrum wissenschaftlichen Lebens aber
ist seit der Zeit Mesopotamien geworden, das diese Stellung bis in
das 11. Jahrhundert behauptet hat. Berühmt war auch die jüdische
Schule von Nisibis, und vor allem ist Harran, die Stadt der heid-
nischen Sabier, eine Hauptpflegstätte alchemistischer Lehren gewesen; der religiöse Synkretismus dieser eigenartigen Sekte bot auch
für die Entwicklung der Alchemie den denkbar günstigsten Nährboden.

In Harran dürfte auch nach der arabischen Eroberung die erste
Bekanntschaft der Araber mit alchemistischen Lehren erfolgt sein,
worauf dann in Alexandrien eine noch engere Berührung des Araber-
tums mit alchemistischen Zirkeln stattfand. Allmählich vollzieht sich
die Umwandlung des Eroberervolkes, das noch durch die Zerstörung
der Bibliothek von Alexandrien seine zunächst sicher bestehende Ab-
neigung gegen feinere Geisteskultur dargetan hatte. Schon Ende des
7. Jahrhunderts sind wahrscheinlich Übersetzungen griechischer, dann
auch syrischer und persischer Schriftsteller in das Arabische entstanden, wenn auch eine selbständige arabische alchemistische Literatur
erst zur Zeit der Abbassiden, seit dem 8. Jahrhundert, sich ausgebildet
hat. Die Araber sind von da bis zum 13. Jahrhundert die eigentlichen
Träger der Alchemie gewesen, und außerhalb ihres Kulturkreises hat
sich wohl nur in Byzanz ein gewisses Zentrum alchemistischer Tätigkeit erhalten. Der Höhepunkt der Alchemie fällt mit der Blüte der
arabischen Kultur überhaupt zusammen, deren Hauptpflegstätten
neben dem Kalifenhof in Bagdad die spanischen Hochschulen gewesen
sind. Die Alchemie selbst wurde allerdings, wie die praktische Wissenschaft im allgemeinen, an diesen Akademien kaum betrieben, und durch
sie ist die Kenntnis alchemistischer Schriften und Rezepte jedenfalls
nicht an abendländische Adepten übermittelt worden. Fest steht nur,
daß in Spanien wie auch in Südfrankreich und namentlich in Sizilien
mit seiner griechisch-sarazenischen Mischkultur die erste Bekanntschaft Westeuropas mit der Alchemie sich vollzogen hat, wenn auch
über die Vermittler selbst nichts Näheres bekannt ist. Übrigens sind
im 12. Jahrhundert in Sizilien auch griechische alchemistische Schriften unmittelbar in das Lateinische übertragen worden.

Der ganze Werdegang der Überlieferung vom Altertum bis zum
europäischen Mittelalter läßt sich in seiner Parallelität der technischen

und alchemistisch-wissenschaftlichen Tradition am einfachsten durch ein Schema wiedergeben, das ohne weiteres die großen Zusammenhänge überschauen läßt:

Spätägyptische Sakraltechnik

Griechisch-römisches Kunsthandwerk   Alexandrinische Alchemie

Byzantinisches Kunsthandwerk   Syrische Alchemie

Kunsthandwerk des europäischen Mittelalters   Arabische Alchemie

Westeuropäische Alchemie

Daß die chemische Technik in der alchemistischen Periode keine allzu großen Fortschritte gemacht hat, wurde schon oben erwähnt. Die uns überlieferten Schriften der griechischen Alchemisten, der Syrer und der Araber können in praktischer Hinsicht fast als Kopien des DIOSKORIDES sowie des Stockholmer und Leydener Papyrus gelten. Die Zahl der bekannten Präparate ist seit dem 1. Jahrhundert nur unwesentlich vermehrt worden, und namentlich ist die Darstellung und Verwendung der Mineralsäuren nicht etwa, wie man lange annahm, dem Araber DSCHABIR im 8. Jahrhundert zuzuschreiben, sondern sie bildet erst eine Errungenschaft der abendländischen Alchemie. In einer Hinsicht ist allerdings ein bemerkenswerter Fortschritt erzielt worden, und zwar bereits in der griechisch-alexandrinischen Periode, ohne daß sich die Erfinder im einzelnen feststellen lassen. Während die anfängliche chemische Tätigkeit — im wesentlichen metallurgischer Art — sich auf das Arbeiten im Schmelzfluß beschränkt hatte, tritt jetzt zum ersten Male die Sublimation und primitive Destillation in Erscheinung; es fehlt jedoch noch das Arbeiten in wäßriger Lösung und die Destillation leichter flüchtiger Substanzen. Hand in Hand mit diesem Fortschritt geht die Ausbildung der chemischen Laboratoriumsgerätschaften, die schon in den ersten nachchristlichen Jahrhunderten ihr charakteristisches Gepräge erhalten. Neben Tiegeln, Schalen, Kolben treten zuerst die Destillationsgerätschaften in Erscheinung, und zwar sind diese, wie aus den von ZOSIMOS im 3. bis 4. Jahrhundert überlieferten Abbildungen aus den Schriften der sog. MARIA der Jüdin hervorgeht, regelrecht aus Kolben, Abzugsrohr und Auffanggefäß zusammengesetzt. Die dieser Alchemistin zugeschriebene Erfindung des Wasserbades (bain-marie) ist jedoch bereits eine wesentlich ältere Errungenschaft, da diese Vorrichtung schon von THEOPHRAST und HIPPOKRATES erwähnt wird. Im übrigen läßt sich infolge der unsicheren Überlieferung und der vielfachen späteren Einschiebungen hinsichtlich der Einführung einer neuen Methode oder neuen Substanz oft nicht feststellen, auf wen die Verbesserung im einzelnen zurückzuführen ist. Die Hauptquellen sind dabei in syrischer Sprache abgefaßte Manuskripte, wobei die Syrer selbst allerdings zumeist nur Übersetzer oder Kompilatoren gewesen sind.

Im Vordergrund des Interesses steht im Anfange des alchemistischen Zeitalters einerseits die Sublimation und andererseits die Substanzen Schwefel, Arsen und Quecksilber. Namentlich das letztere spielte von jeher in der alchemistischen Theorie eine große Rolle, und es bildet sich allmählich die Grundlehre aus — vielleicht auf die ägyptische Theorie des Bleis als Ursubstanz zurückgehend —, daß alle Metalle Quecksilber in wechselnder Menge und verschiedenen Graden der Reinheit enthalten. In der arabischen Periode nimmt die Theorie die Gestalt an, daß Metalle aus Quecksilber und Schwefel zusammengesetzt sind, eine Vorstellung, die dann noch während der ganzen europäischen Alchemistenzeit maßgeblich gewesen ist.

Die experimentellen Ergebnisse der griechisch-syrischen alchemistischen Periode werden zumeist bereits dem sog. Pseudo-DEMOKRIT zugeschrieben, dessen angebliche Schriften teils durch eine aus dem 10. Jahrhundert stammende Handschrift der Bibliothek von San Marco, teils durch ZOSIMOS und andere griechische Alchemisten, teils durch syrische Manuskripte überliefert worden sind. Im einzelnen dürfte sich kaum feststellen lassen, was ihm oder anderen Autoren der Frühzeit mit Gewißheit zuzuschreiben ist, und was als spätere Einschiebung betrachtet werden muß.

Wie schon zu Zeiten des DIOSKORIDES die künstliche Herstellung von einzelnen Metallsulfiden bekannt war, so wird in der griechisch-syrischen Periode bereits Zinnober aus den Elementen hergestellt und ebenso Bleisulfid für den Gebrauch der Augenärzte, ferner auch Arsensulfid ($\H{v}\delta\omega\varrho\ \vartheta\varepsilon\tilde{\iota}o\nu$). Die Gewinnung von Sublimat erfolgt durch Erhitzen von Quecksilber, Blei und Kochsalz (daneben erhielt man wohl auch schon das Chlorür). Schwefel und arsenige Säure gewann man durch Erhitzen der Sulfide auf dem Wege der Sublimation. Auch metallisches Arsen dürfte bereits bekannt gewesen sein, da man neben dem Quecksilber aus Zinnober auch solches aus gelbem Sand, Auripigment, unterschied. Überhaupt spielten die $\pi\nu\varepsilon\acute{v}\mu\alpha\tau\alpha$, spiritus, die bei der Sublimation entweichenden Dämpfe, eine große Rolle. Daß die Entdeckung der bei dem Rösten von Alaun und Vitriolen entweichenden Schwefelsäure damals noch nicht gemacht wurde, erscheint verwunderlich. Das Auftreten der sauren Dämpfe ist jedenfalls damals schon beobachtet worden, wenn auch eine Kondensation des Destillates sicher noch nicht vorgenommen wurde, denn noch im 13. Jahrhundert erwähnt der arabische Autor AL-QAZWINI lediglich, daß die beim Abrösten der Vitriole entstehenden, zum Ausräuchern benutzten dicken Dämpfe bei der Berührung mit Wasser Hitze erzeugen. Daß die genaue Kenntnis der Säuren aufweisenden lateinischen Schriften des GEBER (DSCHABIR) spätere Unterschiebungen sind, wurde bereits bemerkt. Die Darstellung der Schwefel- und Salpetersäure ist wohl erst gegen 1300, und zwar wahrscheinlich in Italien erfolgt. Der echte DSCHABIR, der im 8./9. Jahrhundert gelebt hat, bringt in seinen Schriften, wie überhaupt die meisten arabischen und syrischen Autoren, neben viel alchemistisch-mystischem Wust nur wenig positiv Neues. Erst in der späteren arabischen Periode — der Zeit der großen Geographen, Mathematiker, Ärzte — tritt auch auf chemischem Gebiete, und zwar dem der Pharmakologie, Drogen- und Warenkunde, größere Wissenschaftlichkeit und Sachlichkeit in Erscheinung.

Im allgemeinen sind auch die Fortschritte der angewandten Chemie der Araberzeit nicht allzu groß, und die Nachrichten über gewerbliche Dinge nicht eben häufig. Manche Errungenschaften sind den Nachbarvölkern zuzuschreiben gewesen, und es ist ferner oft unmöglich, bei der Untersuchung der Leistungen der arabischen Rasse die völkische Zugehörigkeit der Autoren arabischen Namens festzustellen. Namentlich von den Persern haben die Araber in beträchlichem Umfange mineralogische, metallurgische und besonders keramische[1]) Kenntnisse und Fertigkeiten übernommen. Die Perser haben die altbabylonische kunstvolle Kachelerzeugung weiter gepflegt, und persische Meister haben noch in der späteren islamischen Keramik, z. B. bei der Ausschmückung der türkischen Moscheen, eine maßgebliche Rolle gespielt. Die Blütezeit der persischen Keramik lag im 13. bis 16. Jahrhundert. Daneben haben auch noch von den arabischen Kulturstätten des ausgehenden Mittelalters Damaskus, Kairo und das maurische Spanien, in der türkischen Periode auch Nicäa, Kutahia, die Dardanellen und Rhodus in diesem Zweig des Kunstgewerbes Erhebliches geleistet. Porzellan dagegen ist in den islamischen Ländern nicht hergestellt worden; es wurde zuerst im 9. Jahrhundert von arabischen Schriftstellern erwähnt und gelangte auch schon im Mittelalter in vereinzelten Stücken aus China nach dem westlichen Asien. Außer der Keramik blühte in Damaskus auch besonders die Glaserzeugung, die überhaupt in diesem Teil Vorderasiens — namentlich in Tyrus und Sidon — seit dem Altertum ununterbrochen gepflegt wurde. Die Glasbereitung in mehrstöckigen Öfen mit besonderen Kammern wird schon in syrisch-arabischen Manuskripten beschrieben, ebenso erfolgt dort mit die früheste Erwähnung der Herstellung echten Emails unter Benutzung bleihaltiger Substanzen (vgl. S. 13). Der arabische Schriftsteller AL-DSCHAHIZ aus dem 9. Jahrhundert erwähnt allerdings ausdrücklich, daß die Araber die Bereitung von Glas, Lasur,

---

[1]) Über Keramik vgl. BUCHER, Geschichte der techn. Künste III, S. 427.

Mosaik, Email (neben Mennige, Zinnober, Salmiak und griechischem Feuer) erst von den Griechen übernommen hätten[1]).

Die Gewinnung des Salmiaks, dessen Sublimation und Krystallisation mehrfach von arabischen Autoren erwähnt wird, bildete vorzugsweise einen Gewerbszweig Ägyptens, wo das Salz sich in den Rauchfängen der mit Kamelmist beheizten Bäder ansetzte; es fand zum Löten und in der Färberei zum Fixieren von Farbstoffen Anwendung. Auch das schon von PLINIUS undeutlich erwähnte Ammoniak war bekannt; es entstand bei der alchemistischen Prozedur der „Fixation" des Salmiaks mit Kalk (wobei sich ferner Chlorcalcium bildete). Der Name „sal ammoniacum", der zunächst Steinsalz bedeutete, ging erst später auf den in den arabischen Schriften mit Nuschadir bezeichneten Salmiak über. Überhaupt sind wie im Altertum, so auch in der alchemistischen Zeit die Bezeichnungen für die farblosen Salze und Alkalien außerordentlich unscharf, und die Bedeutung der einzelnen Ausdrücke hat öfters gewechselt. Verschiedene Worte (wie z. B. Nitrum, Aphronitrum und Borax) bezeichnen oft die gleichen Substanzen, während umgekehrt chemisch Verschiedenes unter den gleichen Begriff gebracht wird. Borax wird neben Nitrum, das stets Soda bezeichnet, als Produkt der Salzseen (z. B. des Wansees) gesondert erwähnt und als Lötmittel schon in der arabischen Periode verwendet; zunächst allerdings bezeichnen die arabischen Ausdrücke Tinkar und Baurak, ebenso wie das griechische βοράχη, einfach Alkali. Auch die exakte Unterscheidung zwischen Soda und Pottasche ist bekanntlich erst in der Neuzeit erfolgt. Die persisch geschriebene Pharmakopöe des ABU MANSUR MUWAFFAQ[2]) macht allerdings bereits den Unterschied zwischen Natron und dem aus Pflanzenasche gewonnenen „Kalja", dessen Verwendung zur Seifenerzeugung sich im Orient bis in die Gegenwart erhalten hat; es darf jedoch auch hierunter nicht unbedingt Kaliumcarbonat verstanden werden, da die Alkalikräuter, insofern sie auf kochsalzhaltigem Boden wachsen, vorwiegend Soda bei der Calcination hinterlassen. Die Verarbeitung dieser Asche wird genau von dem in Spanien lebenden ABU L-QASIM (936—1016) geschildert; das Verfahren bestand im Auslaugen der Asche, Eindampfen, Calcinieren, Wiederauflösen und nochmaligem Eintrocknen, wodurch bereits eine weitgehende Reinigung erzielt wurde. Dieser Prozeß ist in Spanien bis in die Neuzeit ausgeübt worden.

Besonders viel umstritten ist die Frage des ersten Auftauchens des Salpeters sowie des Schießpulvers[3]), was eng damit zusammen-

---

[1]) Über Glas- und Emailöfen vgl. WIEDEMANN, Ztschr. f. angew. Chemie Jg. 1921, S. 522 u. 528. Vgl. auch BUCHER, Geschichte d. techn. Künste I, S. 5, 12; HEYD, Levantehandel II, S. 678.   [2]) LIPPMANN, Abhandlungen I, S. 85.

[3]) BECKMANN, Beyträge zur Geschichte V, 4, S. 511; ROMOCKI, Explosivstoffe; LIPPMANN, Abhandlungen I, S. 125; BERTHELOT-STRUNZ, Chemie im Altertum und Mittelalter, S. 78; DIELS, Antike Technik V.

hängt, da ja die frühesten Nachrichten über die Verwendung explosiver Gemenge auch die deutlichsten Anzeichen für die Bekanntschaft mit ersterem darstellen, der an sich als Mauer- oder Bodenausblühung ohne Unterscheidung von anderen Salzen längst aufgefallen sein konnte. Daß die Nachrichten über die Verwendung von Brandsätzen aus dem Altertum — beispielsweise bei AENEAS dem Taktiker 360 v. Chr. — sich lediglich auf Mischungen leicht brennbarer Stoffe, wie Kohlenpulver, Werg, Pech, Naphtha u. dgl. ohne Salpeterzusatz beziehen, muß als sicher nachgewiesen gelten. Ebenso sind auch noch die auf Salpeter und Schießpulver bezüglichen Angaben syrischer alchemistischer Manuskripte aus dem 9./11. Jahrhundert unverkennbar als spätere Einschiebungen anzusehen. Ob dagegen das berühmte „griechische Feuer" der Byzantiner, das der Überlieferung nach von dem Architekten KALLINIKOS aus Heliopolis 678 nach Konstantinopel gebracht und zum ersten Male in der Seeschlacht von Kyzikos gegen die Araber verwandt worden ist, Salpeter enthalten hat oder nicht, ist eine noch heute nicht völlig geklärte Frage. DIELS kommt bei der Erörterung der Angelegenheit, gestützt auf eine einzige Literaturstelle, zu einem bejahenden Ergebnis — ebenso, doch auf Grund unzulänglicher Interpretation verschiedener Stellen, bereits vorher BERTHELOT —, während die Beurteilung der Gesamtheit des vorliegenden Literaturmaterials die Auffassung von ROMOCKI und LIPPMANN wahrscheinlicher macht, daß Salpeter und Schießpulver nicht vor dem 13. Jahrhundert in der byzantinischen und islamischen Welt bekannt geworden sind. Die genannte, von DIELS wiedergegebene Literaturstelle ist eine Beschreibung LEOS (wahrscheinlich des Isauriers, 717—741) von der Feuertriere, welche das griechische Feuer mittels eines Siphons gegen die feindlichen Schiffe schleudert. Dieser Vorgang soll sich unter „Donner und Rauch, der dem Feuer vorausgeht" vollziehen, wobei allerdings gerade hier die Übersetzung zunächst die Änderung einer unverständlichen Lesart ($\pi\varrho o\pi\varepsilon i\varrho o\nu$ in $\pi\varrho o\pi\acute{\nu}\varrho o\nu$) notwendig macht. Diese Beschreibung paßt wohl am ehesten auf das Abschießen von Raketen, doch könnte sie allenfalls auch auf flüssige Brennstoffgemische ausstoßende Flammenwerfer gedeutet werden, zumal wenn man die nicht immer große Exaktheit älterer Schriftsteller in naturwissenschaftlich-technischen Beschreibungen in Betracht zieht. Sicher ist auch, daß, wie schon aus einem wohl aus der gleichen Zeit stammenden Einschiebsel in die „$\varkappa\varepsilon\sigma\tauo\acute{\iota}$" des SEXTUS JULIUS AFRICANUS hervorgeht, ungelöschter Kalk als Zusatz zu solchen aus Erdöl, Pech u. dgl. bestehenden Brandmischungen verwendet wurde, so daß in Berührung mit Wasser Entzündung eintrat. Dieser Kalkzusatz dürfte ein wesentlicher Bestandteil des als strengstes Staatsgeheimnis betrachteten griechischen Feuers gewesen sein, wenn auch zur Erklärung der meisten Literaturstellen die Annahme hinreicht, daß eine vorher angezündete flüssige Mischung wie bei dem modernen Flammenwerfer gegen den Feind gespritzt wurde.

Die erste Schrift, die genaue Rezepte für das griechische Feuer sowohl wie für sonstige Brandsätze — mit oder ohne Kalkzusatz — und auch für Schießpulver und Brandraketen liefert, ist das sog. „Feuerbuch" (Liber ignium ad comburendos hostes) des MARCUS GRAECUS[1]), das, teilweise auf ältere Quellen zurückgehend, um 1250 in Konstantinopel verfaßt sein dürfte. Als Bestandteil des griechischen Feuers wird neben brennbaren Stoffen, wie Pech, Schwefel, Petroleum, Öl, auch noch „sal coctum", d. h. Siedesalz, erwähnt, dem man infolge der Flammenfärbung eine besondere Hitzewirkung zuschrieb. Mit Salpeter aber, wie es BERTHELOT tut, darf dieser Zusatz, der zudem in der älteren Handschrift des Buches nicht genannt ist, auf keinen Fall identifiziert werden. Die Rezepte zur Schießpulverbereitung (aus 6 Teilen Salpeter, 2 Teilen Kohle und 1 Teil Schwefel) und zur Herstellung von Brandraketen u. dgl. sind ebenfalls nach LIPPMANN als spätere Zusätze anzusehen, zumal auch sie in der älteren Handschrift zum größten Teil fehlen.

Auch über die Wege, auf denen die Kenntnis von Salpeter und Schießpulver zu den Byzantinern — sei es früher, sei es später — gekommen ist, können nur Vermutungen geäußert werden. Neigt man ersterer Auffassung zu, so müßte man auch vielleicht eine selbständige Entdeckung des Salpeters durch kleinasiatische Griechen annehmen, was mit dem heute noch ausgebeuteten Vorkommen kalisalpeterhaltiger Erde im abflußlosen Innern Kleinasiens im Einklang stände. Im letzteren Fall dagegen erscheint es wahrscheinlicher, daß die Bekanntschaft mit Salpeter und salpeterhaltigen Brandsätzen zu Anfang des 13. Jahrhunderts von China und Indien her nach dem Westen vorgedrungen ist. Die Chinesen, die sich selbst die Erfindung des Pulvers zuschreiben, haben dieses jedenfalls kaum vor der Mitte des 12. Jahrhunderts gekannt, und erst mit dem Bericht über die Verteidigung von Pieng-king gegen die Mongolen aus dem Jahre 1232 liegt die erste einigermaßen zuverlässige Nachricht über die Verwendung von Schießpulver vor, das in Form von Raketen und Wurfminen gegen den Feind zur Anwendung kam. Daß die Araber ihre Bekanntschaft mit dem Schießpulver den Chinesen entlehnt haben, geht aus der Literatur des 13. Jahrhunderts klar hervor. Ein etwa um 1200 verfaßtes arabisches Feuerwerksbuch erwähnt den Salpeter überhaupt noch nicht, und auch in den um die Mitte des 13. Jahrhunderts verfaßten Schriften des IBN ABI USAIBIA und IBN BEITAR wird lediglich seiner kühlenden Eigenschaften, nicht dagegen des Schießpulvers

[1]) BERTHELOT, Chimie au moyen-âge.

gedacht. Erst das vom Ende des Jahrhunderts stammende Feuerwerksbuch des HASAN AR-RAMMAH gibt eine große Anzahl von Rezepten zur Herstellung von salpeterhaltigen Brandsätzen, Raketen u. dgl., wobei die Ausdrücke „Pfeil von China" und „Feuerlanze von China" deutlich auf die Herkunft der Vorschriften hinweist. Ferner wird in dem Buche auch die Läuterung und Reinigung des Salpeters mit Aschenlauge und durch wiederholtes Umkrystallisieren genau beschrieben.

Bei allen diesen Vorschriften aber handelt es sich stets nur um Verwendung des Schießpulvers als Spreng- und Zündmittel, während die Benutzung als Geschoßtreibmittel wesentlich jüngeren Datums ist. Einen gewissen Übergang zur Kanone bilden die Raketen und namentlich die gestielten Handmörser, wie sie in dem arabischen Buche der Kriegskunst — das dem 1327 gestorbenen SCHEMSEDDIN MOHAMMED zugeschrieben wird — genannt werden. Die Ladung dieser Mörser bestand aus Pulver und „Bondok", wörtlich übersetzt „Haselnüsse", worunter man irgendwelches kleinstückige Material, vielleicht aber auch, wie schon bei chinesischen Raketen, nur Brandsatzklümpchen zu verstehen hat. Auf alle Fälle ist der verhältnismäßig naheliegende Schritt zur eigentlichen Kanone nicht von den Arabern getan worden, vielmehr muß diese Erfindung nach dem übereinstimmenden Zeugnis der damaligen und späteren Literatur als deutsche Errungenschaft, und zwar schon vom Ende des 13. Jahrhunderts angesehen werden.

Ebensowenig wie in der Pyrotechnik und der Herstellung der Mineralsäuren dürfen den Arabern in der Kunst der Destillation diejenigen selbständigen Leistungen zugeschrieben werden, die man lange Zeit bei ihnen angenommen hat, und namentlich darf die erste Gewinnung des Alkohols[1]) nicht auf ihr Konto gesetzt werden. Die von den griechischen Alchemisten übernommenen Destilliergeräte sind insbesondere hinsichtlich der Kühlvorrichtung so mangelhaft gewesen, daß es jedenfalls unmöglich war, eine so niedrig siedende Flüssigkeit wie Alkohol damit zu gewinnen. Die Brennbarkeit des sich aus starkem Wein entwickelnden Alkoholdampfes war zwar seit dem Altertume bekannt, und ebenso findet sich auch eine Bemerkung des etwa um 1000 n. Chr. lebenden spanisch-arabischen Alchemisten ABU L-QASIM (ALBUCASIS), daß auch Wein der Destillation unterworfen werden könne; es findet sich aber weder bei diesem noch bei irgendeinem späteren arabischen Schriftsteller der geringste Hinweis, daß tatsächlich Alkohol mit seinen besonders auffallenden Eigenschaften dargestellt worden sei. Überhaupt lag das Schwergewicht der Tätigkeit

---

[1]) Über Alkohol und Destillation bei den Arabern vgl. LIPPMANN, Abhandlungen II, S. 203, und Chemiker-Zeitung Jg. 37, S. 1313ff. (1913); WIEDEMANN (bei DIERGART, Beitrag zur Geschichte, und in „Der neue Orient" V, Heft 1/2); ferner auch SCHELENZ, Destilliergeräte (Kritik darüber bei LIPPMANN, Abhandlungen II, S. 216).

der griechischen und arabischen Alchemisten mehr bei der Sublimation schwer flüchtiger und leicht kondensierbarer Körper als bei dem eigentlichen Destillieren. Vielfach wurde dieser Vorgang des Sublimierens und Destillierens (sog. destillatio per descensum) sowie des Aussaigerns von flüssigen Körpern aus festen Materialien mit Hilfe zweier übereinander gesetzter Tiegel bewirkt, von denen der oberste durchlöchert war (But-eber-But, später Botus barbatus genannt). Man destillierte mit diesem Apparat von oben nach unten, wie es AR-RAZI im „Buche der Geheimnisse" beschreibt (auf die gleiche Weise wurden auch Metalle ausgesaigert), oder der Vorgang vollzog sich in umgekehrter Richtung, wie es ABU L-QASIM für Arsenik angibt. Dieser Vorrichtung bediente man sich auch noch in der späteren Metallurgie, so beispielsweise zum Ausschmelzen der Quecksilbererze im 16. Jahrhundert. Immerhin vermochte man mit Hilfe der üblichen Destilliergeräte im arabischen Mittelalter auch Essig und Wasser zu destillieren, wenn auch diese Destillation verhältnismäßig selten angewandt wurde; so hat ALI IBN ABBAS im 10. Jahrhundert noch Wasser mit Hilfe von einem Wollbündel nach Art des DIOSKORIDES aufgefangen. Die erste Verwendung destillierten Wassers für pharmazeutische Zwecke findet sich in dem um die gleiche Zeit erschienenen Buche der pharmakologischen Grundsätze des ABU MANSUR MUWAFFAK angeführt.

Das wichtigste in der arabischen Zeit ausgeführte Destillationsverfahren ist die Bereitung von Rosenwasser, das schon im 9. Jahrhundert in Persien gewerbsmäßig dargestellt wurde. Um diese Zeit mußte die Provinz Farsistan jährlich einen Tribut von 30 000 Flaschen an den arabischen Kalifen MAMUN liefern, wobei allerdings nicht sicher ist, ob dieses Produkt tatsächlich schon auf dem Wege der Destillation hergestellt wurde. Erst die Kosmographie des Damasceners AD-DIMESCHQI (SCHEMSEDDIN ABU ABDALLAH MOHAMMED) aus dem 13. Jahrhundert gibt eine genaue Beschreibung des Verfahrens nebst Abbildung der Apparate, wie es bei Damaskus zur Verarbeitung von Rosen, von Orangenblüten u. ä. ausgeführt wurde. Rosenblüten (und Wasser) befanden sich dabei in Kolben aus Ton oder Glas, die zu 25—60 an der Zahl sternförmig in einem Ofen um einen Schacht mit durchlochten Wänden herum in mehreren Stockwerken angeordnet waren. Die Erhitzung geschah über freiem Feuer oder im Dampfbade, was jedoch kaum für diesen Zweck ausgereicht haben dürfte. Das Rosenwasser wurde in Rezipienten aufgefangen, die außen an den Kolben befestigt waren. Statt der genannten Apparatur wird auch an anderer Stelle eine ähnliche beschrieben, wo die Destilliergefäße, die einen Deckel mit Abzugsrohr tragen, aus Blei gefertigt sind. Das gewonnene Rosenwasser wurde weithin, sogar bis nach China versandt. — Auf ähnliche primitive Art wurde nach ABU L-QASIM auch Campherwasser und Essig

destilliert, und ebenso stellte dieser sog. Ziegelöl her aus gurkenförmigen
Gefäßen mit Ablaufschnauzen; dieses Öl, das durch Zersetzung von
Lein-, Nuß- oder Hanföl mit glühenden Ziegelbrocken gewonnen wurde,
spielte in der arabischen Pharmazie eine erhebliche Rolle. Auch
MARCUS GRAECUS erwähnt die Herstellung dieses Produktes, ebenso
auch die Gewinnung von Terpentinöl. Die Destillation von Teer wird
zuerst um 1200 von AL-BARAWI erwähnt, die des Rohpetroleums
ebenfalls von AD-DIMESCHQI sowie von AL-QAZWINI.

Noch in einem anderen chemischen Großgewerbe sind die Araber
lediglich Nachahmer ihrer Nachbarn gewesen. Es ist dies die Zuckerindustrie[1]), welche wahrscheinlich von Indien her um das Jahr 500
zusammen mit dem Anbau des Zuckerrohrs nach Südpersien verpflanzt
wurde. Die Darstellung des festen Rohrzuckers dürfte schon in Indien
ausgeübt worden sein, doch ist die Raffination, auch die Einführung
der Hutform wohl eine persische Erfindung gewesen, wobei sich vielleicht der Einfluß der Gelehrtenschule von Dschondisapur geltend gemacht hat; die Umgegend dieser Stadt sowie des benachbarten Ahwaz,
der Unterlauf des Karunflusses, ist stets der Hauptsitz der persischen
Zuckerindustrie gewesen. Die Verarbeitung des Rohres erfolgte durch
Zerquetschen mit großen Steinwalzen und Einkochen des gewonnenen
Saftes. Der so erhaltene Rohzucker wurde dann durch wiederholtes
Auflösen, durch Klären mit Milch und Abschäumen zu reinem Zucker
raffiniert. Dieser Prozeß ist dann später in dem in chemischen Künsten
von jeher wohlerfahrenen Ägypten weiter vervollkommnet worden.
Die Reinigung des Saftes mit Kalk und Asche, die Trennung des
Zuckers und Sirups durch mehrfaches Decken mit Wasser, die Gewinnung krystallisierten Kandiszuckers ist auf das Konto der ägyptischen Techniker zu setzen, wie überhaupt Ägypten neben Syrien
seit dem 10./11. Jahrhundert bis zur türkischen Eroberung das
wichtigste Erzeugungsland für Zucker gewesen ist. Selbst in China
ist nach dem Berichte MARCO POLOS die Technik der Zuckergewinnung durch ägyptische Fachleute eingeführt worden. Im übrigen
haben sich die Araber mehr um den handelsmäßigen Vertrieb des
Zuckers, als um die technische Ausgestaltung dieser Industrie geküm-
mert; immerhin ist ihnen die Einführung des Zuckerrohranbaues in
Sizilien, Spanien und anderen Ländern zu verdanken. Für die pharma-
zeutisch-analytischen Kenntnisse der Araber ist bezeichnend, daß man
damals bereits den Bleigehalt eines mit Bleiessig geklärten Zucker-
sirups durch die Schwärzung des Saftes über einer Abortgrube nachzuweisen verstand.

Im allgemeinen liegt überhaupt die Begabung der arabischen

---

[1]) Vgl. HEYD, Levantehandel II, S. 665; LIPPMANN, Zucker, und Abhandlungen I, S. 261.

Naturforscher — unbeschadet ihrer großen Verdienste um Mathematik, Physik und Medizin — weniger auf dem Gebiete einer schöpferischen Tätigkeit in chemisch-technischer Richtung als auf dem einer enzyklopädischen Pharmakognosie und, im Zusammenhang mit ihrer ausgeprägten Handelsbegabung, auf dem Gebiete der lediglich beschreibenden und kompilierenden Warenkunde. Arabischen Gelehrten ist eine ganze Reihe von Handbüchern dieser beiden Richtungen zu verdanken, wenn auch das neupersisch geschriebene, vorher genannte, etwa 975 entstandene Werk des ABU MANSUR MUWAFFAK beweist, daß selbst hier die Perser die Lehrmeister gewesen sind. Im gewissen Zusammenhang mit dieser Entwicklung einer systematischen Pharmazie steht auch die Begründung der ersten Apotheke, die im 8. Jahrhundert in Bagdad errichtet wurde; in dieser Beziehung ist das Abendland erst einige Jahrhunderte später mit der Einrichtung von Apotheken in Süditalien nachgefolgt. Überhaupt ist in pharmazeutischer und medizinischer Hinsicht der arabische Einfluß auf das europäische Mittelalter außerordentlich groß gewesen; erinnert sei nur an die Bedeutung, welche (neben GALEN) die allerdings meist untergeschobenen Schriften des IBN SINA (AVICENNA) bis ins 17. Jahrhundert hinein gehabt haben.

Die arabischen Handbücher geben nicht nur eine Beschreibung der gebräuchlichen Drogen[1]), mit deren handelsmäßigem Vertrieb sich die arabischen Kaufleute vorwiegend beschäftigten — beispielsweise Harze, Balsame, ätherische Öle, Farbmaterialien aus Süd- und Ostasien sowie aus Ostafrika —, sondern sie geben auch bereits gewisse analytische Angaben zur Warenprüfung. So findet sich bei ABU L-FADL ein Rezept zur Prüfung von Indigo (dessen Verküpung etwa seit dem 7. Jahrhundert nachweislich bekannt war), und AL-DSCHAUBARI bespricht besonders eingehend die Fälschung von Drogen aller Art. Dieser Zusammenhang zwischen Überseehandel und angewandter Chemie tritt uns hier zum ersten Male vor Augen. Bei den Erben der Araber im Mittelmeerhandel, den Venetianern, lassen sich später ähnliche Zusammenhänge nachweisen, welche zur Entstehung mit der ersten selbständigen chemischen Industrieunternehmungen Anlaß gegeben haben.

4. Technik des frühen europäischen Mittelalters.

Spanien, Südfrankreich, Italien, besonders Unteritalien und Sizilien, sind die Punkte gewesen, wo sich der arabische Kulturkreis mit dem europäischen berührt und wo auch die erste Übertragung alchemistischer Ideen stattgefunden hat. Die Berührung des Abendlandes mit arabischer Gelehrsamkeit auf den spanischen Universitäten dürfte dabei vielleicht nicht ganz die Rolle gespielt haben, die man ihr öfters zugeschrieben hat, da die Alchemie selbst als Lehrgegenstand

---

[1]) Vgl. HEYD, Levantehandel II, Anhang.

auf spanischen Hochschulen kaum behandelt worden ist; Süditalien ist vielleicht in weit höherem Grade die Eingangspforte alchemistischer Lehren gewesen. Auch ist überhaupt das Eindringen des Arabismus in die europäische Kultur nicht allzu früh anzusetzen und erst mit den Kreuzzügen in verstärktem Maße in Erscheinung getreten. Damals entfaltete sich auch die erste Blüte salernitanischen Gelehrtentums, deshalb bedeutungsvoll für die Geschichte der angewandten Chemie, weil die Anfänge der Pharmazie als selbständiger Wissenschaft und die erste Entwicklung des Apothekenwesens damit eng verknüpft sind.

Unabhängig von den arabischen Einflüssen ist, wie bereits erwähnt, die chemisch-technische Tradition des Altertums in Italien und Gallien stets lebendig geblieben, und sie ist ferner auch durch byzantinische Einflüsse während des frühen Mittelalters wieder aufgefrischt worden. Die griechisch-byzantinische Handschrift[1]) aus der Bibliothek von San Marco, wohl im 10. Jahrhundert entstanden, welche den Bronzeguß, das Färben von Metallen und Edelsteinen, Perlen und Leder behandelt, weist einmal rückwärts in deutlicher Tradition zu den spätägyptischen Papyrusrezepten, ebenso wie sie eine völlige Analogie zu den gleichaltrigen Rezeptbüchern[2]) des Abendlandes zeigt. Die hier in Erscheinung tretende enge Beziehung zwischen dem Abendlande und Byzanz wird erklärlich, wenn man sich die politische Verbindung zwischen Italien und dem oströmischen Reiche vor Augen hält. Seit Justinian haben erhebliche Teile italienischen Bodens zu Byzanz gehört, und erst im 11. Jahrhundert sind die letzten Überreste byzantinischer Oberhoheit in Süditalien beseitigt worden. Im Einklang mit dieser politischen Verbindung stehen die engen kommerziellen Beziehungen, welche die schattenhaften Reste jener weit überdauert haben. Namentlich Venedig ist schon früh das Eingangstor für den Handel mit Konstantinopel gewesen, und es hat diese überragende Stellung als Emporium des Levantehandels den übrigen italienischen Seestädten gegenüber mit wechselndem Glück bis zum Beginn der Welthandelsära zu behaupten vermocht.

Die frühmittelalterliche Technik, wie sie hauptsächlich für sakrale Zwecke in den Klosterwerkstätten ausgeübt wurde, trägt mit Mosaiktechnik und Chrysographie unverkennbar byzantinische Züge. Daß griechische Meister tatsächlich im 7. Jahrhundert in Frankreich tätig gewesen sind, wird auch durch die Überlieferung bestätigt. Ebenso zeigt ein etwa aus dem 8. Jahrhundert stammendes, in der Stiftsbibliothek von Lucca befindliches lateinisches Rezeptbuch deutlich den Ursprung aus griechischen Quellen, da teilweise einfach griechische

---

[1]) Vgl. S. 38.
[2]) Über die mittelalterlichen Rezeptbücher vgl. Berthelot, Chemie im Altertum und Mittelalter, S. 96, und Lippmann, Alchemie, S. 467.

Rezepte mit lateinischen Lettern wiedergegeben sind. Die Schrift trägt den Titel: „Compositiones ad tingenda musiva" (Rezepte zum Färben von Mosaik, Leder u. dgl., zum Vergolden von Eisen, über Mineralien, Chysographie, über Herstellung gewisser Klebemittel und Urkunden sonstiger Künste). Wir haben also auch hier wieder ein sakralen Zwecken dienstbar gemachtes chemisches Klein- und Kunstgewerbe[1]), das deutlich auf die Papyri hinweist, wenn auch die eigentliche Metallfälschung und -umwandlung, die alchemistischen Handgriffe völlig fehlen. Ein Rezept des Buches stimmt sogar wörtlich mit einer Vorschrift des Leidener Papyrus über Herstellung von Goldschrift überein. Die wichtigsten Abschnitte sind: die Bereitung und Färbung, auch Versilberung und Vergoldung von Glas (besonders für Mosaikarbeit), dann das Färben, d. h. Bemalen von Geweben, Leder, Holz usw., wobei Oliven- und Leinöl, Harze, Gummi und ähnliche Materialien als Bindemittel verwendet werden. Von der Metallurgie wird vorwiegend die Herstellung von Blattgold und Blattsilber sowie das Überziehen damit und der Ersatz durch Firnisse behandelt. Die dann noch erwähnten Mineralien und Präparate decken sich annähernd mit den von DIOSKORIDES aufgezählten Stoffen, ein Beweis dafür, wie lange der Einfluß dieses Schriftstellers lebendig geblieben ist.

Eng an die genannte Schrift schließt sich der sog. Schlüssel der Malerei an (Mappae clavicula de efficiendo auro), der wohl um 800 in Gallien entstanden sein mag und durch zwei im 10. und 12. Jahrhundert geschriebene, in Schlettstadt und in England befindliche Handschriften überliefert worden ist. Im Gegensatz zu den Compositiones — von denen ein Teil übernommen wurde — enthält die Schrift bereits viel alchemistischen Wust und Vorschriften über Färben und Umwandeln der Metalle; vielfach sind auch arabische Bezeichnungen verwendet worden. Die Schrift behandelt metallurgische Arbeiten (unter anderem erwähnt sie auch die bereits früher besprochene Niellotechnik), dann Chrysographie, Vergolden, Arbeiten in farbigem Glas, Herstellung von Perlen und Malerfarben. Neu dagegen ist die Beschreibung von Brandsätzen, wobei jedoch ein Salpeterzusatz noch nicht erwähnt wird, ferner Kapitel über die hydrostatische Wage, über Architektur und endlich bemerkenswerterweise eine in einem Kryptogramm aufgeführte Vorschrift zur Gewinnung von Alkohol[2]) durch Destillation von altem Wein unter Zusatz von Salz. Diese Vorschrift findet sich noch nicht in der älteren Schlettstädter Handschrift, wohl aber in der jüngeren aus dem 12. Jahrhundert. Wie schon früher

---

[1]) Über das ältere Kunstgewerbe vgl. auch BUCHER, Geschichte der techn. Künste.

[2]) Vgl. hierüber die eingehenden Darlegungen von LIPPMANN, Abhandlungen II, S. 203; ferner Chemiker-Zeitung Jg. 1913, S. 1313 ff., und Jg. 1917, S. 865 ff.

ausgeführt, haben die Araber den Alkohol nicht gekannt, da dieser selbst in den umfangreichen Kompendien bis zum 13. Jahrhundert nicht erwähnt wird. Die angeführte Stelle in den Mappae clavicula dürfte mit die älteste Erwähnung des Alkohols überhaupt sein. Wesentlich jünger ist ein in dem Feuerbuch des MARCUS GRAECUS[1]) wiedergegebenes Rezept — etwa aus der Mitte des 13. Jahrhunderts —, das sich jedoch nicht im Texte selbst, sondern in einem Nachtrag dazu findet. Ein jüngeres Manuskript des Feuerbuchs, das sich in Paris befindet, enthält auch eine Abbildung des verwendeten Apparates, der allerdings, wenn die Wiedergabe richtig ist, noch immer eine sehr unvollkommene Kühlvorrichtung besessen haben muß. Ein vor noch nicht allzulanger Zeit entdecktes Rezept findet sich ferner als Schutzblatt eingeklebt in einer Handschrift des württembergischen Klosters Weißenau. Diese Vorschrift ist vielleicht angenähert ebenso alt wie das Rezept der Mappae clavicula und reicht jedenfalls auch nicht weiter als bis frühestens in das 11. Jahrhundert zurück. Da sie aber auch im wesentlichen mit italienischen Rezepten des 12. Jahrhunderts übereinstimmt, ist ihre Entstehung vielleicht nicht früher als diese anzusetzen. Es kann also angenommen werden, daß die Entdeckung des Alkohols etwa in das 11./12. Jahrhundert fällt, und zwar dürfte dieser erhebliche Fortschritt der Destillationskunst in Italien gemacht worden sein, wo dieser Zweig der chemischen Technik in der Folgezeit eine besondere Ausbildung erfahren hat. Italienische Ärzte verwenden zuerst im 12. und 13. Jahrhundert den Alkohol als Heilmittel, und auch die Bereitung von Likören und gewürzhaften Wässern ist in Italien, und zwar namentlich von den Klöstern, in der Folgezeit besonders entwickelt worden.

In die gleiche Reihe wie die vorgenannten Schriften gehört auch das Buch der Künste (Liber diversarum artium) der Bibliothek von Montpellier, dann die Schrift „De coloribus et artibus Romanorum" des HERAKLIUS und die „Schedula diversarum artium" des THEOPHILUS PRESBYTER[2]) (ähnlich auch noch „Liber sacerdotum" und „Liber septuaginta"). Auch hier finden wir wieder die früher genannten Arten des Kunstgewerbes, die metallurgische Kleinkunst und Chrysographie, die Bereitung farbiger Gläser und Tonwaren sowie die Herrichtung von Farbstoffen für die Malerei. Die erstgenannten Schriften, von denen die des HERAKLIUS, teils im 10., teils im 12. bis 13. Jahrhundert entstanden, entschieden arabischen Einfluß erkennen läßt, weisen verhältnismäßig wenig Neuerungen gegenüber den früher aufgeführten Rezeptbüchern auf. Die Schrift des THEOPHILUS dagegen — um 1100 verfaßt — gibt ein recht abgerundetes Bild der gesamten Technik, wie sie damals in den Klosterwerkstätten aus-

---

[1]) BERTHELOT, Chimie au moyen-âge.
[2]) LIPPMANN, Alchemie, S. 473, und Chemiker-Zeitung Jg. 1917, S. 1 ff.

geführt sein mag: der Autor selbst erklärt, ein möglichst vollständiges Kompendium der gesamten kunstgewerblichen Technik Italiens, Frankreichs, Deutschlands, Griechenlands und Arabiens geben zu wollen. Der erste Abschnitt behandelt die Bereitung von pflanzlichen und mineralischen Farben sowie von Bindemitteln für die Zwecke der Malerei; diese Rezepte sind auch bereits LESSING bekannt gewesen und von ihm in der Schrift „Vom Alter der Ölmalerei" erwähnt worden. Der zweite Abschnitt behandelt dann Glaserzeugung, Tonwaren und Metallarbeiten, wobei, wie z. B. bei der Herstellung von Monstranzen, der kirchliche Verwendungszweck stets im Vordergrund steht. Von den zahlreichen in der Schrift wiedergegebenen metallurgischen Handgriffen sind besonders bemerkenswert die zur Trennung und Reinigung der verschiedenen Metalle. Beim Golde wird die sog. „Verquickung" angeführt, die Gewinnung und Reinigung mit Quecksilber, dann die Trennung vom Silber durch Schmelzen mit Schwefel, vom Kupfer durch Schmelzen mit Asche, Knochenkohle und Blei. Die Reinigung des Goldes erfolgt durch die vielleicht schon im Altertum bekannte Zementation mit Ziegelmehl und Salz, Silber wird durch Schmelzen mit Blei gereinigt. Weiter gibt die Schrift Rezepte zum Vergolden, Löten und Verzinnen, zur Gewinnung und Verarbeitung von Kupfer, Bronze, Eisen, Blei und Quecksilber. Ebenso finden sich Vorschriften zur Herstellung von Grünspan, Zinnober, Bleiweiß, Glätte und Mennige, also in dieser Hinsicht noch kein Fortschritt über den Stand der antiken Chemie.

Besonders eingehend ist die Technik der Glasbereitung[1]) geschildert, und zwar zum ersten Male auch die Herstellung farbiger Kirchenfenster. Die früheste Erwähnung solcher Fenster findet sich bereits im Jahre 405 bei dem Dichter AURELIUS PRUDENS CLEMENS, welcher die Paulskirche in Rom besingt und die Fenster mit einer Wiese voll von Frühlingsblumen vergleicht. Um 880 werden dann in einem Gedicht des RATBERT von St. Gallen die gemalten Fenster der Frauenmünsterkirche in Zürich genannt. Allerdings handelt es sich hier noch nicht um eigentliche Glasmalerei, sondern man setzte während des früheren Mittelalters lediglich kleine, homogen gefärbte Glasstücke mit Bleifassung zu größeren Scheiben zusammen. Diese Technik wird von THEOPHILUS eingehend beschrieben, und dabei werden auch französische Meister als besonders erfahren in dieser Kunst bezeichnet. Immerhin finden sich daneben bei THEOPHILUS auch Angaben über eigentliche Glasmalerei, wobei die aus pulverisiertem

---

[1]) Über Glasfabrikation und Glasmalerei vgl. ferner BECKMANN, Technologie, S. 240; Beyträge zur Geschichte III, 4, S. 467; POPPE, Geschichte d. Technologie III, S. 321; VOGEL, Erfindungen, und BUCHER, Geschichte der techn. Künste I, S. 57; III, S. 278.

Glas bestehenden Farben aufgetragen und nachher in einem besonderen kleinen Ofen eingebrannt wurden. Es wurden so weiße, grüne, blaue, purpurne, rosa und gelbe Töne erzeugt, wenn man sich auch meist noch darauf beschränkte, lediglich die Umrisse und Schatten mit sog. Schwarzlot (Kupferoxyd in Mischung mit Glaspulver) auf rotem Grunde einzubrennen. Unter den ersten Kirchen, die mit wirklicher Glasmalerei ausgeschmückt wurden, dürfte sich die Stiftskirche von Heiligenkreuz bei Wien und die Abteikirche von St. Denis im 12. Jahrhundert befunden haben. Immerhin aber ist die reichere Ausgestaltung der Glasmalerei, die Verwendung von Schmelzfarben und das Überfangen weißen Glases mit farbigem erst Ende des 14. und im 15. Jahrhundert erfolgt, das den Höhepunkt dieser Kunstgattung bedeutete, während seit der Reformation, im 16. und 17. Jahrhundert ein entschiedener Verfall eintritt. Eine besondere Neuerung des 14. Jahrhunderts war auch die Einführung des schönen gelben Kathedralglases, das von dem Ulmer Jakob Griesinger erfunden sein soll, tatsächlich aber schon früher an den Fenstern der Kathedrale von Limoges verwendet wurde; die Färbung, beispielsweise durch Erhitzen der Glastafel mit einer Masse von gebranntem Ocker und Silbersalzen hergestellt, beruht auf einer kolloidalen Lösung metallischen Silbers im Glase.

Die von Theophilus verwendete Apparatur ist bereits recht umfangreich. Neben dem großen Werkofen beschreibt er einen Kühlofen, einen kleinen Einbrennofen für Farben und endlich einen Ausbreitofen für Glasscheiben. Abgesehen von der Herstellung der Kirchenfenster, von Emails, von Mosaikarbeiten, von farbigen und vergoldeten Ziergläsern und Tongefäßen wird auch die Herstellung der eigentlichen Glasscheiben besprochen, die damals jedenfalls noch einen großen Luxus darstellten, wenn auch Fensterglas schon seit dem 3. Jahrhundert bekannt ist. Durch die Herstellung der Glasscheiben war nunmehr auch die Fabrikation von Glasspiegeln möglich, die angeblich eine deutsche Erfindung gewesen sind[1]). Sie sollen zum ersten Male von John Pekham 1279 erwähnt worden sein. Die spiegelnde Fläche wurde lange Zeit hindurch durch Hinterlegen mit Blei oder einer Blei-Zinnlegierung erzeugt. Auch die im 13. Jahrhundert entstandene Glasindustrie von Murano bei Venedig, welche jahrhundertelang in der Erzeugung von Ziergläsern aller Art die erste Europas gewesen ist, hat sich schon seit ihren Anfängen mit der Fabrikation von Glasspiegeln befaßt; dort kamen auch im 16. Jahrhundert zuerst die Spiegel mit Zinnamalgambelag auf.

---

[1]) Springer, Entwicklung der bayr. Glasindustrie, Bayr. Ind. u. Gewerbeblatt Jg. 1917, S. 41 ff.

B. Die chemische Technik vom späteren Mittelalter bis zum Beginn des 17. Jahrhunderts.

1. Allgemeine Charakteristik, Wirtschaftliches. Beziehungen zwischen Wissenschaft und Technik.

Während das Zeitalter bis zum 12. Jahrhundert mit seinem von den Klosterwerkstätten getragenen chemischen Klein- und Kunstgewerbe hauswirtschaftlichen Charakters noch gewissermaßen als Ausläufer spätantiker Technik angesehen werden kann, erscheint es gerechtfertigt, vom technischen wie auch vom wirtschaftsgeschichtlichen[1]) Standpunkt aus etwa das 13. Jahrhundert als Beginn einer neuen Epoche aufzufassen, die im wesentlichen durch die auf der inzwischen konsolidierten Stadtwirtschaft beruhende italienische und deutsche Vorherrschaft in Gewerbe und Handel charakterisiert ist. In Italien, insbesondere in den großen Seestädten, war im Anschluß an den durch die Kreuzzüge mächtig emporgeblühten Seehandel auch eine rege Entwicklung des gewerblichen Lebens erfolgt, und auch die deutschen Städte, z. B. in Oberdeutschland und Flandern, die Hansestädte, sind schon früh die Hauptträger der Gewerbe gewesen; daneben aber haben sich noch auf der Basis reicher Mineralvorkommen und gefördert durch tatkräftige Territorialherrn in Deutschland eine Reihe von metallurgischen Zentren entwickelt, die, wie der Harz, Sachsen und Böhmen, lange Zeit die wichtigsten Bergbau- und Hüttenbezirke der damals bekannten Welt gewesen sind. Im Einklang mit der kommerziell-gewerblichen Entwicklung stehen auch die großen chemischen und technischen Errungenschaften, die namentlich im Laufe des 13. Jahrhunderts gemacht worden sind, und die das im Frühmittelalter kaum merkbare Tempo eines technischen Fortschritts ganz erheblich beschleunigt haben. Als besonderer Markstein der chemischen Entwicklung ist die Entdeckung der Mineralsäuren zu nennen, die den ganzen Charakter des chemischen Arbeitens — das sich bis dahin im wesentlichen auf schmelzflüssige

---

[1]) Über italienische Wirtschaftsgeschichte und die deutsch-italienischen Handelsbeziehungen vgl. SCHERER, Welthandel; HEYD, Levantehandel; SIMONSFELD, Fondaco dei Tedesci; über deutsche und allgemeine Wirtschaftsgeschichte SCHERER; ROSCHER, Nationalökonomik; INAMA-STERNEGG, Wirtschaftsgeschichte; SCHMOLLER, Volkswirtschaftslehre; CONRAD, Politische Ökonomie; SOMBART, Kapitalismus.

Operationen beschränkt hatte — als stärkste Agentien völlig um-
gestalteten und damit die Basis für eine ungeahnte Entwicklungs-
möglichkeit der chemischen Gewerbe schafften, wenn auch die volle
industrielle Auswertung dieser Entdeckung erst Jahrhunderte später
erfolgte. Nicht minder wichtig ist die Entdeckung des Alkohols
und überhaupt die Ausgestaltung der Destillation leichtsiedender
Substanzen seit dem 12./13. Jahrhundert für die Entwicklung von
Laboratoriumstechnik und Gewerbe gewesen. Die Destillierkunst
war eine der ersten Praktiken, welche die ebenfalls zumeist im Laufe
des 13. Jahrhunderts entstandenen Apotheken ausübten, und wodurch
sie den Charakter kleiner chemischer Betriebe erhalten haben. Hierzu
kommt noch eine Reihe außerordentlich wichtiger größerer Gewerbszweige, die gerade im 13./14. Jahrhundert zuerst in Mitteleuropa
nachweisbar sind. Es ist dies die Salpetererzeugung mit der Pulverfabrikation und die Industrie des Alauns und der Vitriole, welche
damals sich in Italien und Deutschland ausgebreitet haben. Endlich
ist auch noch die folgereichste metallurgische Neuerung, der Übergang von der direkten Eisengewinnung zum Roheisenprozeß, der
zuerst im Siegerland stattfand, in das 13. Jahrhundert zu verlegen.
Während vorher zumeist Klöster und Fronhöfe Träger der gewerblichen Tätigkeit — im wesentlichen als ein Teil des Hausfleißes anzusehen — gewesen sind, haben wir in der jetzt zu betrachenden
stadtwirtschaftlichen Epoche auch auf chemisch-technischem Gebiete in großer Anzahl selbständige Gewerbetreibende der verschiedensten Größenordnung. So wie beispielsweise Färberei, Salpeter- und
Pottaschesiederei rein handwerksmäßig empirisch betrieben wurden,
Destillierkunst und Präparatebereitung ebenfalls in kleinstem Umfange von den Apotheken, existieren doch auch bereits Unternehmungen, deren Umfang und Form wesentlich über die Stufe des
Handwerks hinausgeht. Schon bei einzelnen der genannten Gewerbszweige finden sich gewisse, über die normale zünftige Bindung hinausgehende Konzentrationserscheinungen, wie z. B. zünftige und ge-
nossenschaftliche Walk- und Färbehäuser. In noch weit höherem
Grade aber ist die handwerksmäßige Stufe bei solchen Betrieben
überwunden, die zum Bergbau in näheren Beziehungen stehen und
teilweise auch die Unternehmungsform von diesem entlehnt haben,
wie Salzsiederei, Metallhütten, Alaun- und Vitriolwerke. Vielfach ist
bei diesen Unternehmungen Kapitalaufwand und Arbeiterzahl umfangreicher, als von dem einzelnen Kleinunternehmer bestritten
werden könnte. Teilweise wird daher die Form der Gewerkschaft
oder — wie bei der Salzsiederei — des kleingewerblichen Kartells gewählt. Teilweise setzt auch schon in der betrachteten Epoche die
Tendenz ein, daß an Stelle der Gewerken oder Kleinunternehmer,

die allmählich zum Lohnarbeiter herabsinken, ein besonders kapitalkräftiges Unternehmertum tritt, meist städtische Kapitalisten,
Händler als Verleger oder am Betrieb unbeteiligte reine Kapitalgenossenschaften, die beispielsweise imstande sind, die erheblichen
Anlage- und Betriebskosten einer Hochofenanlage zu tragen. Naturgemäß betrifft dieser Vorgang nur die in privaten Händen befindlichen Hüttenbetriebe; im übrigen ist von vornherein ein großer Teil
der metallurgischen Unternehmungen von den Regalherren der betreffenden Bergwerke betrieben worden. Eine weitere Unternehmungsform dagegen, die sich im Laufe des 15./16. Jahrhunderts durch
Arbeitsteilung und Konzentration insbesondere auf dem Gebiet des
Textilgewerbes ausbildende Manufaktur, ist für die chemischen und
verwandten Gewerbe zunächst noch kaum in Betracht gekommen
und auch später nur für die formgebenden Betriebsteile solcher Unternehmungen.

  Während Deutschland bis zum 16. Jahrhundert an der Spitze der
metallurgischen Technik stand, war die Domäne Italiens, und zwar
besonders Venedigs, die Pflege der feineren Technik mit kunstgewerblichem Einschlag, der Metallarbeiten, Glasbereitung, Keramik,
Seifensiederei und der Herstellung von chemischen Präparaten, Veredlungsprodukten eingeführter Auslandswaren, worin der erste Keim
einer selbständigen chemischen Fabrikation im engsten Sinne erblickt
werden kann. Im übrigen sind in kommerzieller und technischer
Hinsicht beide Volkswirtschaften durch vielfältige Beziehungen miteinander verknüpft gewesen, was in den oberdeutsch-italienischen
Handelsverbindungen einerseits (der Fondaco dei Tedesci in Venedig)
und der Beeinflussung des deutschen Bergbau- und Hüttenwesens
durch venezianische Techniker andererseits zum Ausdruck kommt.

  Wie das Aufblühen so ist auch der Niedergang des gewerblichen
Lebens beider Länder ziemlich gleichzeitig erfolgt und auch zum
großen Teil auf die gleichen Ursachen zurückzuführen. Die Entdeckung Amerikas und des Seeweges nach Indien, die damit verbundene Ausschaltung des Mittelmeergebietes aus dem Welthandel
— gefördert durch das Vorlegen der Barre türkischer Unkultur seit
der 1517 erfolgten Eroberung Ägyptens, des wichtigsten Durchgangslandes für den Asienhandel —, haben der überragenden kommerziellen
Stellung der italienischen Seestädte, insbesondere Venedigs, ein
baldiges Ende bereitet und damit auch der gewerblichen Tätigkeit
ihre Basis entzogen; ferner kann nicht geleugnet werden, daß die
innere Uneinigkeit Italiens — ein Moment, das auch für Deutschland
zutrifft —, namentlich der jahrhundertealte Zwist zwischen Genua
und Venedig im Zeitalter der geschlossenen, auf breiter wirtschaftlicher Basis ruhenden Nationalstaaten mit umfangreichen inneren

Absatzmärkten ebenfalls die kommerzielle und gewerbliche Wettbewerbsmöglichkeit stark beeinträchtigen mußte. Deutschland wurde durch den italienischen Niedergang mittelbar in Mitleidenschaft gezogen, was in der Verödung seiner Handelsstraßen und dem Rückgang der süddeutschen Handels- und Industrieemporien zum Ausdruck kam, ferner aber auch, unabhängig von den vorgenannten Momenten, durch das Zurückbleiben der deutschen Bergwerksbezirke hinter den unvergleichlich reicheren Bodenschätzen der Neuen Welt; hierzu kam noch, als Gegenstück zu der Abschnürung vom Welthandel im Süden, die allmähliche Verdrängung der Hansa von den nordischen Meeren durch die aufstrebenden, zu den Seeverkehrsstraßen günstiger gelegenen Nachbarmächte — abgeschlossen durch die Schließung des Londoner Stahlhofs — und endlich als letzter und verhängnisvollster Umstand der Dreißigjährige Krieg, der Deutschland für zwei Jahrhunderte auch in wirtschaftlicher, technischer und sogar wissenschaftlicher Hinsicht in den Hintergrund drückte.

Wenn nun auch die ersten Momente des Niedergangs Italiens und Deutschlands schon in das 15./16. Jahrhundert fallen — Antwerpen hat beispielsweise schon bald nach 1500 die italienischen Seestädte stark in den Schatten gestellt —, so tritt, wie überhaupt den politischen die kommerziellen und diesen wieder die gewerblichen Zustände im Aufblühen wie im Verfall meist sehr viel langsamer zu folgen pflegen, die volle Auswirkung der geschilderten Umstände erst zu Beginn des 17. Jahrhunderts in Erscheinung, und es muß jedenfalls noch das ganze 16. Jahrhundert zu der italienisch-deutschen gewerblichen Blüteperiode gerechnet werden.

Die sich klar abzeichnende chemisch-technische Epoche vom 13. bis zum 16./17. Jahrhundert deckt sich keineswegs mit den Perioden der wissenschaftlichen Chemie[1]), wie überhaupt eine Verbindung zwischen Wissenschaft und der rein empirisch fortschreitenden Technik in dem betrachteten Zeitraum noch verhältnismäßig wenig nachweisbar ist. Die Schriften der großen Alchemisten des 13. Jahrhunderts, von ALBERTUS MAGNUS, ROGER BACO, ARNALDUS VON VILLANOVA, RAYMUNDUS LULLUS, VINZENZ VON BEAUVAIS bzw. deren später (im 14. Jahrhundert) untergeschobene Werke einschließlich der Abhandlungen des sog. Pseudo-GEBER, lassen, wenn sie auch, wie z. B. die letzteren, eine bemerkenswerte Kenntnis chemischer Präparate und Laboratoriumsoperationen beweisen, doch nur sehr geringe Rückschlüsse auf die gewerbliche Technik der damaligen Zeit zu. Man ist also im wesentlichen darauf angewiesen, die Geschichte der chemischen Gewerbe von den mittelalterlichen Rezeptbüchern

---

[1]) Vgl. KOPP, Geschichte der Chemie; ERNST V. MEYER, Geschichte der Chemie; PETERS, Pharmazeutische Vorzeit; SCHELENZ, Pharmazie.

bis zum 15. Jahrhundert aus der späteren Überlieferung und den auch nicht sehr reichlichen urkundlichen Belegen zu rekonstruieren.

Mit dem Beginn des 16. Jahrhunderts ändert sich der Charakter der chemischen Wissenschaft und auch die Beziehung zwischen dieser und der Technik. Wie auf allen Geistesgebieten zieht auch in der Chemie ein frischerer Zug ein, Humanismus und Renaissance beginnen das Dunkel scholastischer Studierstuben zu erhellen, während der alchemistische Plunder allmählich verschwindet. Die chemische Wissenschaft beginnt sich aus dem Banne der Goldmacherei und der mystischen Vorstellungen zu lösen und freieres, vorurteilsloses, induktives Forschen, gestützt auf Beobachtung und Experiment, beginnt in höherem Grade sich Geltung zu verschaffen. In zweierlei Hinsicht ändert sich das Verhältnis der chemischen Wissenschaft zur Technik. Einmal geht aus der mit dem 16. Jahrhundert beginnenden engen Verbindung zwischen chemischer und medizinischer Wissenschaft, der sog. Iatrochemie, die präparative pharmazeutische Technik hervor, der Keim der späteren Präparatenindustrie, und zweitens beginnt die Wissenschaft sich für die früher verachtete Technik als Objekt ihrer Darstellung zu interessieren, es entstehen die ersten Werke der chemischen Technologie. Während aus der vorhergehenden Zeit nur spärliche Belege der chemisch-gewerblichen Tätigkeit vorhanden sind, haben wir aus dem 16. Jahrhundert, wohl im Zusammenhang mit der seit Erfindung der Buchdruckerkunst überhaupt gewaltig angewachsenen literarischen Produktion, eine ganze Reihe ins einzelne gehender technologischer Werke, die eine genaue Rekonstruktion der damals ausgeübten technischen Verfahren ermöglichen. Exakte Beobachtung und wissenschaftliche Nüchternheit, oft unter bewußter Ablehnung alchemistischen Ideenwustes, charakterisiert diese Autoren, die man als Humanisten der naturwissenschaftlich-technischen Disziplinen bezeichnen kann.

Wenn wir die große Zahl der Schriften t e c h n o l o g i s c h e n und angewandt-chemischen Inhalts vom Ende des 15. bis zum Anfang des 17. Jahrhunderts näher betrachten, so erscheint es bemerkenswert, daß, im Einklang mit obigen Darlegungen, bis auf verschwindende Ausnahmen nur deutsche und italienische Autoren darunter vertreten sind. Ferner können wir hinsichtlich des Gegenstandes zwei Gruppen unterscheiden. Bei der einen dominiert in der Darstellung das Berg- und Hüttenwesen nebst verwandten Gewerbszweigen, bei der anderen die pharmazeutische Technik, die Herstellung chemischer Präparate und die Kunst des Destillierens.

Auf der Seite der deutschen Publikationen ersterer Art sind am wichtigsten die Schriften von Georg Agricola, der, 1494 in Glauchau geboren, als Arzt, Schulrektor und Bürgermeister in Sachsen gewirkt hat; er starb 1555 in Chemnitz. Agricola selbst ist nicht praktisch als Techniker oder Experimentator tätig gewesen, wohl aber war er ein ganz ausgezeichneter Beobachter, der in seinen Schriften Mineralogie, Bergbau und Hüttenkunde mit verwandten Gewerben bis in die kleinste Einzelheit behandelt, wozu gerade der sächsische Bergbaubezirk die beste Gelegenheit gab. Sein Hauptwerk „De re metallica libri XII", eine wahre Fundgrube für die Geschichte der Technik der damaligen Zeit — im übrigen nicht unbeeinflußt durch die „Pirotechnia" des Italieners Birincuccio —, ist 1546 in lateinischer Sprache in Basel erschienen. Die erste deutsche Übersetzung des „Bergwerksbuches" (Basel 1557) stammt von Bechius, während eine der Bedeutung des Werkes entsprechende moderne Ausgabe bisher nur in englischer Sprache vorliegt. Das reich illustrierte Werk behandelt in 12 Büchern eingehend das Vorkommen und die Gewinnung der Erze, die Probierkunst — wodurch es gleichzeitig mit das erste analytisch-chemische Kompendium darstellt —, die Verhüttung nebst den notwendigen Öfen und Werkzeugen, sowie endlich eine ganze Reihe chemisch-technischer Prozesse, darunter die Gewinnung von Salpeter und Salpetersäure, Kochsalz, Pottasche, Alaun, Vitriol, Schwefel und Glas. Minder wichtig, teilweise auch mehr mineralogischer oder geologischer Art ist der 1529 erschienene „Bermannus", ferner „De natura fossilum" (1546), „De ortu et causis subterraneorum" (1544), „De natura eorum quae effluunt e terra" (1544) und „De veteribus et novis metallis" (1546). Aus all diesen Schriften spricht eine bewunderungswürdige und zuverlässige Beobachtungsgabe; nur hier und da laufen ihm, wenn er statt der eigenen Erfahrung fremden Autoren folgt, erheblichere Irrtümer unter, so namentlich in der dem Autoritätsglauben der damaligen Zeit entsprechenden gelegentlichen Anlehnung an Plinius. Im übrigen aber beschränkt er sich, was die Schriften besonders wertvoll macht, auf die Wiedergabe von Tatsachen ohne theoretische Erörterungen. Den alchemistischen Vorstellungen hat er wahrscheinlich im Grunde nicht ferngestanden, doch macht er davon an kaum einer Stelle irgendwelchen Gebrauch.

Ergänzt wird Agricola noch durch die Schriften von Christoph Encelius, Lazarus Ercker, Johann Matthesius, Modestin Fachs und Georg Engelhardt Löhneyss, die ebenfalls das Berg- und Hüttenwesen behandeln. Das Buch von Encelius, „De re metallica", ist in Frankfurt 1551 erschienen. Wichtiger ist die Schrift von Lazarus Ercker (Prag 1574 und Frankfurt 1598), „Aula subterranea oder Beschreibung aller furnemisten mineralischen Ertz und Bergkwercksarten", ein ganz vorzügliches Kompendium der Probierkunst, in dem die laboratoriumsmäßige und gewerbliche Scheidung der Metalle einschließlich der Bereitung von Salpeter — auch die analytische

Bewertung von Salpetererde — und Salpetersäure eingehend geschildert wird. ERCKER war als königlicher Berg- und Münzmeister der oberste Bergbeamte von Böhmen und konnte daher aus einer Fülle persönlicher praktischer Erfahrung schöpfen. Ebenso stellt auch das 1595 erschienene „Probierbüchlein" des anhaltischen Münzmeisters MODESTIN FACHS und der „Bericht vom Bergwerck" des braunschweigischen Berghauptmanns LÖHNEYSS einen solchen Niederschlag der Praxis dar. Ebenfalls aus der Kenntnis des böhmischen Bergbaus hervorgegangen ist die etwas seltsame Predigtsammlung von MATTHESIUS, der als Prediger in St. Joachimsthal wirkte. Der Titel des 1562 in Nürnberg erschienenen Buches lautet: „Sarepta oder Bergpostill, darinnen von allerley Bergwerck und Metallen guter Bericht gegeben, mit tröstliche Erklärung aller Sprüch, so in Hl. Schrifft von Metall reden und wie der H. Geist in Metallen und Bergarbeit die Artikel unseres christlichen Glaubens fürgebildet". In die Schrift sind zahlreiche Bemerkungen über den erzgebirgischen Bergbau und das Hüttenwesen eingestreut, die eine wertvolle Ergänzung zu den vorgenannten technologischen Schriften bilden.

Wenn auch das Bergwerksbuch AGRICOLAS eine durchaus selbständige Leistung darstellt, so fußt dieser Autor doch teilweise wieder auf der „Pirotechnia" des Italieners VANUCCIO BIRINCUCCIO (1480—1539?), der als der erste Technologe überhaupt anzusehen ist. AGRICOLA ist selbst in Italien gereist und hat das Werk seines Vorgängers gekannt und benutzt. Umgekehrt sind die ersten Schriften AGRICOLAS dem italienischen Autor bekannt gewesen, der auch Reisen in Deutschland unternommen hat. BIRINCUCCIO ist selbst Praktiker gewesen, und zwar Universaltechniker, wie beispielsweise auch die großen Künstler der Renaissance. Er hat sich als Architekt, Ingenieur und Metallurg betätigt, ferner auch 1524 eine Konzession zur Salpeterfabrikation für das Gebiet von Siena erhalten. Seine aufs rein Praktische eingestellte Geistesrichtung tritt noch schärfer als bei seinem deutschen Gegenstück hervor; die Lehren der Alchemie lehnt er seinerseits völlig ab. Das Buch „De la pirotechnia" ist erst nach dem Tode des Autors 1540 erschienen. Das Werk ist noch umfassender als das Bergwerksbuch, wenn auch im einzelnen weniger ausführlich. Es behandelt in 10 Büchern das Vorkommen der Mineralien, Erze und Salze, die Gewinnung der Metalle, das Probieren, Scheiden und Legieren, weiter die Metallverarbeitung, das Schmelzen, Schmieden und Gießen (beispielsweise den Geschützguß), dann auch chemische Operationen, wie Destillieren und Sublimieren, endlich die Bereitung von Salpeter, Schießpulver und Sprengkörpern.

Neben dem Universalwerk des BIRINCUCCIO sind auf italienischem Boden vom 15. bis zum Beginn des 17. Jahrhunderts auch noch einige spezielle Anleitungen oder Rezeptbücher technologischer Art erschienen, die sich teilweise dem Charakter nach an die früher erwähnten mittelalterlichen Rezeptbücher anschließen. Es ist dies das „Libro de l'arte" des CENNINO CENNINI (etwa Anfang des 15. Jahrhunderts), die „Maniegola dell'arte dei tintori" (erschienen 1429), „Il plieto dell'arte dei tintori" von BONAVENTURA ROSETTI (Venedig 1540) und die Monographie der Glasbereitung von ANTONIO NERI „L'arte vetraria" (Florenz 1612).

Der dritte der großen Technologen des 16. Jahrhunderts war der Franzose BERNARD PALISSY (geboren zwischen 1499 und 1515, gestorben 1590), in seinen Schriften zwar weniger bedeutend und minder wichtig für die Geschichte der Technik als AGRICOLA und BIRINCUCCIO, dafür aber hervorragend als keramischer Praktiker, dessen mustergültige Erzeugnisse teilweise noch heute erhalten sind (vgl. S. 98). Seine ausschließlich praktische Gesinnungsrichtung zeigt sich in der Verspottung von Alchemie und Scholastik, denen gegenüber er nur das Experiment als Beweismittel gelten läßt. Er ist zunächst Glasmaler gewesen, dann Angestellter an den Salzgärten und hat sich später ausschließlich mit keramischen Arbeiten befaßt. Seine im Jahre 1580 erschienene Hauptschrift „Discours admirables de la nature des eaux et fontaines" schildert in der Hauptsache seine jahrelangen erfolglosen Versuche zur Herstellung von Kunstkeramik, befaßt sich aber daneben noch mit chemischen, geologischen, mineralogischen und sonstigen technologischen Fragen, wie beispielsweise der Meersalzgewinnung und der Verwendung von Kalkmergel zu Düngezwecken.

Noch größer als die Zahl der eigentlichen technologischen Werke ist die der pharmazeutisch-chemischen, präparativen Richtung, insbesondere der neu entstandenen Arznei-, Kräuter- und Destillierbücher, auf die hier nur kurz eingegangen werden soll, da sie zu der gewerblichen Technik in entfernteren Beziehungen als die vorgenannten Schriften stehen. Für das Aufblühen dieser Literaturgattung war die Voraussetzung die Verselbständigung der Arzneibereitung, die sich seit dem 12./13. Jahrhundert von der Medizin losgelöst und — vielfach auf dem Wege über klösterliche Hospitalapotheken — in die Hände eines besonderen Apothekerstandes gekommen war. Diese Entwicklung hat sich zuerst in Italien vollzogen, und zwar jedenfalls in Salerno, dem Sitz der berühmten Medizinschule; durch ein Edikt FRIEDRICHS II. von 1224 wurde die Trennung von Pharmazie und Medizin ausdrücklich festgelegt. In Deutschland ist die Bildung des selbständigen Apothekergewerbes kaum viel jünger, denn schon am Ende des 12. Jahrhunderts werden in den Kölner Gildenlisten „apothecarii" aufgeführt, und in Wetzlar bestand 1233 bereits eine Apotheke. Es lag naturgemäß nahe, die für das Apothekergewerbe geltenden Rezepte in Form besonderer Arzneibücher zusammenzufassen, wobei notwendigerweise auch eine gewisse obrigkeitliche Regelung Platz greifen mußte. Neben den privaten Vorschriftsammlungen, als deren erste auf deutschem Boden das Arzneibuch des Arztes Ortolf von Bayerland (Nürnberg 1477) zu gelten hat, erschienen bald auch amtliche Pharmakopöen, wie der „Ricettario" von Florenz (1498) und die unter Approbation des Rates von Nürnberg durch Valerius Cordus verfaßte „Pharmacorum conficiendorum ratio" (1546). In der Hauptsache beschränkten sich die ersten Arzneibücher auf die einfache Zubereitung pflanzlicher Materialien, wobei die Autorität des Dioskorides immer noch als oberste Richtschnur diente. Erst im Laufe des 16. Jahrhunderts trat allmählich eine Loslösung aus dem Banne des antiken Autors in Erscheinung, die sich in der Entwicklung der Destillierkunst einerseits, der Arzneibereitung auf dem Wege chemischer Umsetzung andererseits dokumentierte. 1479 erschien das erste „Destillierbuch" des Arztes Michael (Puff aus) Schrick, „Ein nutzliche materi von mangerlay ußgeprante Wassern", und es reihten sich daran bis zum Anfang des 17. Jahrhunderts eine ganze Anzahl weiterer Schriften meist ärztlicher Autoren an, die teils die Destillation selbständig, teilweise im Rahmen der allgemeinen Arzneimittellehre oder Kräuterkunde behandelten. Von den zahlreichen Verfassern seien hier neben den Deutschen Hieronymus Brunschwygk, Valerius Cordus, Walter Ryff und Conrad Gessner (Euonymus) noch die Franzosen Jakob Besson, Joseph Quercetanus und Claude Dariot sowie die Italiener Peter Andreas Matthiolus und Giovanni Battista della Porta genannt.

Trotz allmählicher Verselbständigung des Apothekergewerbes ist der Einfluß des gelehrten Medizinertums auf die Technik der Arzneibereitung im 16. und auch noch im 17. Jahrhundert größer denn je gewesen, und die „Iatrochemiker" haben nicht nur die wissenschaftlichen Zusammenhänge zwischen Chemie und Medizin gepflegt, sondern sie haben sogar gerade den praktischen Zweck der Herstellung von Arzneien als erste Aufgabe der Chemie in den Vordergrund gestellt. An der Spitze dieser Bewegung steht der große Arzt und Chemiker Theophrastus Paracelsus (Bombastus von Hohenheim) (1493—1541), dessen chemische und physiologische Theorien und Schriften hier weniger interessieren als sein praktisches Bahnbrechen in der Herstellung und Einführung neuer anorganischer Präparate in den Arzneischatz, wobei ihm seine chemische Schulung durch die Ausbildung in dem Laboratorium der Silberbergwerke von Schwaz sehr zustatten kam. Die wichtigste Periode seines unsteten Wanderlebens war die Zeit seiner Tätigkeit als Professor und Stadtarzt in

Basel, wo er im Kampf gegen die überkommenen Lehrmeinungen des GALEN und AVICENNA seine medizinischen Theorien und Heilmethoden verfocht. Er hat zuerst anorganische Präparate in großem Umfang als Arzneien verwendet und hierfür — wie beispielsweise für Quecksilber- und Antimonverbindungen — Herstellungsrezepte angegeben. Diese Angaben sind an den verschiedensten Stellen seiner außerordentlich zahlreichen Schriften verstreut. In größerer Anzahl finden sich solche pharmazeutischen Vorschriften beispielsweise in den Büchern „De praeparationibus" und „De archidoxis".

Ebenso wichtig wie PARACELSUS ist für die pharmazeutische Technik der iatrochemischen Epoche, als deren Kernpunkt die Antimontherapie anzusehen ist, der sog. BASILIUS VALENTINUS gewesen, dessen Existenz — er soll im 15. Jahrhundert in Erfurt gelebt haben — als historische Persönlichkeit allerdings bezweifelt werden muß. Wenn auch der Herausgeber der Schriften, der Ratskämmerer THÖLDE in Frankenhausen, vielleicht älteres Material benutzt hat, so ergibt sich, wenn man alles alchemistische Beiwerk beiseite läßt, doch eine so umfangreiche Kenntnis praktisch-chemischer Handgriffe, daß die Entstehung unbedingt in die nachparacelsische Zeit zu verlegen und THÖLDE selbst als Verfasser oder Kompilator anzusehen ist. Von den zu Anfang des 17. Jahrhunderts erschienenen Schriften enthalten die „Offenbahrung der verborgenen Handgriffe" und der „Triumphwagen Antimonii" die hauptsächlichsten pharmazeutisch-chemischen Vorschriften; namentlich letztere stellt eine regelrechte Monographie der seit dieser Zeit besonders wichtig gewordenen Antimonverbindungen dar.

Neben PARACELSUS und Pseudo-BASIL sind noch eine ganze Reihe meist ärztlicher Autoren zu nennen, die teils durch Zusammenfassung vorhandenen Erfahrungsmaterials das pharmazeutische Wissen bereichert haben, teilweise auch selbst neue, als Arzneimittel verwendbare Produkte oder neue Herstellungsmethoden angegeben haben. In die Reihe der ersteren gehört beispielsweise der italienische Arzt CAESALPINUS, der in seiner 1596 erschienenen Schrift „De metallicis rebus" die Produkte des Tier-, Pflanzen- und Mineralreiches behandelt und dabei in einer Darstellung von bemerkenswerter wissenschaftlicher Nüchternheit — wenn auch vielfach noch in Anlehnung an DIOSKORIDES —, abgesehen von den Angaben über die pharmazeutische Verwendung, auch zahlreiche Erörterungen technologischer Art einflicht.

Die Männer, welche die pharmazeutische Chemie auch um praktische Ergebnisse bereicherten, haben ihre Wirksamkeit in der Hauptsache vom Ende des 16. bis Mitte des 17. Jahrhunderts entfaltet, eine Periode, in welcher die Ausbildung der Darstellungsmethoden der pharmazeutischen Präparate im wesentlichen zum Abschluß kam, und sich die Anwendung solcher Produkte trotz heftigen Widerstandes — der sich namentlich in Frankreich erhob — allmählich durchsetzte. Von wichtigeren Forschern sind hier zu nennen: OSWALD CROLL, gest. 1609, ANDREAS LIBAU (1540—1616), ANGELUS SALA (geb. in Vicenza, gest. 1637), ADRIAN VAN MYNSICHT, gest. 1638, RAYMUND MINDERER, JOHANN BAPTIST VAN HELMONT (1577—1644), FRANZ DE LE BOË SYLVIUS (1614—1672), OTTO TACHENIUS, BLAISE DE VIGENÈRE (1523—1599), TURQUET DE MAYERNE (1573—1655), BARTOLETTI (1581—1630), endlich gehört auch GLAUBER wenigstens teilweise in diese Reihe. Von den genannten haben sich CROLL mit seiner „Basilica chymica" (1608), SALA — vgl. seine „Opera medico-chymica quae extant omnia" (1682) — und namentlich ANDREAS LIBAU die größten Verdienste um die präparative pharmazeutische Chemie erworben. LIBAU, der als Arzt und Schulrektor in Rothenburg o. T. und Koburg gewirkt hat, hat in seinen Schriften „Alchymia" (1595), „Praxis alchymiae" (1605), „Ars probandi mineralia" (1597) und „De judicio aquarum mineralium" (1597), abgesehen von dem Niederschlag seiner praktischen Erfahrungen, auch die ersten chemischen Lehrbücher gegeben und ferner zur Begründung der chemischen Analyse beigetragen. Im übrigen war er Gegner des PARACELSUS oder doch wenigstens der Übertreibungen seiner Lehre. Die analytische Chemie, die als Teil der angewandten Chemie auch für die Technik von Bedeutung ist, war im 16. Jahrhundert in systematischer Form lediglich in der bereits ziemlich weit ausgebildeten Probierkunde vorhanden. Reaktionen in wäßriger Lösung wurden nur vereinzelt zum Nachweis von Substanzen benutzt. Von einer eigentlichen qualitativen Analyse kann erst seit TACHENIUS (Mitte des 17. Jahrhunderts) die Rede sein, der durch systematische Anwendung von Reagentien mehrere Basen nebeneinander in wäßriger Lösung nachzuweisen vermochte.

2. Das Hüttenwesen bis zum Beginn des 17. Jahrhunderts.

In Bergbau und Metallhüttenwesen[1]) ist Deutschland im Mittelalter durchaus führend gewesen — erinnert sei an die Bedeutung des Harzes, von Sachsen und Böhmen —, wenn auch öfters der erste Anstoß zu einer bergbaulichen Tätigkeit durch venezianische Erzsucher gegeben worden sein mag. Über das Alter der metallurgischen Technik auf mitteleuropäischem Boden überhaupt geben Gräberfunde und antike Überlieferung genügend Zeugnis, wobei allerdings hinsichtlich der

---

[1]) Über Metallurgie vgl. BIRINCUCCIO, Pirotechnia; AGRICOLA, besonders De re metallica; ENCELIUS, De re metallica; MATTHESIUS, Sarepta; ERCKER, Ertz und Bergkwercksarten; FACHS, Probierbüchlein; LÖHNEYSS, Bergwerk; POPPE, Geschichte d. Technologie II; WRANY, Chemie in Böhmen; ferner namentlich NEUMANN, Metalle; auch LIPPMANN, Alchemie, Anhang. Über die wirtschaftliche Seite vgl. auch SCHMOLLER, Volkswirtschaftslehre; SOMBART, Kapitalismus; DIETZ, Frankfurter Handelsgeschichte.

Schlußfolgerungen aus Fundstücken insofern Vorsicht walten muß, als solche auch aus fremder Einfuhr stammen können, ohne daß deshalb die betreffende Technik bodenständig gewesen sein muß. In sehr frühe Zeiten hinauf geht sicher die Gewinnung des Waschgoldes aus den Flüssen und ferner auch die Herstellung des Eisens, welche verhältnismäßig geringe technische Schwierigkeiten macht. Zeugnis dafür sind die prähistorischen Funde von Hallstadt — die mitteleuropäische Eisenzeit datiert etwa seit 1000 v. Chr. — und aus historischer Zeit die Überlieferung über den Bergbau von Noricum (Steiermark), der sicher schon 300 v. Chr. betrieben wurde. Noch in späteren Jahrhunderten behält der steirische Erzbezirk seine große Bedeutung, doch tritt neben ihn im Mittelalter namentlich das Eisenerzgebiet von Nassau (Siegerland), das heutige Rheinland-Westfalen und ferner auch der Harz.

Die Technik der Eisengewinnung[1] hat vom Altertum bis ins 13. Jahrhundert hinein eigentlich recht wenig Fortschritte gemacht. Noch immer wurde unmittelbar Schmiedeeisen in kleinen Stücköfen, Rennherden oder Luppenfeuern aus dem Erz hergestellt. Erst zu der genannten Zeit fängt man langsam an — und zwar zunächst im Siegerland — zum indirekten Prozeß der Roheisenerzeugung überzugehen. Durch verstärkte, mit Wasserrädern erzeugte Windzufuhr gelang es, ein wirkliches Schmelzen des Eisens herbeizuführen, das jedoch jetzt nicht mehr schmiedbar war, sondern erst durch einen zweiten Prozeß in Schmiedeeisen übergeführt werden mußte. Immerhin begann man jetzt auch das Roheisen als Gußeisen unmittelbar zu verwenden, und zu Ende des 15. Jahrhunderts hatte sich bereits eine umfangreiche Erzeugung gußeiserner Gegenstände, wie Kanonen, Kugeln, Töpfe, Öfen u. dgl., entwickelt. Die metallurgischen Öfen wuchsen mehr und mehr in ihren Dimensionen, und es entstanden durch Vergrößerung der früheren Stücköfen die sog. Blau-(Blase-)Öfen, in denen sowohl Luppen wie Roheisen erzeugt werden konnte. Die alten Hochöfen von bis 5, höchstens 6 m Höhe — die sich zunächst in der Rheingegend verbreiteten — sind prinzipiell von den vorgenannten nicht verschieden, sondern nur insofern, als das erschmolzene Eisen nicht abgestochen wurde, sondern kontinuierlich durch die offene Brust in einen Vorherd lief. Das indirekte Verfahren ging so vor sich, daß das Erz zunächst in Haufen, Stadeln oder Öfen geröstet, dann auf Roheisen verschmolzen und dieses in Frischfeuern in schmiedbares Eisen verwandelt wurde. Daneben blieb der alte Prozeß der Herstellung von Luppen in Rennfeuern oder Stücköfen weiter bestehen.

Auch die Stahlbereitung wurde im 16. Jahrhundert bereits als gesonderter Prozeß durchgeführt, während vorher die Erzeugung dieses

---

[1] Vgl. besonders BECK, Geschichte des Eisens I, II; ferner LORENZ, Chemische Industrie, S. 162.

Produktes mehr oder minder Zufall gewesen war. Das weiche Eisen wurde jetzt in einem Bade von Roheisen zementiert, wobei es den notwendigen Kohlenstoffgehalt aufnahm; auch verstand man schon durch Glühen mit Kohle eine Art Zementstahlprozeß durchzuführen, der im 17. Jahrhundert vollends entwickelt wurde.

Die Eisenwerke des ausgehenden Mittelalters stellen im Gegensatz zu den alten handwerksmäßig betriebenen Waldschmieden naturgemäß bereits verhältnismäßig bedeutende Unternehmungen dar; auch erfolgte zumeist mit der Einführung des indirekten Betriebes eine Standortsänderung, insofern als die Anwendung der verstärkten Gebläse die Verlegung an Wasserläufe zur Voraussetzung hatte. Oft war die Roh- und Weicheisenerzeugung getrennt, wie z. B. im Siegerlande, wo man Blase- und Hammerhütten unterschied; von den erstgenannten waren 1444 bereits 29 vorhanden. Schon bei dem Übergang vom Rennfeuer zum Blauofen vollzog sich auch eine wesentliche Veränderung der wirtschaftlichen Struktur der Unternehmen. Wie früher dargelegt, überstieg der erhebliche Kapitalbedarf die Kräfte des einzelnen Kleingewerbetreibenden, und — soweit nicht die Hütten überhaupt landesherrlicher Besitz waren — tritt die Gewerkschaft an seine Stelle oder auch an Stelle dieser wieder besonders kapitalkräftige Unternehmer, denen der ehemals selbständige Handwerker oder Gewerke als nunmehriger Lohnarbeiter gegenübersteht. Es vollzieht sich so ein allmähliches Eindringen unternehmensfremder städtischer Kapitalisten, sei es auf dem Wege der reinen Kapitalgenossenschaft, sei es durch das sog. Verlagssystem bei Eisenhütten — auch Kupfer- und Zinnhütten —, wobei der Abnehmer, der reiche städtische Händler, als Geldgeber fungiert; die extremste Erscheinung dieser Art ist wohl die — übrigens ungünstig verlaufene — Beteiligung der Stadt Leipzig an der mitteldeutschen Kupfergewinnung gewesen. Diese ganze Wirtschaftsentwicklung ist einerseits durch die Vergrößerung der Unternehmen im allgemeinen bedingt worden und andererseits durch die zunehmende Verselbständigung der Produktionsmittel in Gestalt der immer größeren Kapitalaufwand erfordernden zentralen Apparatur, ähnlich wie gleichzeitig im Bergbau zu der gewissermaßen mosaikartig zusammengesetzten Struktur der Gewerkschaft die durch den Tiefbau notwendig gewordenen Wasserhaltungsmaschinen als selbständiges, zusammenfassendes und übergeordnetes Element hinzutreten. Im übrigen gewinnen, so wie der Bergbau durch das zuerst in Sachsen im 15./16. Jahrhundert geschaffene Bergrecht mehr und mehr zur staatlichen Einrichtung wird, im engsten Zusammenhang damit die regalherrlichen Hüttenwerke gegenüber den Privatbetrieben eine immer steigende Bedeutung, was auch mit dem allgemeinen politischen Machtzuwachs des Landesfürstentums im Einklang steht.

Daß ein für die damalige Zeit erheblicher Kapitalbedarf für die Begründung eines Eisenwerkes notwendig war, zeigt eine Nachricht aus dem Beginn des 16. Jahrhunderts, nach der ein Hammerwerk für 13 000 Gulden verkauft wurde. Am heutigen Maßstab gemessen ist naturgemäß der Umfang eines solchen Unternehmens recht bescheiden, was auch schon aus den Angaben über die Größe und Produktionsfähigkeit der Öfen hervorgeht. Im unteren Harz wurden um 1500 in 32 Hütten und 4 Rennfeuern 800 t Weicheisen erzeugt, um 1600 in 33 Hütten mit 6 Hochöfen und 23 Frischfeuern 1500 t Schmiedeeisen und 150 t Gußeisen. Die sog. Floßöfen, hochofenähnliche Abstichöfen, gaben bei dem in jedesmaligen Abständen von $1^{1}/_{2}$—2 Stunden erfolgenden Abstich Roheisenmengen von 75—100 kg.

Kupferne Gerätschaften sind in der mitteleuropäischen Steinzeit jedenfalls lediglich durch Einfuhr bezogen worden, während in der etwa seit 2000 anzusetzenden Bronzezeit schon eine bodenständige Kupfergewinnung stattfand; das südlich von Salzburg gelegene Bergwerk von Mitterberg am Hochkönig ist damals bereits im Betrieb gewesen. Den Germanen dagegen ist zur Zeit des TACITUS das Kupfer nicht oder nicht mehr bekannt gewesen, auch haben sie die Bronzegegenstände wohl ausschließlich von fremden Händlern erhalten. Über den frühmittelalterlichen Bergbau in Deutschland existiert fast überhaupt keine Überlieferung, und erst im 9. und 10. Jahrhundert finden sich wieder Nachrichten. 986 ist der berühmte Kupfer- (auch Blei-) Bergbau vom Rammelsberg eröffnet worden, seit 1199 wurde der Kupferschiefer von Mansfeld abgebaut, und 922 begann die Gewinnung von Kupfer und Silber im sächsischen Erzgebirge. Der Harz, Sachsen und Böhmen sind bis zur Erschließung der Neuen Welt die wichtigsten Bergbaudistrikte Europas gewesen (Kupfer, Silber, Gold, Blei, Zinn, Wismut, Antimon, Arsen, Kobalt), während allerdings für Kupfer speziell Ungarn und Schweden von noch größerer Bedeutung waren.

Über die Verfahren der Kupfermetallurgie sind wir durch die Technologen des 16. Jahrhunderts, namentlich durch AGRICOLA[1]), eingehend unterrichtet. In der Hauptsache kam es bei diesen Prozessen auf die Gewinnung des im Erze enthaltenen Silbers an. Man röstete, verschmolz dann im Schachtofen mit Vorherd (z. B. in den sog. Krummöfen) auf Kupferstein, röstete diesen wieder und verschmolz auf Konzentrationsstein; letzterer wurde totgeröstet, zu Schwarzkupfer reduziert, das dann seinerseits zu Garkupfer raffiniert wurde. Verschiedene Modifikationen des Prozesses und der Öfen existierten, doch unterschied sich wesentlich davon nur die im 13. und 14. Jahrhundert in Böhmen und Ungarn eingeführte Zementation, d. h. die

---

[1]) De re metallica VIII, IX.

Abscheidung des Metalls aus kupfersulfathaltigen Grubenwässern durch Eisen.

Von besonderer Wichtigkeit war der zur Gewinnung des Silbers aus dem Schwarzkupfer angewandte Seigerprozeß[1]), der angeblich schon im 12. Jahrhundert von den Venezianern mit deutschem importiertem Schwarzkupfer ausgeführt wurde. In Deutschland kam dieses Verfahren in eigenen Seigerhütten zur Ausführung, und zwar war die alte Gewerbestadt Nürnberg besonders dafür bekannt. Diese Gewinnungsart des Silbers beruht auf seiner leichten Extrahierbarkeit durch metallisches Blei. Man schmilzt das Schwarzkupfer mit Blei im Schachtofen und läßt dann das Seigern auf dem Seigerherde vor sich gehen, wo das silberhaltige Blei abfließt, während die schwerer schmelzbaren kupferhaltigen „Kienstöcke" zurückbleiben. Dieses sehr unrationelle Verfahren mußte öfters wiederholt werden, trotzdem blieb es bis Anfang des 19. Jahrhunderts in Anwendung. Silberarmes Kupfer wurde — beispielsweise in Ungarn — zunächst durch Schmelzen im Flammofen angereichert; im übrigen kamen diese Öfen für die Kupfermetallurgie erst im 17. Jahrhundert in England in Anwendung.

Noch älter als der sächsische Silber-Kupferbergbau ist der Silber-Bleierzbergbau auf deutschem Boden gewesen, der bis in die Römerzeit hinaufgeht. Eines der ältesten und bedeutendsten Bergwerke dieser Art war im Mittelalter das von Markirch im Elsaß, das etwa vom 7. Jahrhundert bis zum dreißigjährigen Krieg betrieben wurde und zeitweise 2—3000 Bergleute beschäftigte. Auch der Rammelsberg lieferte silberhaltiges Bleierz, und noch wichtiger war das sächsisch-böhmische Erzgebirge, wo der Freiberger Bergbau Ende des 12. Jahrhunderts durch Harzer Bergleute eröffnet wurde. Neben den Gruben von Freiberg, wo 1250 die sächsische Münze errichtet wurde, zeichneten sich auch die Erze von Schneeberg durch Silberreichtum aus. Die sächsischen und böhmischen Gruben, namentlich die von Joachimsthal, die 1516—77 fast 400 t Silber geliefert haben, sind bis zur Erschließung Amerikas die wichtigsten Silberproduzenten gewesen. Joachimsthal, das zur Bezeichnung „Taler" Anlaß gegeben hat, war fast ausschließlich von Bergleuten bewohnt, deren Zahl sich auf etwa 8000 belief. Im eigentlichen Böhmen waren Przibram und Kuttenberg, wo sich auch schon im 11. Jahrhundert eine Münze befand, die wichtigsten Silberbezirke. Böhmen mußte übrigens das zur Silbergewinnung notwendige Blei aus Sachsen einführen.

Die Bleierze[2]) wurden wohl nicht viel anders als im Altertum verarbeitet. Man röstete in Stadeln, später in Öfen und verschmolz dann mit Holz auf einem Herd zu Schwarzblei. Daneben wurden auch

---

[1]) Agricola, De re metallica XI; Ercker, Ertz und Bergkwercksarten III.

[2]) Agricola, De re metallica VIII, IX.

Schachtöfen verwendet, deren Ausmessungen allmählich zu denen von Hochöfen anwuchsen. Auch hier sind Flammöfen nicht vor dem 17. Jahrhundert nachweisbar.

Das Verfahren der Silbergewinnung[1]) aus den eigentlichen Silbererzen bestand stets in einer Ansammlung in metallischem Blei. Man verschmolz die Erze mit bleiischen Zuschlägen in Schachtöfen und erhielt so ein silberhaltiges Blei, das, ebenso wie das normale silberhaltige Schwarzblei oder das aus dem Prozeß der Kupferseigerung stammende, auf dem Treibherde oder im Treibofen zu Silber und Glätte abgetrieben wurde. Das so erhaltene Silber wurde dann noch vor dem Gebläse oder in Muffeln in mit Asche ausgefütterten Tiegeln feingebrannt.

Wesentliche technische Neuerungen brachte erst der amerikanische Silberbergbau[2]). 1522 wurde zum ersten Male Silber aus den reichen mexikanischen Gruben nach Europa gebracht, womit die Periode der Verdrängung der europäischen Vorkommen und des Sinkens des Silberpreises eintritt. Seit 1545 beginnt auch das heutige Bolivia mit den bedeutenden Vorkommen von Potosi reichlich zu produzieren. Für diese holzarmen Länder ist das von BARTHOLOMEO DE MEDINA 1557 eingeführte Amalgamierungsverfahren, der sog. Patioprozeß, besonders wichtig geworden. Ob der Genannte tatsächlich der Erfinder des Prozesses gewesen ist, muß dahingestellt bleiben; die Überlieferung schreibt den Ruhm der Erfindung einem Deutschen seines Gefolges zu. Übrigens findet sich auch schon bei BIRINGUCCIO[3]) ein ähnliches Verfahren beschrieben. Der Patioprozeß, der besonders für sulfidische Erze geeignet ist, wird so ausgeführt, daß das Erz mit Kochsalz zerkleinert und mit Abbränden von Kupferkies sowie mit Quecksilber gut durchgemischt wird, wobei sich Silberamalgam bildet; dieses wird dann ausgewaschen und durch Destillation in Quecksilber und Silber zerlegt. 1590 wurde statt dessen durch den Priester ALONSO BARBA die eigentliche Amalgamation in Kupferkesseln eingeführt, die das Vorbild für die spätere Faßamalgamation geliefert hat.

Wie sich der Schwerpunkt der Silbererzeugung im 16. Jahrhundert verschoben hat, zeigt folgende Zahlenaufstellung nach NEUMANN[4]):

	1493—1520	1545—1560
Deutschland	308 t	310 t
Österreich u. Ungarn	672 t	480 t
sonst. Europa	336 t	208 t
Mexiko	—	240 t
Peru	—	768 t
Bolivia	—	2931 t

[1]) AGRICOLA, De re metallica VIII, IX, X, XI; ERCKER, Ertz und Bergkwercksarten I, III.

[2]) Vgl. auch CARRACIDO bei DIERGART, Beiträge zur Geschichte; BECKMANN, Beyträge zur Geschichte I, 1, S. 44.

[3]) De la pirotechnia IX.   [4]) Metalle, S. 185.

Für die Goldgewinnung[1]) ist Quecksilber schon sehr früh verwendet worden, da ja hier kein komplizierter chemischer Prozeß, sondern ein einfacher Lösungsvorgang stattfindet. Gold wurde in Mitteleuropa bereits zu römischer Zeit in Noricum gewonnen; der Abbau wurde nach längerer Unterbrechung in Kärnten und Salzburg wieder aufgenommen und bis ins 17. Jahrhundert fortgesetzt. Am Rhein wurde schon im frühen Mittelalter Gold gewaschen, und später, im 10. bis 15. Jahrhundert, ist Böhmen das goldreichste Land Europas gewesen; der böhmische Goldbergbau ist teilweise auf die Initiative venetianischer Bergleute (im 13. und 14. Jahrhundert) zurückzuführen, worin sich die bedeutende Rolle Venedigs in der älteren europäischen Gewerbegeschichte dokumentiert. Gerade in Böhmen ist zum ersten Male die Amalgamation in größerem Umfange durchgeführt worden, wenn auch dieses Verfahren schon von VINCENTIUS und AVICENNA genannt wird; die Extraktion des Goldes aus alten Gewändern wird bereits bei VITRUVIUS erwähnt. Im 14. Jahrhundert sollen in Böhmen 350 sog. Quickmühlen bestanden haben. AGRICOLA gibt eine genaue Beschreibung des Verfahrens. Das Erz wird gepocht, gemahlen und das Mehl in Fässern mit Rührwerk, auf deren Boden sich Quecksilber befindet, gut durchgerührt [nach ERCKER[2]) wird vor dem „Anquicken" noch mit Essig und Alaun behandelt]. Das Amalgam wird dann durch Leder oder Baumwolle filtriert und durch Erhitzen zerlegt; das Gold wird mit Borax oder Blei raffiniert. AGRICOLA gibt auch weiter die Beschreibung des Verschmelzens der Golderze im Schachtofen unter Verbleiung; ferner wurde im Tiegel verschmolzen. Man erhielt so goldhaltiges Silber, das der Scheidung unterworfen wurde. Nach ERCKER wandte man den Seigerprozeß auch auf goldhaltige Erze an.

BIRINCUCCIO[3]), AGRICOLA[4]), ERCKER[5]) und andere Technologen geben zahlreiche Rezepte für die Gold- und Silberscheidung an. Das Verfahren soll zuerst Ende des 15. Jahrhunderts in Venedig[6]) in großem Umfang betrieben und von da nach Nürnberg verpflanzt worden sein. Venedig soll auch das übrige Europa mit Salpetersäure versehen haben. Nach BASIL ist in Goslar schon 1433 geschieden worden.

Das Verfahren der Scheidung war sehr einfach Man erhitzte mit der Säure in Glaskolben oder Retorten, goß dann vom Golde ab, dampfte ein und zerlegte das Silbernitrat durch Erhitzen; früh verstand man auch schon, das Silber durch Kupfer abzuscheiden. Weiter

---

[1]) AGRICOLA, De re metallica VIII, IX, X.   BECKMANN, Beyträge zur Geschichte I, 1, S. 44.

[2]) ERCKER, Ertz und Bergkwercksarten II.

[3]) Pirotechnia IV.   [4]) De re metallica X.

[5]) Ertz und Bergkwercksarten II.

[6]) BECKMANN, Beyträge zur Geschichte V, 4, S. 582.

ausgeführte Trennungsmethoden sind bereits aus älterer Zeit bekannt. Die Überführung des Silbers in Schwefelsilber durch Schmelzen mit Schwefel wird von Roger Baco und Theophilus erwähnt, von letzterem wie auch von Albertus Magnus die Zementation mit Salz und Ziegelmehl beschrieben, die vielleicht sogar schon bei Plinius (vgl. S. 26) genannt wird. Neu ist das von den Technologen des 16. Jahrhunderts beschriebene Verschmelzen mit Spießglanz, wobei das Silber in Schwefelsilber übergeführt wird, das Gold von dem Antimon aufgenommen wird; der goldhaltige Antimonregulus wird dann abgetrieben.

Im 16. Jahrhundert vollzieht sich die bereits beim Silber erwähnte weltwirtschaftliche Umorientierung. Etwa in der Mitte des Jahrhunderts tritt Amerika auf den Plan und hat mit seinen reichen Vorkommen von Kolumbien, Bolivia, Mexiko und Chile Mitteleuropa bald überflügelt. Nach Neumann[1]) sind 1493—1522 in Österreich und Ungarn noch 56 t Gold (in Afrika damals 80 t) produziert worden, während der letzten zwei Jahrzehnte des Jahrhunderts nur noch 20 t; die amerikanische Produktion dagegen ist zu der Zeit bereits auf 82 t angewachsen.

Zinn[2]) und seine Kupferlegierung, die Bronze, sind in Mitteleuropa etwa seit 2000 v. Chr., und zwar durch kretische und phönizische Vermittlung bekannt geworden. Die Verarbeitung der beiden Metalle lernte man bald selbst ausführen, während die Gewinnung aus den Erzen und die Bronzebereitung lange unbekannt blieb; auch das älteste Britannien hat keine Bronze hergestellt.

Schon im frühen Mittelalter war der Gebrauch des Zinns für Gefäße u. dgl. ziemlich verbreitet. Deutschland bezog das Metall über Köln aus England, doch trat es seit dem 12. Jahrhundert mit den Gruben des sächsisch-böhmischen Erzgebirges auch als Eigenproduzent auf; in Sachsen sind besonders Altenberg und Schlackenwald bekannt gewesen.

Nach Neumann erzeugten:

England	1066—1300	370 000 t
	1301—1500	42 000 t
	1500—1600	680 000 t
	1600—1740	265 000 t
Sachsen	1400—1500	31 000 t
	1500—1600	25 000 t
	1600—1700	10 000 t
Böhmen	1400—1500	26 000 t
	1500—1600	50 000 t
	1600—1700	10 000 t

---

[1]) Metalle, S. 228.
[2]) Vgl. auch Beckmann, Beyträge zur Geschichte IV, 3, S. 321; Neumann, Metalle, S. 233; Lippmann, Alchemie, Anhang.

Die deutsche Bergtechnik war der ausländischen zeitweise erheblich überlegen, so daß beispielsweise unter HEINRICH IV. und unter ELISABETH deutsche Bergleute in die englischen Zinngruben geholt wurden. Die englische Hüttentechnik ist ursprünglich außerordentlich primitiv gewesen. Man gewann das Metall in Gruben, die in den Boden gegraben waren, und später in einfachen Öfen mit Windzuführung. Über die deutsche Technik im 16. Jahrhundert werden wir durch AGRICOLA[1]) unterrichtet. Der Zinnstein wurde zunächst durch Waschen aufbereitet, dann in Stadeln oder Backöfen geröstet und mit Kohle in engen Schachtöfen mit offenem Auge reduziert. Die Schlacke wurde abgezogen und das Metall abgestochen, gegebenenfalls noch durch Seigern gereinigt. AGRICOLA gibt auch weiter eine Vorschrift über Verzinnen von Eisenwaren nach vorherigem Beizen mit Salmiak und Essig. Daß die deutsche Erzeugung verzinnter Gegenstände damals schon sehr bedeutend gewesen sein muß, geht aus einem 1483 in England erlassenen Einfuhrverbot für deutsche verzinnte Nägel hervor. Außer der ausgedehnten Verwendung (auch mit Blei legiert) für Teller und Gefäße aller Art wurde das Zinn bereits im 16. Jahrhundert zum Belegen von Spiegeln benutzt. Das Oxyd fand vielfache Anwendung für Emails und Glasuren.

Wann zuerst metallisches Z i n k[2]) gewonnen wurde, ist noch immer in Dunkel gehüllt. Daß das Altertum das Metall nicht kannte — obwohl Messing bereits hergestellt wurde — ist schon erwähnt worden. Wahrscheinlich hat man den Schauplatz der ersten Darstellung nach Indien oder China zu verlegen, wofür das Zeugnis etwa um das Jahr 1100 verfaßter indischer chemischer Kompendien spricht. Die genannten Schriften enthalten auch eine Beschreibung der Darstellungsweise, die auf dem Wege der absteigenden Destillation durch Erhitzen des Erzes mit Reduktionsmitteln in einem Tiegel mit durchlöchertem Boden erfolgte; das Metall sammelte sich in einem darunter liegenden zweiten Tiegel an. In China ist das Metall jedenfalls zuerst in größerem Maßstabe, und zwar nach einem verbesserten Destillationsverfahren dargestellt und zu Legierungen aller Art verwendet worden, so beispielsweise für das sog. Packfong. In Europa ist die erste Bekanntschaft mit dem Metall zeitlich nicht genau zu fixieren. Man hat es wohl schon frühzeitig an Schmelzöfen beobachtet, ohne ihm jedoch sonderliche Beachtung zu schenken. Schon ALBERTUS MAGNUS macht eine dahingehende Bemerkung über den Goslarer „Gold-Markasit", während deutlicher das Metall erst von PARACELSUS als kärntnisches Erzeugnis genannt und als „Zincken" bezeichnet wird. Auch AGRI-

---

[1]) De re metallica VIII, IX.
[2]) Vgl. auch BECKMANN, Beyträge zur Geschichte III, 3, S. 378; NEUMANN, Metalle, S. 284; LIPPMANN, Alchemie, Anhang; HEYD, Levantehandel II, S. 654.

COLA kennt die Bildung von Zink an den Goslarer Öfen, er nennt das Metall „Kobelt" oder „Konterfey"[1]). Als Hauptprodukt und Handelserzeugnis ist jedoch das Metall nicht hergestellt worden; höchstens daß es hier und da von Alchemisten bezogen wurde. Dagegen war das Sulfat schon im 14. Jahrhundert (in Kärnten) Handelsgegenstand, und auch eine Messingindustrie war damals in Frankreich und später in der Aachener Gegend im Entstehen. Eine Darstellung des Zinks in industriellem Umfange erfolgte erst im 18. Jahrhundert in England, nachdem man schon vorher das Metall aus Ostasien bezogen hatte.

Die Gewinnung des Quecksilbers[2]) aus Zinnober war schon im Altertum bekannt. Die wichtigsten Gruben waren die von den Arabern Almaden genannten in Spanien, die ihre Bedeutung unverändert durch die Jahrtausende beibehalten haben. Die Gruben wurden nacheinander von den Sarazenen, den Spaniern, dann den Fuggern — und zwar von diesen mit deutschen Bergleuten — betrieben und gingen 1645 in den Besitz der spanischen Regierung über. Die Produktion betrug nach NEUMANN[3]) im Anfang des 16. Jahrhunderts jährlich 23 t und von Mitte des 16. bis Anfang des 17. Jahrhunderts im Jahresdurchschnitt 140 t. Das für Mitteleuropa wichtigste Vorkommen ist das von Idria in der Krain gewesen. 1493/94 erteilte nach venezianischen Urkunden[4]) der Rat der Zehn deutschen Bergleuten die Erlaubnis zum Bergwerksbetrieb bei Tolmein und Idria, das um diese Zeit zum Machtbereich Venedigs gehörte, sonst aber Besitz der Herzöge von Krain gewesen ist. 1525 betrug die Erzeugung der Gruben 134 t Quecksilber, das damals neben Zinnober vertragsmäßig an ein Augsburger Haus geliefert wurde. In geringem Umfange wurde auch in der Rheinpfalz seit dem 15. Jahrhundert Zinnober gewonnen, in bedeutenderem Ausmaße in Böhmen, das im 16. Jahrhundert auch nach Venedig exportierte. Zur gleichen Zeit begann die peruanische Produktion, die für die Silberamalgamierung von großer Bedeutung wurde.

Die Metallurgie des Quecksilbers ist eingehend bei BIRINCUCCIO[5]) und AGRICOLA[6]) geschildert, der seine Beschreibung in der Hauptsache von ersterem übernommen hat. Man nimmt die Destillation entweder aus Tiegeln mit Helm und Schnauze vor, oder man verwendet nach alter Art Tiegel mit Deckel; das Quecksilber kondensiert sich an diesem, fällt auf eine Aschenschicht zurück, aus der es dann durch Waschen mit Wasser gewonnen wird. Ferner verwendet man kleine Öfen, deren Wölbung mit Laub ausgefüllt wird, an dem sich das Quecksilber kondensiert. AGRICOLA oder vielmehr sein Illustrator hat

---

[1]) De re metallica IX. Buch und im Wörterverzeichnis. In „Bermannus" und „De natura fossilium" wird der Ausdruck „Zincum" gebraucht.
[2]) Vgl. auch NEUMANN, Ztschr. f. angew. Chemie, Jg. 1921, S. 161.
[3]) Metalle, S. 277.   [4]) SIMONSFELD, Fondaco dei Tedesci II, S. 333, 334.
[5]) Pirotechnia.   [6]) De re metallica IX.

übrigens aus diesen Öfchen durch Mißverstehen des Wortes „stanzetta"
große Kammern gemacht, in denen er ganze Bäume aufstellt; durch
Vergleich mit Wort und Zeichnung des italienischen Vorbildes läßt
sich die groteske Illustration der deutschen Technologie leicht richtig-
stellen. Nur die „destillatio per descensum", die Erhitzung des Zinnobers in birnförmigen Kolben mit kühlgehaltenem Untersatz, wird bei
BIRINCUCCIO nicht erwähnt. Es stimmt dies mit der Tatsache überein,
daß in Idria, wo man zunächst primitiv in meilerähnlichen Haufen
röstete, das genannte Verfahren erst 1530 einführte. Später verwendete man in Idria Zusatz von Kalk und ging dann auch zu eisernen
Retorten über. In Almaden verwandte man zunächst Tongefäße mit
Kondensation im Deckel, in Amerika bereits zur Inkazeit liegende Tonretorten. 1633 konstruierte dann BARBA in Peru seinen Schachtofen
mit der eigenartigen Kondensationsanlage durch sog. Aludeln, beider-
seits offene Tonflaschen, die zu langen Strängen zusammengesteckt
wurden. Dieses Verfahren wurde dann auch nach Almaden verpflanzt.

Der Grauspießglanz hatte schon in der mittelalterlichen Pharmazie,
beispielsweise in den Rezepten der salernitanischen Ärzte, eine große
Rolle gespielt. Noch größer wurde die Bedeutung des Antimons
für die Medizin, als PARACELSUS und Pseudo - BASILIUS zahlreiche neue Verbindungen (vgl. S. 92) darstellten und eine lebhafte
Propaganda für die Antimontherapie entfalteten. Auch das Metall
selbst wurde in der neueren Zeit in Form von Bechern für medizinische Tränke und als die sog. „ewigen Pillen" — die nach Verlassen
des Verdauungstraktus immer wieder verwendet werden konnten —
für therapeutische Zwecke benutzt. Im übrigen fand das Metall als
Zusatz zu Blei (Hartblei) und zur Glockenspeise, ferner zur Reinigung
des Goldes eine ziemlich umfangreiche Verwendung. Schon um 1500
wurden erhebliche Mengen von Deutschland nach Venedig ausgeführt.
Hauptproduktionsländer waren das Vogtland und Ungarn. Die Gewinnung des Metalls[1]) erfolgte zunächst auf dem Wege der Seigerung;
später schmolz man den Spießglanz im Ofen und führte mit Salpeter
und Holzasche in Metall über. ERCKER[2]) gibt an, daß das Verfahren
— was wohl zutreffender ist — mit eisernen Nägeln unter Salpeterzusatz ausgeführt worden sei.

Durch einfaches Seigern wird das metallische Wismut gewonnen, dessen erstes Auftreten unbekannt ist. ALBERTUS MAGNUS erwähnt bereits das Metall, und zu AGRICOLAS[3]) Zeit wird es technisch
hergestellt durch Seigern des Erzes auf einem Rost, in einer hölzernen
Rinne, in einer eisernen Pfanne oder mit Kohle auf einem Schmiede-

---

[1]) AGRICOLA, De re metallica IX.
[2]) Ertz und Bergkwercksarten IV.   [3]) De re metallica IX.

ofen. Man verwendet das Metall als Zusatz bei der Herstellung von Zinngeschirr oder Bleilettern; schon CAESALPINUS[1]) erwähnt die „marcassita argentea" als deutschen Exportartikel, wodurch die Gießbarkeit des englischen Zinns erhöht werde. Das gelbe Oxyd wurde schon frühzeitig als Farbe benutzt. Ferner existieren heute im Germanischen Museum in Nürnberg Holzkästchen[2]) aus dem 15./18. Jahrhundert, deren Metallüster durch feingepulvertes metallisches Wismut hervorgerufen wird; diese Technik dürfte bereits im 14. Jahrhundert ausgeübt worden sein.

Die sogenannten Wismutgraupen, die Rückstände von der Seigerung, sind das Rohmaterial für die Herstellung des Kobaltglases, der Smalte[3]). Mit dem Ausdruck „Cobelt" werden ursprünglich, ebenso wie mit dem Namen „Nickel", solche Erze bezeichnet, die trotz ihres Aussehens sich nicht auf Metall verschmelzen lassen. Welche Erze im besonderen unter „Cobelt" verstanden wurden, steht jedoch nicht genau fest: zumeist dürften es Arsenerze gewesen sein, während der Name erst später auf die eigentlichen Kobalterze beschränkt wurde. Die Blaufärbung des Glases durch solche Materialien war wohl schon lange bekannt gewesen, doch ist der Überlieferung nach erst 1520 durch PETER WEIDENHAMMER in Schneeberg die blaue Farbe hergestellt worden, die dann der Glasmacher CHRISTOPH SCHÜRER aus Platten vervollkommnete. Tatsächlich wird in dem 1529 erschienenen Bermannus des AGRICOLA die blaufärbende Zaffer erwähnt (oft auch Sapphir oder Safflor genannt), unter der man die gerösteten, gegebenenfalls mit Sand vermengten Graupen zu verstehen hat. Diese Graupen wurden dann nach dem Rösten mit Quarz, Pottasche und Arsenik zu der eigentlichen Smalte verschmolzen. (Smalte wird meist einfach als „blaue Farbe" bezeichnet, bei vielen ebenfalls als Zaffer. KUNCKEL[4]) im 17. Jahrhundert spricht von Smalta oder blauer Stärke.) Teilweise wurde auch Silberhüttenspeise als Ausgangsmaterial verwendet. Es entstanden zunächst Hütten in Schneeberg und Platten, später auch in Joachimsthal. Vielfach wurde auch das Zwischenprodukt, die Zaffer, nach Nürnberg sowie nach dem Auslande ausgeführt, was daraus hervorgeht, daß BIRINcuccio[5]) die „Zaffera" als keramische Farbe erwähnt; auch ERCKER[6]) bemerkt, daß die Venezianer schwarze Körner bezogen haben, daraus sie Schmelzglas verfertigt. Der Hauptabnehmer ist Holland gewesen, das zeitweise die ganze erzgebirgische Produktion in Anspruch nahm.

---

[1]) De metallicis rebus IV.   [2]) LIPPMANN, Abhandlungen Bd. 1, S. 247.
[3]) Vgl. auch MATTHESIUS, Sarepta; BECKMANN, Beyträge zur Geschichte III, 2, S. 202; POPPE, Geschichte der Technologie III, S. 200; WRANY, Chemie in Böhmen, S. 153; NEUMANN, Metalle, S. 347.
[4]) Ars vitraria.   [5]) Pirotechnia II.   [6]) Ertz und Bergkwercksarten.

Auch hier wurde ausschließlich die Zaffer bezogen, die man nach dem Verfahren, welches man dem Erfinder Schürer abgelockt hatte, in Smalte verwandelte. Acht Farbmühlen befaßten sich in Holland mit der Herstellung dieses Materials, das zur Bläuung von Papier und für keramische Zwecke (Delfter Steingut) diente.

Noch ein anderes Nebenprodukt der sächsisch-böhmischen Hüttenindustrie wird seit dem 15. und 16. Jahrhundert in größerem Maßstabe gewonnen. Es ist dies das Giftmehl, der weiße Arsenik, der von David Haidler in Joachimsthal und seit 1564 von dem Nürnberger Hieronymus Zürch in Sachsen fabriziert wurde. Auch im Riesengebirge wurde Arsenik dargestellt, und zwar angeblich für den Bedarf der Venezianer Glashütten. Tatsächlich nennt der Friesacher Mauttarif[1]) schon 1425 den Hüttenrauch als Ausfuhr- und Durchfuhrartikel nach Venedig, ferner zählt die venezianische Tariffa von 1572 auch Rauschgelb, Auripigment, als Ausfuhrartikel aus Deutschland auf. Das Abrösten der arsenhaltigen Erze (Arsenkies) erfolgte in einer Art Backofen, an den sich lange hölzerne Auffangeröhren für das Giftmehl anschlossen; eine Abbildung solcher Öfen aus späterer Zeit wird in Kunckels „Ars vitraria experimentalis" (1689) gegeben. Der Preis des Arseniks betrug in Frankfurt a. Main[2]) zu Anfang des 17. Jahrhunderts 20 Gulden für den Zentner.

Schwefel ist bis in die neuere Zeit ausschließlich von Italien geliefert worden; der Friesacher Mauttarif[1]) von 1425 nennt ihn ausdrücklich als Ausfuhrartikel von Venedig nach Deutschland. Nach Caesalpinus[3]) wurde er bei Siena, Volterra und Puteoli aus schwefelhaltigem Gestein gewonnen, worüber Birincuccio[4]) und nach seinem Vorbild auch Agricola[5]) genauere Beschreibung mit Abbildungen gibt. Man erhitzte das Material in tönernen Gefäßen mit Helm und Schnabel, worauf der Schwefel in eine Vorlage überdestillierte, um dann in verschiedene Formen gegossen zu werden; man bildete daraus Röhren und Stangen oder stellte auch bereits Schwefelhölzchen her. Die Schwefelgewinnung aus Kiesen[6]) ist neueren Datums, was auch daraus hervorgeht, daß sie Agricola nicht erwähnt. Der Erfinder dieses Verfahrens soll Christoph Sander in Rammelsberg (1570) gewesen sein. Man verfuhr so, daß zunächst eine hölzerne Basis errichtet wurde, auf der man dann eine meilerartige Pyramide aus dem Erz aufbaute, die angezündet wurde. Oben wurden Löcher hineingestoßen, in denen sich der Schwefel ansammelte, so daß er ausgeschöpft werden konnte. Eine weitere Reinigung erfolgte dann

[1]) Simonsfeld, Fondaco dei Tedesci II, S. 104, 197.
[2]) Dietz, Frankfurter Handelsgeschichte II, S. 342.
[3]) De metallicis rebus I.   [4]) Pirotechnia II.   [5]) De re metallica XII.
[6]) Löhneyss, Bergwerk; Wrany, Chemie in Böhmen, S. 135.

noch durch Umschmelzen und Destillieren aus eisernen Töpfen mit tönernen Vorlagen. Dieses Verfahren wurde auch in Böhmen von den Alaun- und Vitriolwerken ausgeübt; zur Zeit Ferdinands I. bestanden dort bereits zahlreiche derartige Anlagen (siehe S. 85, 87).

3. Die anorganisch-chemischen Gewerbe bis zum Beginn des 17. Jahrhunderts.

Wann zum ersten Male Schwefelsäure[1] und überhaupt Mineralsäuren dargestellt wurden, liegt in völligem Dunkel begraben; ziemlich sicher erscheint nur nach den Untersuchungen von Lippmann[2]), daß dies nicht vor Ende des 13. Jahrhunderts der Fall gewesen sein kann. Spätbyzantinische Schriften sprechen zuerst von Salpeter- und Schwefelsäure — ὄξος ϑεῖον, aus Schwefel bereitet —, wobei die Verwendung von auf italienischen Ursprung deutenden Bezeichnungen für Destilliergerätschaften die Vermutung nahelegt, daß man die Säuren zuerst in Italien, und zwar gegen 1300 bereitete; immerhin hat man das Entweichen saurer Dämpfe beim Erhitzen von Vitriol oder Alaun schon früher beobachtet (vgl. S. 38). Wohl die erste Erwähnung der Darstellung des Vitriolöls durch Erhitzen von Alaun findet sich in den dem Geber zugeschriebenen, untergeschobenen Schriften des 14. Jahrhunderts. Die echten Schriften des Albertus Magnus nennen die Schwefelsäure nicht, sondern erst die späteren Fälschungen sprechen vom „spiritus vitrioli romani“. Im übrigen ist in der späteren Alchemistenzeit das „Vitriolöl“, zumeist aus calciniertem Eisenvitriol bereitet, ein wichtiges Laboratoriumspräparat gewesen, wenn auch die gewerbliche Darstellung — schon mangels Verwendbarkeit — erst Jahrhunderte später in Aufnahme kam. Es dürfte ein Irrtum sein, wenn Lunge[3]) angibt, daß schon 1526 in Böhmen Vitriolölwerke bestanden hätten, denn weder Birincuccio noch Agricola, Matthesius, Ercker oder Löhneyss, die doch alle Zweige der Technologie behandeln, erwähnen solche Betriebe. Die Oleumdarstellung im kleinen beschreibt Paracelsus[4]) und auch Cordus[5]), Gessner[6]), Cardanus[7]), Dorn[8]),

---

[1]) Vgl. auch Lunge, Sodaindustrie, 3. Aufl., I, S. 4.

[2]) Alchemie, S. 115, 487.

[3]) Sodaindustrie, 3. Aufl., I, S. 871, steht „Schwefelwerke“, in der 4. Aufl. irrtümlich „Schwefelsäurewerke“. Quelle ist Egid V. Jahn in Wagners Jahresber. 1873, S. 220, der die Anschauung vertritt, daß eine Oleumindustrie schon im 16. Jahrh. in Böhmen bestanden und sich von da nach Sachsen und dem Harz verbreitet habe. Als Beweis führt er lediglich eine Nachricht von 1562 über die Verarbeitung der Schliche von Kuttenberg an, wobei angeblich H_2SO_4 verwendet worden sei. Wrany, der beste Kenner der böhmischen Industrie, nennt Oleumwerke erst aus dem 18. Jahrhundert.

[4]) Proceß und Arth spiritus vitrioli.   [5]) De artificiosis extractionibus.

[6]) De secretis remediis.   [7]) De subtilitate.   [8]) Clavis totius philosophiae.

PORTA[1]) und DARIOT[2]) geben genauere Vorschriften für die Darstellung aus römischem oder ungarischem Vitriol. GESSNER sagt: „A chymistis pariter et medicis expetitur et tanquam res secretissima occultatur", ferner CAESALPINUS[3]): „Hodie per destillationem extrahunt liquorem acerrimum". Nach WRANY[4]) führt das Prager Apothekeninventar von 1585 auch Oleum auf, doch darf auch hieraus wohl nur auf eine gelegentliche laboratoriumsmäßige Darstellung im kleinen geschlossen werden, während sich die eigentliche Fabrikation als Nebenbetrieb der Vitriolwerke erst im 18. Jahrhundert entwickelte, nachdem sich durch die Sulfurierung des Indigos und die Textilbleiche eine gewerbliche Absatzmöglichkeit für die Säure ergeben hatte.

Die Darstellung der Säure durch Verbrennen von Schwefel ist ebenso alt wie die des Oleums. Pseudo-BASILIUS VALENTINUS[5]) gibt Vorschriften für beide Arten und verwendet auch einen Zusatz von Salpeter zum Schwefel. CAESALPINUS spricht von „oleum sulfuris iisdem viribus cum oleo chalcanthi", und 1595 stellte auch LIBAVIUS[6]) die Identität der auf beiden Wegen gewonnenen Säure fest. Seit ANGELUS SALA (1613)[7]) erfolgte auch die präparative Darstellung aus Schwefel „per capannam" in den Apotheken. Die Prager Medikamententaxe von 1659 führt zum ersten Male diese Art der Schwefelsäure auf, welche eine gewisse medizinische Verwendung fand.

Ganz wesentlich jünger ist die Darstellung der Salzsäure, deren erstes Auftreten allerdings auch unbekannt ist. Die Säure wird von LIBAVIUS 1595[8]) und von Pseudo-BASIL[9]) erwähnt, dessen Schriften Anfang des 17. Jahrhunderts erschienen sind, aber wohl zum Teil auf ältere Quellen zurückgehen. Eine ausführliche Beschreibung der Darstellung aus Kochsalz und Vitriol gibt dann erst GLAUBER[10]) der zugleich eine lebhafte Propaganda für die Anwendung der Säure entfaltet; sogar zum Würzen der Speisen an Stelle von Essig soll sie verwendet werden. Immerhin hat ein nennenswerter Verbrauch und eine Darstellung in gewerblichem Maßstabe noch lange auf sich warten lassen und ist erst Ende des 18. Jahrhunderts mit dem Beginn der Sodaindustrie in Erscheinung getreten.

Wesentlich älter ist dagegen die Bereitung der Salpetersäure und des Königswassers, das als Goldlösemittel schon früh das In-

---

[1]) De Distillatione VII.   [2]) Artzneykunst.   [3]) De metallicis rebus I.
[4]) Chemie in Böhmen, S. 69.
[5]) Für Oleum in: Offenbahrung verborgener Handgriffe II; für Schwefelsäure in: Triumphwagen Antimonii.
[6]) Alchimia; De judicio aquarum mineralium, S. 36.
[7]) Dissertatio de natura, proprietate et usu spiritus vitrioli.
[8]) Alchimia.   [9]) Triumphwagen Antimonii.   [10]) Furni novi.

teresse der Alchemisten erweckte. Die Darstellung beider Säuren, des „$\vartheta\varepsilon\tilde{\iota}o\nu\ \tilde{v}\delta\omega\varrho$" oder „$\tilde{v}\delta\omega\varrho\ l\sigma\chi\nu\varrho\grave{o}\nu$" wird bereits in den vorgenannten byzantinischen Schriften sowie auch von Pseudo-Geber beschrieben. Eine der ältesten deutschen Vorschriften gibt nach Peters[1]) das Buch der „Dryvaldigkeit", eine etwa 1414/18 verfaßte Pergamenthandschrift, die auch das Vitriolöl nennt. Die Salpetersäurebereitung erfolgte durch Destillation von Alaun oder Vitriol mit Salpeter, beziehungsweise mit Salpeter und Salmiak. Salpetersäure ist die einzige Mineralsäure, die schon frühzeitig gewerbliches Erzeugnis gewesen ist. Bereits im 15. Jahrhundert wurde sie zum Zwecke der Goldscheidung in großem Umfange in Venedig[2]) dargestellt, und zwar soll die Fabrikation durch Deutsche eingeführt worden sein; vorzugsweise soll sie zur Scheidung spanisch-amerikanischen Edelmetalles gedient haben. Ende des 15. oder Anfang des 16. Jahrhunderts wurde die Herstellung durch le Cointe auch in Frankreich aufgenommen; das Gildenbuch der französischen Destillateure von 1637 nennt auch die Bereitung der Säure. Die Fabrikation erfolgte also zum Teil in den Apotheken oder kleinen Gewerbebetrieben — den selbständigen Wasserbrennereien, die auch die Bereitung der alkoholischen Getränke und der Parfümerien ausübten —, teilweise wohl auch im Nebenbetrieb metallurgischer Unternehmungen. Birincuccio[3]), Agricola[4]), Ercker[5]) u. a. geben eine eingehende Beschreibung dieser Darstellungsweise. Der Salpeter wurde mit Alaun oder Vitriol, auch mit einem Gemisch der beiden, bisweilen noch mit einem weiteren Zusatz von Sand oder Ziegelmehl vermengt; in den französischen Destillationen wurde später ausschließlich Ton oder Bolus verwendet, der schon von Pseudo-Lullus und Pseudo-Basil empfohlen wurde. Dieses Gemenge wurde dann in kleinen Tonkolben erhitzt, welche in einen Ofen eingesetzt waren. Die Säuredämpfe entwichen durch den gut verlutierten Helm mit Schnauze und kondensierten sich in tönernen Vorlagen. Übrigens war damals auch schon die Bereitung der rauchenden Säure bekannt, was daraus hervorgeht, daß Agricola bei einigen Ansätzen die Verwendung von Arsenik vorschreibt.

Während die Salpetersäureherstellung, mit das älteste selbständige chemische Gewerbe, bis in die Neuzeit hinein als handwerksmäßiger Kleinbetrieb ausgeführt wurde, haben diejenigen chemischen Gewerbe, die mehr den Charakter von Bergbau- oder Hüttenunternehmungen tragen, schon eher einen bemerkenswerten Umfang erreicht. Die

---

[1]) Aus pharmazeutischer Vorzeit.

[2]) Becher, Närrische Weisheit I, 31; Beckmann, Beyträge zur Geschichte V, 4, S. 582.

[3]) Pirotechnia IV.   [4]) De re metallica X.

[5]) Ertz und Bergkwercksarten II.

Fabrikation des Alauns, des Eisen- und Kupfervitriols sind wohl die einzigen Gewerbearten, die schon im 15. und 16. Jahrhundert größere Unternehmungen aufweisen; auch die Salzgewinnungsanlagen, oft in Form von Gewerkschaften betrieben, sind von Bedeutung, während Pottasche- und Salpeterfabrikation zunächst nur in ganz kleinem, handwerksmäßigem Maßstabe betrieben wird.

Die Gewinnung des Salzes durch Verdunsten von Meerwasser in Salzgärten ist schon im Altertum bekannt gewesen. Diese Art der Darstellung hat sich beispielsweise an der französischen Küste bis in die Gegenwart erhalten. Aus dem 16. Jahrhundert haben wir eine genaue Beschreibung einer solchen Meersaline bei PALISSY[1]), der eine Zeitlang in den Salzplantagen der Inseln der Saintonge am Golf von Biscaya tätig gewesen ist. Nebenbei erwähnt er auch das Vorkommen der Sodapflanzen, durch deren Veraschen Rohsoda gewonnen wurde.

In Mitteleuropa haben wahrscheinlich schon die Kelten im Salzkammergut Steinsalz bergmännisch gewonnen. Im übrigen gehört diese Art der Salzgewinnung zu den Ausnahmen, und nur das Salzbergwerk von Wieliczka bei Krakau hat seit dem 13. Jahrhundert größere Berühmtheit erlangt. In Deutschland hat man sich lange auschließlich auf Siedesalzgewinnung[2]) beschränkt, und zwar haben schon im alten Germanien die Solquellen Anlaß zu heftigen Kämpfen gegeben. Nach TACITUS, der zuerst darüber berichtet, wurde die Sole auf brennende Buchenholzscheite gegossen, wodurch ein naturgemäß stark verunreinigtes Kochsalz erhalten wurde. Die Salzgewinnung in industriellem Umfange hat bereits im frühen Mittelalter begonnen; man darf sie wohl als ältesten Zweig der chemischen Gewerbe ansehen. Die norddeutschen Salinen bei Lüneburg, Celle, Einbeck und Lauenstein sind seit dem 10. Jahrhundert im Betrieb, und ebenso werden die Salzwerke von Allendorf bereits 973 genannt. Die Saline von Halle, die 946 zuerst erwähnt wird, geht wahrscheinlich auf wendischen Ursprung zurück. Im 16./17. Jahrhundert werden ferner noch Staßfurt, Salzkotten (Paderborn), Frankenhausen (Schwarzburg) und Schwäbisch Hall als besonders reichhaltig genannt. Eigentümer der Solbrunnen sind zunächst meist die Landesherren, dann Belehnte irgendwelcher Art gewesen. Im wesentlichen hiervon getrennt war der Siedebetrieb, der in rein handwerksmäßiger Form von den Pächtern — später auch Anteilseignern der Sole, den sogenannten Pfännern — ausgeübt wurde. Im übrigen waren diese bei

---

[1]) Discours admirables VI; vgl. auch BIRINCUCCIO, Pirotechnia II, und AGRICOLA, De re metallica XII.

[2]) Vgl. AGRICOLA, De re metallica XII; LÖHNEYSS, Bergwerck; POPPE, Geschichte der Technologie III. S. 125; ferner auch INAMA-STERNEGG, Wirtschaftsgeschichte, und SCHMOLLER, Volkswirtschaftslehre.

getrenntem Einzelbetrieb kartellartig zu Korporationen, den Pfännerschaften, zusammengeschlossen.

Über die technischen Einzelheiten des Betriebes werden wir durch Agricola unterrichtet, der offenbar die Anlagen von Halle seiner Schilderung zugrunde gelegt hat. Das Eindampfen der Sole erfolgt in großen, flachen, rechteckigen Pfannen, die aus Eisen- oder Bleiplatten zusammengenietet sind. Jede Pfanne ruht auf einem Herd, und zwar sind auf ihrem Boden, um ein Durchbiegen zu verhindern, Schlaufen angebracht, in welche eiserne Haken eingreifen, die ihrerseits an darüber befindlichen hölzernen Querbalken befestigt sind. Während des Siedens wird Blut zugesetzt, das durch Koagulation die suspendierten oder kolloidal gelösten Verunreinigungen in Form eines Schaumes zur Abscheidung bringt, der mit Schöpflöffeln beseitigt wird. Das bei weiterem Einkochen aussoggende Salz wird in kegelförmige Körbe geschöpft, worauf man es abtropfen läßt und trocknet. Agricola erwähnt weiter, daß auch aus aufgelöstem Steinsalz Siedesalz hergestellt wird, daß bisweilen die natürliche Wärme der Sole zum Eindunsten benutzt wird, daß man statt der Pfannen auch in eisernen Töpfen einkocht, und daß ferner selbst noch die alte Methode des Ausgießens auf brennende Scheite — jedoch nicht mehr in Deutschland — angewandt werde.

Das geschilderte Verfahren der Siedesalzgewinnung ist jedenfalls jahrhundertelang fast unverändert ausgeübt worden. Als wesentliche Neuerung kam noch im 16. Jahrhundert die Reinigung und Vorkonzentration der Sole hinzu durch sogenanntes Gradieren, durch Herabrieseln über Stroh oder später über Dorngestrüpp. Nach Beckmann[1]) soll das erste Gradierhaus 1599 durch Mathäus Meth in Kötschau bei Merseburg errichtet worden sein, doch gibt Poppe an, daß schon 1579 in Nauheim ein Gradierwerk mit Stroh bestanden habe, und daß 1726 die Dorngradierung eingeführt worden sei. Diese und sonstige Verbesserungen des Pump- und Siedebetriebes brachten auch vielfach eine Änderung der Unternehmungsform mit sich. Da die alten Kleinunternehmer und Korporationen sich als Träger des Fortschrittes ungeeignet erwiesen hatten, vollzog sich seit dem 16. Jahrhundert vielfach der Übergang der Salinen zum staatlichen Betrieb, wie auch der Salzvertrieb auf dem Wege des Monopols oder hoher Besteuerung zu einer wichtigen staatlichen Einnahmequelle wurde.

Für den Bedarf an Soda war man bis zum Ende des 18. Jahrhunderts teils auf die natürlichen Vorkommen, teils auf Pflanzenasche angewiesen. Die Sodaseen von Ägypten, welche $^4/_3$-Natriumcarbonat enthalten, sind schon früher erwähnt worden. Ebenso sind

---

[1]) Technologie, S. 297.

die sodahaltigen Bodenauswitterungeu der ungarischen Tiefebene zwischen Donau und Theiss bereits im Altertum bekannt gewesen, und auch in Indien wurden solche Vorkommnisse seit alters zur Sodagewinnung für Waschzwecke ausgebeutet.

Die Gewinnung der alkalihaltigen Pflanzenasche aus den von den Arabern an die spanische Küste verpflanzten Salsola- und Salicornia-Arten ist bereits geschildert worden. Die spanische Soda hat schon früh einen wichtigen Handelsartikel gebildet. So erwähnt Birincuccio[1]), daß das Sal alcali der Seifen- und Glasmacher durch Verbrennen des Krautes Chali, Cala oder Soda in Spanien und Südfrankreich gewonnen werde, und Caesalpinus[2]) gibt an, daß das Material in Form großer grauer oder schwarzer Stücke in den Handel komme. · Garzoni[3]) nennt als Herkunftsort der besten Seifensiederasche Beirut, ferner Tripolis und Alicante, während die von Alexandrien nur zum Klären des Wassers zu gebrauchen sei. Die frühzeitig entwickelte französische Seifenindustrie von Marseille steht in engem Zusammenhang mit der südfranzösischen Sodagewinnung. Daß auch an der atlantischen Küste Sodakräuter vorkamen, ist schon oben gesagt worden. Übrigens war die französische Soda der spanischen gegenüber minderwertig; erstere erreichte nach Muspratt[4]) höchstens einen Gehalt von 14—15%, letztere von 20% Na_2CO_3.

Die chemische Verschiedenheit von Soda und Pottasche[5]) ist eindeutig erst im 18. Jahrhundert festgelegt worden, während auf der anderen Seite Pottasche verschiedener Herkunft (durch Verkohlen von Weinstein, Reben, Verbrennen von Holz, Verpuffen von Salpeter mit Kohle) für verschiedene Substanzen gehalten wurde. Für besondere Zwecke bediente man sich des reinen, aus Weinstein gewonnenen Carbonats, während Artikel des Großhandels nur die gewöhnliche, durch Auslaugen von Holzasche hergestellte Pottasche gewesen ist. Die Gewinnung, die von Agricola beschrieben wird, war ziemlich einfach und wurde ähnlich wie die Köhlerei, Ruß- und Pechbereitung lediglich in handwerksmäßigem Umfange ausgeführt. Die Asche wurde in Bottichen mit Wasser ausgelaugt, die Lauge geklärt und in Eisen- oder Bleipfannen zur Trockne eingedampft. Eine weitere Reinigung ist bei Agricola noch nicht angegeben

Die Hauptlieferanten der Pottasche sind waldreiche Länder Nordosteuropas gewesen, so Nordostdeutschland, Skandinavien und namentlich Polen und Litauen. Das Hauptabsatzgebiet war die flandrische Tuchindustrie, und zwar bestand schon 1360 bei Brügge ein

---

[1]) Pirotechnia II.   [2]) De metallicis rebus I.
[3]) Piazza universale; vgl. auch Neri, L'arte vetraria.
[4]) Chemie, 1. Aufl., III, S. 1414.
[5]) Agricola, De re metallica XII; Lippmann, Abhandlungen II, S. 318.

deutsches Lagerhaus für Asche, die ein wichtiger Handelsartikel der Hansa gewesen ist. Umschlagplätze waren zunächst Hamburg und Lübeck und vom Ende des 14. Jahrhunderts ab namentlich Danzig, das bis nach Schottland Asche versandte. Jedenfalls handelte es sich damals nicht mehr um rohe Holzasche, sondern um eigentliche Pottasche, die zum Teil wohl erst in Danzig hergestellt wurde; im 15. Jahrhundert hat die Stadt jährlich 6000—7000 Faß Pottasche und 24000 bis 26 000 Faß Waidasche versandt, worunter offenbar rohe Holzasche zu verstehen ist. Das wichtigste Absatzgebiet ist zunächst noch Flandern und dann, vom 16. Jahrhundert ab, auch das kommerziell mächtig emporstrebende Holland; die Bedeutung von Brügge als Handelsplatz geht überhaupt damals allmählich zurück, und neben Antwerpen tritt Amsterdam an die Spitze. Die beste Qualität der Pottasche wird von den Seifensiedern bezogen, und zwar haben 16 bis 18 Amsterdamer Unternehmungen allein 2000 Last (24 000 Faß) verbraucht. An die Färbereien ging eine etwas geringere Sorte, von der in Utrecht und Geldern etwa 800—1000 Last konsumiert wurden.

Die gewerbliche Gewinnung von Salpeter[1]) in Mitteleuropa ist jedenfalls von jüngerem Datum als die des Schießpulvers. Die Bekanntschaft mit beiden Stoffen ist wahrscheinlich durch Marcus Graecus (um 1250) vermittelt worden, aus dem offenbar Roger Baco und Albertus Magnus — falls dessen hierauf bezügliche Schrift nicht untergeschoben ist — geschöpft haben. Baco gibt ein Rezept zur Bereitung von Schießpulver in einem 1265 an den Erzbischof von Paris gerichteten Schreiben (Epistola de secretis operibus), und zwar in Form eines Anagramms versteckt, was wohl mit Rücksicht auf die gegen ihn erhobene Beschuldigung der Zauberei geschah. Ungefähr zu gleicher Zeit, 1258, sind auch schon Brandraketen nach byzantinischem Vorbild von der Stadt Köln verwendet worden. Was den sagenhaften Berthold Schwarz anbetrifft, so ist dieser nach neueren Forschungen — namentlich von Hansjakob — wenn auch nicht als Erfinder des Schießpulvers, so doch als Konstrukteur der ersten Büchse (Kanone) anzusehen. Tatsächlich hat ein solcher Mönch

---

[1]) Von Agricola als „sal niter" bezeichnet. Unter der Bezeichnung „nitrum" versteht er nach antikem Muster zunächst natürliche Soda und gibt deren angebliche Darstellung aus Nilwasser (nach Plinius) wieder. In zweiter Linie wird auch Borax unter „nitrum" verstanden, wobei die in Venedig als Geheimverfahren betriebene Reinigung wohl zu der etwas phantastischen Schilderung den Anlaß gegeben hat. Über Salpeter und Schießpulver vgl. Birincuccio, Pirotechnia X; Agricola, De re metallica XII; Matthesius, Sarepta; Caesalpinus, De rebus metallicis I; Ercker, Ertz und Bergkwercksarten V; Löhneyss, Bergwerck; Simon, Salpeter; Beckmann, Beyträge zur Geschichte V, 4, S. 511; Beyträge zur Ökonomie III, S. 410; Poppe, Geschichte d. Technologie II, S. 556; Romocki, Sprengstoffe; Wrany, Chemie in Böhmen S. 129; Lippmann, Abhandlungen I, S. 125; Diels, Antike Technik V; Feldhaus, Technik der Vorzeit, S. 894, 911.

BERTHOLD (KONSTANTIN ANKLITZER) in Freiburg gelebt, und auch eine Genter Chronik bestätigt, daß 1313 ein Mönch, BERTHOLDUS NIGER, die erste Büchse erfunden habe. Immerhin mag diese Jahreszahl etwas früher anzusetzen sein, denn schon Ende des 13. Jahrhunderts ist das Schießen aus Büchsen in Freiburg wohlbekannt gewesen. Von dort breitete sich die Büchsenmacherei über ganz Deutschland aus, und schon bald nach 1300 sind deutsche Büchsenmacher überall in Europa zu finden. Auch im „Orlando Furioso" des ARIOST und in anderen, zeitgenössischen Schriften wird ausdrücklich die Kanone als deutsche Erfindung bezeichnet. Daß frühzeitig neben Kanonen auch Handfeuerwaffen verwendet wurden, geht aus einer Nachricht über die Teilnahme deutscher Ritter an der Belagerung von Cividale im Jahre 1331 hervor; hier wird deutlich zwischen „sclopus" (schioppo, Flinte) und „vasa" unterschieden. Die erste größere Kampfhandlung, in der Geschütze Verwendung fanden, soll die Schlacht von Crécy 1346 gewesen sein; die Richtigkeit dieser Überlieferung wird allerdings von LIPPMANN bestritten. Jedenfalls verbreitete sich im Laufe des 14. Jahrhunderts die Fabrikation von Pulver und Feuerwaffen über die meisten Länder Europas, da begreiflicherweise die Eigenherstellung dieser Erzeugnisse dringend im Interesse jedes einzelnen Territorialherrn lag; mit die erste Pulverfabrik wurde 1340 in Augsburg eröffnet, 1344 folgte Liegnitz und 1348 Spandau.

Der Salpeter wurde zunächst nur durch Einfuhr bezogen, und zwar durch Vermittlung Venedigs, das seine Bezugsquellen in tiefstes Geheimnis hüllte; infolge eines Ausfuhrzolls bedeutete der Artikel eine nicht unwesentliche Einnahmequelle für den venezianischen Staat. Noch 1349 hält CONRAD VON MEGENBERG den Salpeter für eine Art Spat, woraus hervorgeht, daß er damals wohl noch nicht in Deutschland gewonnen wurde. Ende des 14. Jahrhunderts dürfte die einheimische Gewinnung begonnen haben, denn eine Handschrift von 1411 gibt bereits Abbildung und Beschreibung des Fabrikationsverfahrens. Ebenso wie beim Pulver beobachten wir auch hier, daß alle die Fürsten und Städte sich um die Einführung der Salpetererzeugung auf ihrem Territorium bemühen. In der Regel erhielten die sog. „Salpetersucher" ein Privileg für die Ausübung ihres Gewerbes gegen die Verpflichtung zur Ablieferung des gewonnenen Materials zu festem Preise. Einen solchen Vertrag hatte 1419 der Erzbischof GÜNTHER von Magdeburg abgeschlossen, 1477 der Frankfurter Rat[1]), 1583 der Kurfürst JOHANN GEORG von Brandenburg. Im 16. Jahrhundert bestanden allein in Thüringen 9 Salpetersiedereien, und bei Prag waren beide Moldauufer mit „Salniterbänken" bedeckt. 1544 wurde eine

---

[1]) BÜCHER, Die Berufe der Stadt Frankfurt a. M. im Mittelalter, Leipzig 1914, S. 102.

Konzession zur Salpetergewinnung aus den Müllhaufen vor den Toren von Halle erteilt.

Die angewandten Verfahren sind bei Birincuccio, Agricola u. a., am eingehendsten bei Ercker abgehandelt. Als Ausgangsmaterial diente den Salpetersuchern Erde, die von Abfällen tierischer und pflanzlicher Herkunft durchsetzt ist, Müllhaufen, Erde von Friedhöfen, aus Ställen, Kellern, Latrinen, Brauereien, Färbehäusern, Gerbereien, Seifensiedereien, Mauerschutt u. dgl., worin die Salpeterbildung vor sich zu gehen pflegt. Die Frage, wann man zuerst künstlich die sog. Salpeterplantagen angelegt hat, läßt sich nicht genau beantworten. Von der Absuchung eines an sich vorhandenen Müllhaufens nach Salpeter zu der besonderen systematischen Anlegung solcher Komposthaufen zum alleinigen Zweck der Salpetergewinnung ist kein besonders weiter Schritt. Wohl die älteste Vorschrift zur Anlage für solche Salpeterplantagen findet sich in Glaubers Schriften[1]), worin er dieses Verfahren gewissermaßen als eigenes Geistesprodukt empfiehlt. Immerhin kann wohl nicht daran gezweifelt werden, daß das bewußte Herbeiführen der Salpeterbildung schon im 16. Jahrhundert ausgeübt worden ist, da beispielsweise schon 1533 Ferdinand I. einem Bürger von Tabor die Anlegung von „Salniterbänken" gestattete.

Zum Auslaugen der Erde wurden Bütten benutzt, auf deren durchlochtem Boden sich eine Lage Schilf oder Stroh und darüber wieder ein durchlochtes Brett befand. Hierauf wurde Salpetererde, gemischt mit alter Gerber- oder Seifensiederasche, geschüttet, welche mit einer geflochtenen Hürde bedeckt wurde. Die höchstens 3—4 Pfund Salpeter im Zentner enthaltende Erde wurde jetzt durch wiederholtes Auslaugen erschöpft und die Lauge ebenso durch öfteres Aufgeben angereichert. Diese Lauge wurde dann in einem kupfernen Kessel bis zu einem Gehalt von 25 Pfund eingedampft und „gebrochen", d. h. in einer den erstbeschriebenen ähnlichen Bütte durch Holzasche hindurchfiltriert, wobei die Umwandlung des Kalksalpeters in Kalisalpeter eintrat. Dann wurde weiter konzentriert unter Abschäumen und Ausschöpfen ausgesoggten Kochsalzes, bis bei etwa 70 Pfund Salpetergehalt ein Tropfen der Lösung erstarrte. (Agricola schreibt für die Reinigung Verwendung von Aschenlauge und Alaun vor.) Man ließ hierauf absitzen und in tiefen Trögen oder kupfernen Schalen krystallisieren. In der Regel mußte der so erhaltene Salpeter noch raffiniert werden, was durch Waschen geschah oder besser durch fraktioniertes Auflösen zur Trennung von Kochsalz und wiederholtes Umkrystallisieren nach vorherigem Abschäumen unter Zusatz von Essig oder Kalk. Auch raffinierte man nach Agricola durch Schmelzen in kupfernen Gefäßen unter Zusatz von etwas Schwefel. Die aus-

---

[1]) Des Teutschlands Wolfahrt.

gelaugte Salpetererde konnte nach mehreren Jahren wieder erneut verwendet werden.

Die Alaun-[1]) und Vitriolerzeugung ist eher der Bergbau- und Hüttenindustrie als den eigentlichen chemischen Gewerben zuzurechnen. Die Fabrikation der genannten Substanzen bildet eine eng zusammengehörige Gruppe, wie man auch lange den Eisenvitriol vom Alaun einerseits und Kupfervitriol andererseits nicht scharf unterschieden hat. Unter „vitriolus romanus" wird z. B. häufig Alaun verstanden (später kupferhaltiger Eisenvitriol); selbst AGRICOLA spricht nur von Alaun und „atramentum sutorium", „Kupfferwasser", worunter er bald Kupfer-, bald Eisenvitriol versteht und nur bisweilen „viride" bei letzterem hinzusetzt. PALISSY[2]) und BIRINCUCCIO[3]) dagegen machen schon einen schärferen Unterschied zwischen beiden Vitriolen und bezeichnen das Kupfersulfat als „copperose" oder „cuperosa".

Die Alaungewinnung im Orient ist wohl ununterbrochen seit dem Altertume betrieben worden, und von dort her bezogener Alaun hat noch lange nach Anlegung der europäischen Betriebe bis ins 16. Jahrhundert hinein selbst im deutschen Handel eine Rolle gespielt. Namentlich für die italienischen Handelsstädte seit der Zeit der Kreuzzüge war der Alaun ein wichtiges Produkt, wie beispielsweise die Genuesen 1177 solchen ägyptischer Herkunft von den Brüdern SALADINS eintauschten. Von besonderer Bedeutung wurde für Genua, daß 1275 der Kaiser MICHAEL PALÄOLOGUS dem Bürger MANUELE ZACCARIA die Ausbeutung der Gruben von Phocaea (heute Fodscha bei Smyrna) übertrug, die lange Zeit neben den pontischen Vorkommnissen die bedeutendsten Alaunlieferanten gewesen sind. Phocaea oder Foglia ist daher ein ständiges Streitobjekt zwischen Genuesen und Venetianern einerseits sowie zwischen Genuesen und den griechischen Kaisern andererseits gewesen. Nach wiederholtem Wechsel der Herrschaft war die Stadt seit 1345 wieder in dem Besitz einer genuesischen Handelsgesellschaft, der sog. Maonesen, die mit mehreren Unterbrechungen bis zur türkischen Eroberung im Jahre 1455 ihre Herrschaft aufrechterhielten.

Auch das übrige Kleinasien, die Gegend am Pontus und bei Kutahia, ferner Syrien, Thrazien (bei Konstantinopel), Ägypten und Jemen haben viel Alaun geliefert. Man unterschied im Handel eine ganze Reihe von Sorten, als deren beste „alume di Rocca" galt, was

---

[1]) Über Alaun vgl. DUKAS, Historia Byzantina XXV; BIRINCUCCIO, Pirotechnia II; AGRICOLA, De re metallica XII; CAESALPINUS, De metallicis rebus I; LÖHNEYSS, Bergwerck; BECKMANN, Beyträge zur Geschichte II, 2, S. 92; MUSPRATT, Chemie, 1. Aufl., I, S. 301; HEYD, Levantehandel II, S. 550; WRANY, Chemie in Böhmen, S. 135.

[2]) Discours admirables VI.   [3]) Pirotechnia II.

wohl mit „Steinalaun" zu übersetzen ist. Ferner wurde gehandelt „alume minuto", dann Federalaun aus Ägypten u. a. m. Man schätzt, daß das Abendland jährlich etwa 100 000 Goldgulden für Alaun an den Orient entrichtete. Allein Phocaea hatte eine Produktion von 14 000 Zentnern, die von Schiffen aller seefahrenden Nationen abgeholt wurden.

Was die ersten Alaunwerke auf europäischem Boden anbetrifft, so berichtet die Überlieferung, daß der Genuese BARTHOLO PERDIX auf Grund seiner in Rocca (Edessa) erworbenen Kenntnisse Mitte des 15. Jahrhunderts (nach anderen Angaben bereits 1192) die erste derartige Anlage auf Ischia errichtet habe. Diese Überlieferung könnte jedenfalls nur in bezug auf die frühere Jahreszahl den Tatsachen entsprechen; vielleicht hat man aber dabei unberechtigterweise die Bezeichnung „alume di rocca" mit der Stadt in Zusammenhang gebracht. Wenn wir aus antiken Schriftstellern (STRABO) wissen, daß damals Alaun auf den Liparischen Inseln gewonnen wurde, und auf der anderen Seite BIRINCUCCIO noch den gleichen Gewinnungsort angibt, so liegt doch jedenfalls die Vermutung nicht ferne, daß die Tradition der Alaunerzeugung in Italien nie unterbrochen war. Sicher ist ferner, daß bereits 1227 Alaun vom Monte Argentaro im genuesischen Handel war, und ebenso werden Ischia, Vellano und Agnano (bei Neapel) im 13. Jahrhundert als Alaunlieferanten genannt. In das 16. Jahrhundert fällt die Begründung der wichtigen Werke von Volterra bei Pisa (1558) und Tolfa im Kirchenstaat (um 1462). Der Begründer des letzteren war nach der Tradition GIOVANNI DE CASTRO, ein aus Konstantinopel vertriebener Kaufmann, der durch die angeblich auf alaunhaltigem Boden vorkommenden Stechpalmen zu der Entdeckung veranlaßt wurde. Vom Papste PIUS II. wurde die Entdeckung als Sieg über die Türken begrüßt und der Erlös für die Türkenkriege bestimmt; unter Androhung des Bannes wurde der Weiterbezug von Alaun aus dem türkischen Reich verboten. Lange Zeit hat dieses Erzeugnis, der römische Alaun, eine wichtige Rolle im europäischen Drogenhandel gespielt, wenn auch infolge der hohen Preise der päpstlichen Verwaltung man bald überall zur Anlage eigener Werke überging.

In Spanien — auf Mallorca —, in Marokko und Algier wurde schon im 14. Jahrhundert Alaun gewonnen. In Böhmen entstand das erste Werk 1407, während eine Erzeugung größeren Umfangs erst Mitte des 16. Jahrhunderts einsetzte. Das bedeutendste Unternehmen war damals das Alaunwerk von Tschachwitz, welches das Urinmonopol in den böhmischen Städten besaß. Daneben bestand noch eine ganze Reihe anderer Werke, die außer Alaun auch Vitriol und teilweise Schwefel herstellten, und von denen einige die Fährnisse des dreißigjährigen Krieges überdauert haben. Von deutschen Werken wird von

AGRICOLA Duben (Düben?) bei Leipzig, Dippoldiswalde und Loben-
stein an der Saale (Reuß) genannt, von MATTHESIUS[1]) Anlagen im
Kreis Ellenbogen. Weiter entstanden in der zweiten Hälfte des 16. Jahrhunderts Werke bei Lüneburg, Saalfeld, Plauen, Niederlangenau bei
Glatz und 1554 (1534?) die öfters genannte Anlage von Oberkaufungen
in Hessen. In England sind erst in der elisabethanischen Periode
Alaunwerke entstanden, von denen das von Gisborough in Yorkshire
das wichtigste war.

Die Gewinnungsverfahren für Alaun sind verschieden, je nachdem
es sich um fertigen Alunit handelt, oder man von einem pyritdurch-
setzten Tonschiefer oder Tonerde ausgeht. Das erste, einfachere Verfahren ist das ältere und gilt im wesentlichen nur für die orientalischen
und italienischen Gewinnungsstätten. Die Beschreibung des Prozesses
findet sich bei dem byzantinischen Historiker DUKAS und bei BIRIN-
CUCCIO, ferner auch bei CAESALPINUS und AGRICOLA, der diesen Teil
seiner Schilderung offenbar von BIRINCUCCIO entlehnt hat. Das Gestein — basisches Aluminiumkaliumsulfat, aus schwefliger Säure und
Lava entstanden — wird in einer Art Kalkofen gebrannt und dann,
in Gruben zu Haufen geschichtet, unter öfterem Besprengen mit Wasser der Verwitterung überlassen. Nach 40 tägiger Einwirkung wird
die Masse in einem Kessel mit kupfernem Boden und einer Wandung
aus gutgedichteten Steinen mit Wasser ausgekocht, wobei Kalialaun
in Lösung geht. Die konzentrierte Lauge läßt man absetzen und in
hölzernen Gefäßen 4—6 Tage krystallisieren. Der so erhaltene „römische
Alaun" weist in der Regel eine rosa Färbung auf und krystallisiert
nicht in Oktaedern, sondern in Würfeln.

Bei der Gewinnung des Alauns aus Alaunerde und Alaunschiefer,
wie sie in Deutschland die Regel war, ist im Gegensatz zu dem vorgenannten Verfahren ein Zusatz von Alkali notwendig. Als solches
diente lange Zeit hindurch gefaulter Urin, dessen gesicherter Bezug
aus den Städten von großer Wichtigkeit für die Werke war. Man
stellte also zunächst Ammoniakalaun her und erst später Kalialaun
durch Zusatz von Seifensiederlauge oder dem bei der Salpetersäurefabrikation hinterbleibenden Kaliumsulfat.

Die Verarbeitung der Alaunerde erfolgte so, daß man das Material
zunächst mehrere Monate in Halden verwittern ließ, wobei sich aus
dem Schwefel des Pyrits und der Tonerde Aluminiumsulfat (neben
Eisenvitriol) bildete. Man laugte dann in großen hölzernen Kästen
erst mit Wasser, dann mit Wasser unter Urinzusatz aus, leitete die
erhaltene Lösung durch Rinnen in rechteckige Bleipfannen und dampfte
ein, wobei sich ein Bodensatz abschied. Schließlich schöpfte man die
konzentrierte Lauge in hölzerne Gefäße, die mit einer Art Gitter aus

---

[1]) Sarepta.

Stäben ausgesetzt waren, an denen der Alaun auskrystallisierte. Das fertige Produkt wurde dann in Wärmestuben getrocknet.

Bei der Alaungewinnung aus Schiefer wurde in ganz ähnlicher Weise verfahren, doch mußte das Material in der Regel — wenn es nicht sehr lockeres Gefüge besaß — zunächst einer Haufenröstung unterworfen werden. Hierbei entwich ein Teil des Pyritschwefels als solcher und konnte, wie weiter oben erwähnt, gewonnen werden, ein Verfahren, das namentlich in Böhmen ausgeübt wurde. Im übrigen wurde auch meist die Gewinnung des Eisenvitriols mit der des Alauns verbunden, wie z. B. in der von Herzog Wilhelm von Bayern bei Bodenmais begründeten Vitriolhütte. Agricola gibt an, daß in diesem Fall der Harnzusatz erst zu der geklärten Lauge erfolgen soll, worauf sich auf dem Grunde Eisenvitriol und darüber Alaun abscheidet. Nach späteren Angaben wird bei Gegenwart von viel Ferrosulfat zunächst dieses durch Krystallisation abgeschieden und dann erst Alaunmehl durch Zusatz von Kaliumsalz, während bei wenig Vitriolgehalt umgekehrt verfahren wird. Der Zusatz von metallischem Eisen beim Eindampfen — wodurch die Hydrolyse des dreiwertigen Sulfats durch Reduktion verhindert und ferner freie Schwefelsäure gebunden wird — wurde schon von Birincuccio empfohlen.

Vielfach wurde auch die Vitriolgewinnung[1]) betrieben, ohne damit die Herstellung des Alauns zu verbinden. Man ging dabei von Eisenkies aus, den man — mit oder ohne vorhergehende Röstung — in gleicher Weise wie oben beschrieben durch Verwitterung in Sulfat verwandelte. Ganz analog verfuhr man bei der Verarbeitung von Kupferkies, wobei man Kupfersulfat und auch gemischten Kupfer-Eisenvitriol erhielt, wie überhaupt ersterer fast nie eisenfrei war. Oft bildeten sich die Vitriole — Eisen- wie Kupfer- oder gemischter Vitriol — auch freiwillig in den Erzgruben (so nach Matthesius bei Goslar in Form von Zapfen an den Grubenleitern), und ferner begünstigte man auch nach Agricola diese Bildungen durch Einlegen von Querhölzern in den Stollen. Löhneyss, der die Goslarer Vitriolgewinnung aus diesen unreinen Sulfaten näher beschreibt, gibt auch die hierfür notwendigen Arbeitskräfte an: benötigt wird außer dem Meister ein Kleinschläger, zwei Pfannenknechte und zwei Wäscher, die im Quartal 1200—1400 Zentner „lauter" Gut zu produzieren vermögen. Der Personalbestand dieser und ähnlicher Hüttenbetriebe war also ziemlich klein, selbst wenn man noch einige weitere Arbeitskräfte für das Abrösten u. dgl. hinzurechnet. In Ungarn, wo die Gewinnung von Zementkupfer aus Grubenwässern schon vor dem 14. Jahrhundert eingeführt

---

[1]) Über Eisen- und Kupfervitriol vgl. Birincuccio, Pirotechnia II; Agricola, De re metallica XII; Matthesius, Sarepta; Caesalpinus, De metallicis rebus I; Löhneyss, Bergwerck; Wrany, Chemie in Böhmen, S. 135.

war, wurden solche Wässer auch auf Vitriol verarbeitet. Das ungarische Kupfersulfat stand im deutschen Chemikalienhandel an erster Stelle, während cyprischer Vitriol nach CAESALPINUS selbst in Italien wenig mehr verwandt wurde. Im übrigen wurde Kupfervitriol oder gemischter Vitriol auch in Italien selbst erzeugt, ferner im 16. Jahrhundert auch im Riesengebirge. Der venezianische Zolltarif[1]) von 1572 erwähnt die Vitrioleinfuhr aus Deutschland, doch dürfte es sich wohl hierbei nur um Ferrosulfat oder ungarischen Vitriol gehandelt haben. Das Hauptverwendungsgebiet für die verschiedenen Sorten Vitriole war die Färberei, und zwar dienten sie zum Schwarzfärben von gerbstoffhaltigem Material. In zweiter Linie kam die Verwendung des Kupfersulfats als Siccativ für Malerfarben und des Eisenvitriols zur Herstellung von Salpetersäure sowie für metallurgische Arbeiten, zum Verzinnen und Vergolden. Endlich fanden die Vitriole auch eine gewisse medizinische Verwendung. Anfang des 17. Jahrhunderts kostete in Frankfurt a. M.[2]) der Zentner böhmischer Alaun 18, niederländischer 7—9, Zink- und Kupfervitriol 15—30 Gulden.

Auch das Zinksulfat[3]) wurde in der Färberei benutzt, ferner in der Weißgerberei und in der Medizin zur Bereitung von Augenwässern. Hergestellt wurde der weiße Vitriol — der als Galizenstein oder Erz, alaun bezeichnet wurde — bereits im 14. Jahrhundert in Kärnten, wo die Gewerkschaft Raibl ein diesbezügliches Privileg von FRIEDRICH DEM SCHÖNEN erhalten hatte. Die wichtigste Bezugsquelle ist seit dem 16. Jahrhundert der Goslarer Rammelsberg gewesen — das Vorkommen des weißen Vitriols wird schon von AGRICOLA[4]) erwähnt —, wo diese Fabrikation durch Herzog JULIUS von Braunschweig-Lüneburg eingerichtet worden sein soll. BECKMANN gibt an, daß zuerst HENNI BALDER im Jahre 1565 Zinkvitriol gesotten habe. Bei der Röstung der dortigen Zink-Kupfer-Bleierze bilden sich Sulfate, von denen das Zinksulfat bei einer Temperatur bestehen bleibt, bei der sich Kupfer- und Eisensulfat bereits zersetzen. Die zusammengesinterte Masse wird ausgelaugt und die erhaltene Lösung in Bleipfannen eingedampft, die Krystalle des Zinkvitriols geschmolzen und die Masse in Scheiben gegossen.

In Venedig hatte sich seit dem Ausgang des Mittelalters im Anschluß an den Seehandel eine Anzahl kleiner chemischer Gewerbe entwickelt, die sich hauptsächlich mit der Reinigung oder Umarbeitung importierter ausländischer Materialien befaßten. Eines dieser Produkte ist der Borax gewesen, der aus Innerasien durch den Orienthandel in rohem Zustande bezogen und in Venedig durch Krystallisa-

---

[1]) SIMONSFELD, Fondaco dei Tedesci II, S. 197.
[2]) DIETZ, Frankfurter Handelsgeschichte II, S. 342.
[3]) LÖHNEYSS, Bergwerck; BECKMANN, Beyträge zur Geschichte III, 3, S. 394.
[4]) De natura fossilium.

tion gereinigt wurde. Das angewandte Verfahren wurde sorgfältig geheimgehalten, so daß hierüber bei den Technologen des 16. Jahrhunderts die abenteuerlichsten Vorstellungen bestanden. AGRICOLA[1]) und MATTHESIUS[2]) nahmen an, daß der Borax ein Kunstprodukt aus Nitrum (Soda?) und Kinderharn sei. CAESALPINUS[3]) dagegen gibt bereits an, daß das Salz aus Rohborax gewonnen wird. Der raffinierte Borax wird als venezianisches Produkt im 15. Jahrhundert in den Büchern Frankfurter Handelsfirmen[4]) genannt.

Auch Salmiak[5]), in gleicher Weise wie Borax wichtig zum Löten der Metalle, ist ein Produkt des venezianischen Handels gewesen. Nach BECKMANN kommt er schon 1408 als Handelsartikel in Pisa vor. Obwohl man ihn schon ziemlich früh künstlich herzustellen verstand, ist er doch lange Zeit — bis ins 18. Jahrhundert — fast ausschließlich aus Ägypten eingeführt worden, wo er aus den Rauchfängen der Bäder gewonnen wurde. (BIRINCUCCIO[6]) nennt als Herkunftsland Cyrene oder Armenien.) Im übrigen geben schon die Alchemisten Rezepte an zur Herstellung von Salmiak; bereits Pseudo-GEBER gewann ihn aus gefaultem Harn und Kochsalz. CAESALPINUS[7]) schreibt vor, daß Urin mit Kochsalz und Ruß eingedampft und der Rückstand sublimiert werden soll. (Weitere Ammoniumverbindungen siehe S. 93.)

Auch Quecksilberverbindungen und Mineralfarben sind in Venedig in gewerblichem Umfange hergestellt worden, wo sich, wie erwähnt, im Laufe des 16. Jahrhunderts eine kleine chemische Industrie entwickelt hatte. So hat man Sublimat hergestellt (wohl aus Quecksilber, Vitriol und Kochsalz, wie auch ALBERTUS MAGNUS angibt, oder unter Verwendung von Salmiak, was CAESALPINUS vorschreibt), und namentlich wurde in großem Umfang künstlicher Zinnober[8]) durch Sublimation von Schwefel und Quecksilber bereitet. Daneben wurde übrigens natürlicher Zinnober, wie die Tariffa von 1572[9]) angibt (neben Grünspan, Rauschgelb und Zaffer), aus Deutschland eingeführt, während umgekehrt die Warenverzeichnisse Frankfurter Krämer[10]) aus dem Jahre 1550 Venedig als Bezugsquelle für Zinnober und bestes Bleiweiß angeben. Die gleichen Verzeichnisse nennen die Stadt Montpellier — wo diese Fabrikation als Nebenbetrieb der Weinbereitung ausgeübt wurde — als Herkunftsort für Grünspan[11]). Von künstlichen Bleifarben ist das seit

---

₁) De re metallica XII.   ₂) Sarepta.   ₃) De rebus metallicis I.
⁴) DIETZ, Frankfurter Handelsgeschichte I, S. 264.
⁵) Vgl. BECKMANN, Beyträge z. Geschichte V, 2, S. 254.   ⁶) Pirotechnia II.
⁷) De rebus metallicis I; vgl. auch GLAUBER, Furni novi.
⁸) CAESALPINUS, De rebus metallicis III.
⁹) SIMONSFELD, Fondaco dei Tedeschi II, S. 197.
¹⁰) DIETZ, Frankfurter Handelsgeschichte II, S. 130.
¹¹) Vgl. auch CAESALPINUS, De rebus metallicis III; BECKMANN, Beyträge z. Geschichte II, 1, S. 69.

alters hergestellte Bleiweiß und Mennige zu erwähnen; ferner werden auch die mit Spießglanz erzeugten gelben Töpferglasuren und Emails (Bleiantimoniat, Neapelgelb, Giallolino) schon von BIRINCUCCIO[1]) und PORTA[2]) angeführt. Zum Färben des Glases dienten im übrigen Kupfer-, Eisen-, Manganoxyde, Smalte und Arsensulfid. Weitere künstlich hergestellte Malerfarben waren auch noch das von BIRELLUS[3]) beschriebene Musivgold (aus Zinn, Quecksilber, Schwefel und Salmiak) sowie das Eisenrot, Caput mortuum, aus Vitriol, während man sonst sich zumeist auf die Aufbereitung natürlicher Materialien beschränkte. Verwendet werden Braunstein, Realgar und Auripigment — die im 17. Jahrhundert auch künstlich hergestellt wurden —, Bergblau — nach AGRICOLA[4]) aus Schlesien —, Berggrün aus Ungarn, Bolus und Ockergelb, das nach AGRICOLA am Melibokus gewonnen wurde. Dieser Autor gibt auch eine nähere Beschreibung der Aufbereitung solcher Materialien, was durch einfaches Schlämmen in hölzernen Gerinnen erfolgte.

Die Preise der natürlichen und künstlichen Farbmaterialien betrugen in Frankfurt a. M.[5]) zu Anfang des 17. Jahrhunderts: Berggrün 50—80 Gulden, Bleiweiß 20—40 Gulden, Mennige 10—11 Gulden, Eisenfarbe $3\frac{1}{2}$ Gulden, Grünspan 70—88 Gulden, Zinnober 190—195 Gulden.

Mit dem 15./16. Jahrhundert beginnt sich die Chemie in den Dienst der Medizin zu stellen, und im Zusammenhang mit dieser „iatrochemischen" Epoche fangen die Apotheken an, über die Praxis der bisherigen pflanzlichen Dekokte, Essenzen, Extrakte und Tinkturen hinaus zur gewerblichen Herstellung eigentlicher chemischer Präparate überzugehen. Die Apotheken sind so bis Ende des 18. Jahrhunderts die hauptsächlichsten Träger der Präparatenindustrie gewesen, während selbständige gewerbliche Unternehmungen in dieser Hinsicht nur in geringem Umfange vereinzelt anfangen sich bemerkbar zu machen, wie beispielsweise in Venedig und später in Holland. Der Apotheker (und der Arzt) der damaligen Zeit ist im wesentlichen identisch mit dem „angewandten" Chemiker, der ja als besonderer Stand nicht existiert. Immerhin darf man sich die gewerblich-chemische Tätigkeit des Pharmazeuten nicht als allzu bedeutend vorstellen: der Charakter des mit wenigen Gehilfen und mehr gelegentlich hergestellten Laboratoriumspräparates waltet durchaus vor, und höchstens die Destillationsvorrichtungen erreichen bisweilen ein gewerbliches Ausmaß.

Wie schon früher bemerkt, ist PARACELSUS der Hauptanreger der Verwendung chemischer Verbindungen[6]) in der Medizin gewesen. Er

---

[1]) Pirotechnia II.   [2]) Magia naturalis.   [3]) Alchimia nova.
[4]) De re metallica XII.   [5]) DIETZ, Frankfurter Handelsgeschichte II, S. 342.
[6]) Über italienische Vorläufer des PARACELSUS im 13. Jahrhundert vgl. SUDHOFF bei DIERGART, Beiträge zur Geschichte.

verordnete Blei-, Kupfer-, Arsen-, Antimon- und Quecksilberverbindungen sowie metallisches Quecksilber, und zwar auch für innerlichen Gebrauch, was damals noch kaum bekannt war. Namentlich die Antimonverbindungen haben seit dem 16. Jahrhundert eine erhebliche Rolle gespielt, wozu auch die Anfang des 17. Jahrhunderts erschienenen Schriften des Pseudo-BASILIUS VALENTINUS (Triumphwagen Antimonii) erheblich beitrugen. Vielfach schoß man auch in der Begeisterung für die „Chemotherapie" über das Ziel hinaus, und es ist oft mehr Unheil durch die übertriebene Anwendung von Metallverbindungen angerichtet worden, was zu wiederholten Verboten solcher Mittel führte, wie gerade bei den Antimonpräparaten, die sich erst seit SYLVIUS im 17. Jahrhundert wieder unbestritten durchsetzten. Manche Präparate haben sich bis heute im Prinzip erhalten, so z. B. das Quecksilber, dessen spezifische chemotherapeutische Wirkung gegenüber der im 16. Jahrhundert zuerst aufgetretenen Syphilis damals schon nutzbar gemacht wurde.

Wenn wir die pharmazeutisch angewandten Präparate[1]) im einzelnen betrachten, so erscheinen zunächst gewerbliche Erzeugnisse, die von dem Apotheker wohl zumeist nur bezogen wurden. In Prager Apotheken wurden Ende des 16. Jahrhunderts nach WRANY u. a. folgende Produkte geführt: Grünspan (viride aeris), Bleiweiß (cerussa), Mennige, Schwefel, Schwefelsäure, Wismut, Quecksilber, Blattgold und Blattsilber, Zinnober, Sublimat (mercurius sublimatus), Kalomel (mercurius praecipitatus, auch m. dulcis), Spießglanz, Arsenik, Realgar und Auripigment, Eisen- und Zinkvitriol, Zinkoxyd (nihilum album), Kochsalz, Borax, Salmiak, Alaun und Weinstein. Erst die Prager Medikamententaxe von 1659 bringt dann in größerer Anzahl vom Apotheker selbst hergestellte Präparate, die allerdings vielfach schon im 16. Jahrhundert bereitet wurden. Unter anderem wird aufgeführt: Kupfersulfat (vitriolum veneris), Kupferoxyd oder -sulfid (aes ustum), Wismutsubnitrat (magisterium marcasitae), Quecksilbersulfat, Bleiglätte (lithargyrus) und -acetat (saccharum saturni), Eisenfeile (chalybs praeparata), Eisensalmiak (flores salis ammoniaci cum ferro sublimati), Eisenoxyd (crocus martis), Kaliumcarbonat (sal alcali oder tartari), Kaliumsulfat (tartarus vitriolatus), Salpeter (sal nitri), Kaliumacetat (magisterium tartari), Wasserglas (fel vitri) und namentlich zahlreiche Antimonpräparate, wie die Sulfide und Oxysulfide (vitrum antimonii, hepar antimonii, crocus metallorum), Antimonoxyd (flores antimonii), saures Kaliumantimonat oder Antimonsäure (antimonium diaphoreticum).

Die präparative Darstellung dieser Verbindungen geht vielfach auf

---

[1]) Vgl. hierzu auch KOPP, Geschichte der Chemie, und WRANY, Chemie in Böhmen, S. 69.

PARACELSUS[1]) zurück. Weitere Angaben finden sich dann hauptsächlich bei Pseudo-BASILIUS[2]), ferner bei GESSNER[3]), PEDEMONTANUS[4]), DORN[5]) CROLL[6]), CAESALPINUS[7]), LIBAVIUS[8]), ANGELUS SALA[9]), DARIOT[10]), ZWELFER[11]) und namentlich eingehend bei GLAUBER[12]). Seit dem 17. Jahrhundert werden ganz allgemein die Rezepte chemischer Präparate in die Arzneibücher aufgenommen.

Von den Quecksilberpräparaten wurde der Sublimat schon oben erwähnt; auch Kalomel war seit alters bekannt, wenn er auch nicht immer scharf von ersterem unterschieden wurde. Das Oxyd, der rote Präcipitat, wurde schon von Pseudo-GEBER aus dem Metall, von Pseudo-LULLUS durch Calcinieren des Nitrats erhalten. Der gleiche Autor gewann auch durch Fällen des Nitrats mit Kaliumcarbonat bei Gegenwart von Salmiak den weißen Präcipitat (später „mercurius cosmeticus LEMERY"); im übrigen wurde diese Verbindung lange nicht von dem ohne Salmiakzusatz mit Kochsalz gefällten Chlorür unterschieden. Das Nitrat wurde von Pseudo-BASIL als Arzneimittel empfohlen, das basische Sulfat („turpetum minerale", worunter öfters auch basisches Carbonat u. a. verstanden wird) war schon PARACELSUS bekannt.

Von Silberverbindungen wurde das Nitrat (crystalli dianae), das schon Pseudo-GEBER bekannt war, durch SALA, die Auflösung von Chlorsilber in Ammoniak durch GLAUBER als Arzneimittel empfohlen. Knallgold, aus Goldchloridlösung bei Gegenwart von Salmiak durch Kaliumcarbonat gefällt, geht auf CROLL und Pseudo-BASIL zurück; ferner spielte auch das sog. „aurum potabile" bei den Iatrochemikern eine große Rolle. Abgesehen von dem Eisenoxyd wurde noch das basische Acetat, das schon GEBER bekannt war, und das apfelsaure Eisen (tinctura martis pomata) — letzteres seit LIBAVIUS — als Arzneimittel verwendet. Das Bleiacetat wurde bereits von PARACELSUS für pharmazeutische Zwecke aus Bleiasche dargestellt.

Die zumeist auf PARACELSUS, teils auf Pseudo-BASIL zurückgehenden Antimonpräparate wurden folgendermaßen gewonnen: Durch Schmelzen des Spießglanzes erhielt man das Spießglanzglas, durch Sublimation die „flores antimonii". Erhitzte man Spießglanz mit Salpeter und laugte man aus, so blieb der „crocus metallorum" im Rückstand, bzw. das „antimonium diaphoreticum", das LIBAVIUS dann noch mit Säure extrahierte; aus der auf solche oder ähnliche Weise erhaltenen Lösung gewann man durch Fällen mit Essig den „sulfur auretus"

---

[1]) De praeparationibus. De archidoxis.
[2]) Offenbahrung verborgener Handgriffe; Triumphwagen Antimonii.
[3]) De secretis remediis.   [4]) De secretis.   [5]) Clavis philosophiae.
[6]) Basilica chymica.   [7]) De metallicis rebus.
[8]) Alchemia; Praxis alchymiae.   [9]) Opera medico-chymica.
[10]) Artzneykunst.   [11]) Mantissa spagyrica.
[12]) Furni novi; Pharmacopoea spagyrica.

bzw. durch Eindampfen das „nitrum antimoniatum". Auskochen oder Schmelzen des Spießglanzes mit Pottasche ergab eine Lösung, aus der sich beim Stehen langsam das rotgefärbte „kermes minerale" abschied, das seit GLAUBER ein besonders wichtiges Arzneimittel wurde. Erhitzen von Spießglanz mit Sublimat lieferte die Antimonbutter und als Nebenprodukt Zinnober „cinnabaris antimonii". Durch Versetzen des Chlorids mit Wasser fällte man das Oxychlorid aus, die „flores butyri antimonii", das später Algarot genannt wurde. GLAUBER erhielt aus dem mit Salpetersäure versetzten Chlorid durch Fällen mit Kali das sog. „benzoarticum minerale", worunter auch die beispielsweise von CROLLIUS aus dem Chlorid mit Salpetersäure erhaltene Antimonsäure (die er selbst als „antimonium diaphoreticum" bezeichnet) verstanden wird. Überhaupt handelt es sich bei allen diesen Präparaten häufig nicht um scharf charakterisierte Verbindungen, und die vielfach wechselnden Bezeichnungen und unpräzisen Vorschriften machen die Feststellung oft unmöglich, welcher chemische Körper in jedem Fall vorliegt. Von GLAUBER stammt dann weiter auch die erste zweckmäßige Vorschrift zur Herstellung von Brechweinstein, der im übrigen schon durch den Holländer ADRIAN SEÜMENICHT VAN MYNSICHT (gest. 1638) in die Medizin eingeführt worden ist: der Spießglanz wurde geröstet, das Röstprodukt mit Weinstein gekocht, worauf beim Erkalten der Brechweinstein auskrystallisierte.

In ähnlicher Weise wie der Spießglanz wurde auch A r s e n i k mit Salpeter verschmolzen und das erhaltene Kaliumarsenat schon von PARACELSUS als Medikament verwendet. Das bereits im Altertum als Enthaarungsmittel benutzte Calciumsulfoarsenit, Rhusma, wird von PEDEMONTANUS angeführt. Wi s m u t subnitrat, mit Wasser gefällt, war schon LIBAVIUS bekannt.

Von den bisher nicht genannten A l k a l i salzen ist das durch GLAUBER in die Pharmazie eingeführte Natriumsulfat, das „sal mirabile Glauberi" am wichtigsten gewesen. Kaliumsulfat wurde seit PARACELSUS, das Chlorid seit SYLVIUS und TACHENIUS pharmazeutisch verwendet. Neutrales Kaliumtartrat, „tartarus tartarisatus", war bereits im 16. Jahrhundert bekannt. Das Acetat, das schon im Altertum und später von Pseudo-LULLUS dargestellt wurde, wird von PHILIPP MÜLLER 1610 als „terra foliata" erwähnt.

Von den pharmazeutisch verwendeten A m m o n i a k verbindungen wurde der Salmiak bereits oben genannt. Ammoniumcarbonat (Carbaminat), „spiritus salis urinae", gewann bereits Pseudo-LULLUS als Lösung wie als festes Salz durch Destillation von gefaultem Harn, während Pseudo-BASIL Salmiak mit Kaliumcarbonat sublimierte. Ammoniak als solches — vielleicht im Altertum, sicher in der frühen Alchimistenzeit bekannt — ist erst verhältnismäßig spät wieder beobachtet und vom Carbonat unterschieden worden, obwohl schon BASIL auch Salmiak mit Ätzkalk erhitzt hat. Das von dem gleichen Autor bereitete Schwefelammonium wurde später ebenfalls (im 18. Jahrhundert) als Medikament verwendet. Ebenso fand auch das wohl von LIBAVIUS zuerst genannte Sulfat und das von RAIMUND MINDERER propagierte Ammoniumacetat pharmazeutische Anwendung.

4. Glasindustrie und Keramik bis zum Beginn des 17. Jahrhunderts.

Als neue Errungenschaft der mittelalterlichen Glasindustrie[1]) gegenüber dem Altertum haben wir einerseits die Erzeugung des Tafelglases und andererseits als besonderes Kunstgewerbe die Herstellung der zusammengesetzten oder gemalten bunten Kirchenfenster kennengelernt. In der Fabrikation von Ziergläsern war hingegen im Vergleich zu der Technik der antiken Werkstätten jahrhundertelang ein Fortschritt nicht wahrnehmbar gewesen, und wieder war Venedig die Eingangspforte für das Eindringen antiker Tradition in das mittelalterliche Gewerbe. Die Glasmacherkunst im Orient hatte die Stürme der islamischen Eroberungen überdauert, und die seit alters berühmten Erzeugungsstätten hatten auch unter arabischer Herrschaft weiter geblüht; Syrien, namentlich Damaskus, Kairo, der Irak waren für ihre Ziergläser berühmt. Durch die enge Berührung mit dem Orient, die besonders seit den Kreuzzügen einsetzte, ist auch das venezianische Glasgewerbe angeregt worden, und zwar geschah dies wohl teilweise in den Kreuzfahrerstaaten, in denen die Glasindustrie ein besonders wichtiges Gewerbe gewesen ist, und wo beispielsweise jüdische Glasmacher in Tyrus inmitten venezianischer Kolonisten ihr Handwerk ausgeübt haben. Neben diesen engen Beziehungen zum islamischen Orient, die bis zum Bezug von Rohstoffen, Kaliasche und Bruchglas gingen, ist naturgemäß auch das seit jeher bestehende Verhältnis zwischen Venedig und Byzanz von Einfluß gewesen. Konstantinopel besaß ebenfalls eine Zierglasindustrie und namentlich die venezianische Kunst des Glasmosaiks kann den byzantinischen Ursprung nicht verleugnen.

Die ersten Glasmacher in Venedig werden schon 1090 genannt, doch kann von einer eigentlichen Industrie erst seit dem 13., von einem Kunstgewerbe seit dem 15. Jahrhundert die Rede sein. Die

---

[1]) Über Glasindustrie vgl. BIRINCUCCIO, Pirotechnia II; AGRICOLA, De re metallica XII; MATTHESIUS, Sarepta; PORTA, Magia naturalis; NERI, L'arte vertraria; BECKMANN, Technologie, S. 240; Beyträge zur Geschichte III, 4, S. 467, 536; IV, 3, S. 401; POPPE, Geschichte d. Technologie III, S. 321; PARKES, Chemical essays III, S. 379; VOGEL, Erfindungen; BUCHER, Geschichte der techn. Künste I, S. 71; III, S. 278; HEYD, Levantehandel II, S. 678; BENRATH, Glasfabrikation; MUSPRATT, Chemie, 1. Aufl., II, S. 905; 4. Aufl., III, S. 1352; WRANY, Chemie in Böhmen, S. 145; HORN, Glasindustrie.

Hütten, die im 13. Jahrhundert wegen der Feuersgefahr nach der Insel Murano verlegt wurden, stellten alle Arten von Gläsern her: Fensterglas, Spiegel, optische Gläser, Glasperlen usw. Das Spiegelglas, das angeblich zuerst von Frankreich und Deutschland bezogen wurde, entwickelte sich allmählich zu einem außerordentlich wichtigen Artikel, mit dem ganz Europa versorgt wurde; auch die Hinterlegung des Glases mit Zinnamalgam statt mit Bleifolie ist eine im 16. Jahrhundert gemachte venezianische Erfindung. Die Glasperlen spielten namentlich im Orienthandel eine bedeutende Rolle; bis zum persischen Golf und nach China wurden solche und andere Glaswaren exportiert, seitdem die Reisen der Familie POLO die Beziehungen zum fernen Osten eröffnet haben. Demgegenüber wurde die Ausfuhr der Rohmaterialien, Sand, Alkalipflanzen und Bruchglas, streng verboten und auch jegliche Auswanderung der Glasmacher untersagt. Der venezianische Staat hat aus dieser faktischen Monopolstellung der durch besondere Privilegien geschützten Glasindustrie, gegen welche jahrhundertelang das Ausland nicht aufzukommen vermochte, sehr erhebliche Einnahmen erzielt, die sich z. B. im 16. Jahrhundert auf jährlich 8 Millionen Dukaten beliefen. Die Renaissancezeit, seit Ende des 15. Jahrhunderts, brachte den Höhepunkt dieser Industrie in wirtschaftlicher Hinsicht wie auch vom Standpunkt des Kunstgewerbes aus. Damals entstanden zuerst die bekannten Kunstgläser, deren mannigfache Formen, Kelche und Schalen, mit farbigen Fäden und Bändern verziert (Filigranglas), pflanzlichen Motiven entlehnt waren; auch die antike Millefioritechnik feierte hier ihre Wiederauferstehung. Das künstliche Aventuringlas, das durch Ausscheidung von Flittern von Kupfer in brauner Grundmasse entsteht, soll gleichfalls eine venezianische Erfindung der damaligen Zeit gewesen sein; nach der Überlieferung stammt sie von CHRISTOPHORO BRIANI (1280) oder von MIOTTI (um 1500). Die Erfahrungen der italienischen Glasmacherei wurden in dem 1612 erschienenen Buche des Florentiners ANTONIO NERI, L'arte vetraria, niedergelegt, das später auch von KUNCKEL herausgegeben wurde. Im übrigen konnte alle Geheimnistuerei auf die Dauer nicht das Emporkommen anderer Länder verhindern. Während im 17. Jahrhundert noch vielfach fremde Meister sich in Venedig einschlichen, um die Kunstgriffe zu erlernen, ist dies später teilweise umgekehrt gewesen. Frankreich hat seit dem 16. Jahrhundert besonders in der Spiegelglaserzeugung Erhebliches geleistet, und Böhmen, wo schon 1008 eine Glashütte bestand, hat seit dem 14. Jahrhundert mit der Glasschneiderei begonnen, allerdings erst im 17. internationalen Ruf erlangt. Deutschland hat noch im 16. Jahrhundert nur wenig feineres Glas hergestellt, vielmehr die besseren Sorten noch lange aus Venedig bezogen; italienische Meister haben wohl bei der Errichtung der ersten Werkstätten für Kunstglas Hilfe geleistet. In Nürnberg begann man im 16. Jahrhundert mit der Gravierung von Glaspokalen, und ebenso erwähnt MATTHESIUS, daß man in Schlesien „auf die schönen und glatten venedischen Gläser mit Demant allerley Laubwerk und schöne Züge reisset". Auch in Köln und den Niederlanden fing man damals an, venezianische Technik zu imitieren.

Als Ausgangsmaterialien der venezianischen Glasindustrie nennt der Reisende MISSON[1]) im 17. Jahrhundert Kiesel von Ticino, Asche aus Tripolis (di Barbaria), Steine vom Etsch und Sand von der dalmatinischen Küste. Im 17. Jahrhundert war also offenbar ein besonderer Kalkzusatz noch nicht üblich, wie auch MATTHESIUS im 16. Jahrhundert als Rohmaterialien der böhmischen Glashütten — die im übrigen zunächst vielfach eingeführte venezianische Glasscherben, Lagunensand und Asche von Strandpflanzen benutzten — lediglich Sand, Quarz, Kiesel und Asche von Eichen, Buchen usw., ferner auch Kochsalz angibt. NERI nennt gleichfalls nur gereinigte levantinische und spanische Pflanzenasche, calcinierten Weinstein, Sand, Kiesel u. dgl., dagegen ebenfalls keinen besonderen Kalkzusatz. KUNCKEL gibt bei einigen Vorschriften zwar Kreide als Bestandteil an, doch nur für besondere Glasarten. Im übrigen ist, da der Kalkgehalt der Aschen hinreichte, ein eigener Zusatz von Kalk zur Masse erst im 18. Jahrhundert allgemein üblich geworden. NERI benutzt für seine Kunstgläser und künstlichen Edelsteine, abgesehen von den färbenden Metalloxyden, ferner noch Bleioxyd, Zinnasche — für Milchglas — und gelegentlich Arsenik und Auripigment. Auch PORTA gibt in seiner „Magia naturalis" eine Anzahl von Vorschriften für derartige künstliche Edelsteine sowie für Glasflüsse.

Die im 16. Jahrhundert verwendeten Öfen sind uns durch die Abbildungen bei BIRINCUCCIO und AGRICOLA genau bekannt. Sie waren von bienenkorbartiger Form und besaßen zwei Stockwerke; das untere enthielt die Glashäfen, das obere diente als Kühlraum für die fertigen Gläser, die durch tönerne Muffeln geschützt wurden. Nach dem Einsetzen der Glashäfen wurden die durchbrochenen Wandungen des Ofens durch Formsteine bis auf die notwendigen Arbeitsöffnungen geschlossen und mit dem Schmelzen begonnen. Dieser Prozeß mußte mehrfach wiederholt werden; dazwischen wurde die Glasgalle entfernt und die Schmelze mit Wasser abgekühlt. Teilweise erfolgte auch — so bei NERI — zunächst ein Fritten der Masse in einem besonderen Frittofen, der nach Art der Kalköfen gebaut war.

Die gewöhnlichen Gläser besaßen eine grüne Farbe, die besseren waren völlig farblos, was man durch Zusatz von Braunstein bewirkte. MATTHESIUS gibt an, daß grüne Farbe durch Eisenhammerschlag, rote

[1]) Herrn MAXIMILIAN MISSONS Reisen aus Holland durch Deutschland in Italien, Leipzig 1701, S. 262.

und gelbe durch Kupferhammerschlag und Braunstein, durch letzteren auch braunes Glas erzeugt werde. Auch durch Eisenhammerschlag, Goldglätte, Gummi und Rötelstein[1]) wurde rotes Glas erhalten. Nach Neris Rezepten wurde Kupfer- und Eisenoxyd für Grün, Kupferoxydul für Rot verwendet. Blau wurde mit Kobaltoxyd, „Safflor" oder „Zaffer" erzeugt, Violett mit Braunstein, während ein größerer Zusatz der beiden Oxyde Schwarz ergab. Gelbe Gläser wurden u. a. durch Zusatz von Braunstein, Weinstein (und Kohle nach Kunckel) erhalten; das zur Herstellung von Kirchenfenstern verwendete, durch Einbrennen von Silber erzeugte gelbe Kathedralglas wurde bereits früher erwähnt. Die mit Gold hergestellte schöne Rubinfarbe wird ebenfalls schon von Neri beschrieben, doch bestreitet Kunckel die Möglichkeit, nach dieser Vorschrift das Rubinglas zu erhalten.

Die Keramik[2]) ist ein Zweig der chemischen Kunstgewerbe, der in noch höherem Grade als die Glasindustrie den islamischen Völkern das Wiederaufleben in Europa zu verdanken hat, nachdem dort die antike Töpferkunst völlig in den Stürmen der Völkerwanderung zugrunde gegangen war. In Vorderasien hatte dagegen die Keramik unbehelligt stets weitergeblüht, und von dort führen die Linien der Tradition auf den Wegen der islamischen Eroberung über Nordafrika nach Spanien, wo allerdings weniger die eigentlichen Araber als die später eingewanderten Mauren die Träger dieses Kunstgewerbes gewesen sind. Die Glanzzeit der spanisch-maurischen Keramik, deren Hauptsitz Valencia gewesen ist, hat im 13. bis 15. Jahrhundert gelegen. Besonders bekannt sind die Fliesen, mit denen beispielsweise die Alhambra geschmückt ist, dann aber auch Teller und andere Erzeugnisse, die auf schöner weißer Zinnglasur Wappen, pflanzliche und tierische Ornamente tragen. Vielfach ist die Zeichnung auch in Gold- oder Kupferlüster ausgeführt, was für diese Keramiken besonders charakteristisch ist. Die erste Anwendung der Zinnglasur läßt sich nicht mehr feststellen; wahrscheinlich ist sie eine ältere arabische Erfindung, und die Überlieferung, daß sie zuerst 1283 von einem Töpfer in Schlettstadt erfunden wurde, ist auf keinen Fall zutreffend.

Die frühe italienische Keramik ist ohne Zweifel durch eingeführte spanische Erzeugnisse stark beeinflußt worden, wenn auch die Erzählung, daß die Pisaner 1165 bei der Eroberung von Majorca zuerst maurische Schüsseln erbeutet (daher der Name Majolica) und in ihre Kirchen eingemauert hätten, als Sage zu bezeichnen ist; wo sich solche

---

[1]) Vgl. Ludw. Springer, Entwicklung der bayr. Glasindustrie, Bayr. Ind.- und Gewerbeblatt, Jg. 1917, S. 41ff.

[2]) Über Keramik vgl. Birincuccio, Pirotechnia IX; Palissy, Discours admirables IX, X; Poppe, Geschichte der Technologie III, S. 278; Bucher, Geschichte der techn. Künste III, S. 425; Muspratt, Chemie, 1. Aufl., Anhang S. 59; 4. Aufl., VIII, S. 283.

Einmauerungen in Pisa finden, handelt es sich bereits um italienische Arbeiten. Etwa vom 13. Jahrhundert ab kann man eine Kunsttöpferei in Italien annehmen, doch erreichte sie ihre Blüte erst mit dem Auftreten des LUCA DE LA ROBBIA, der 1399 oder 1400 in Florenz geboren wurde. Von ihm stammen die berühmten Majolicareliefs mit glänzender, undurchsichtiger Zinnglasur, meist in blauer Farbe auf Weiß, seltener in Grün, Gelb, Violett, Braun und Gold ausgeführt. Die Arbeiten des Meisters wurden von seinem Neffen ANDREA und dessen vier Söhnen fortgesetzt, doch war daneben noch eine große Anzahl weiterer Künstler tätig, und neben Florenz (CAFFAGIOLO) blühte die Kunst vor allem in Faenza und Urbino. Von Faenza leitet sich die Bezeichnung Fayence ab, was technisch und kunstgewerblich im wesentlichen mit Majolica gleichbedeutend ist. Im strengsten Sinne werden unter Majolica nur die mit Zinnglasur versehenen Kunsttöpfereien verstanden, die in Italien, namentlich im 15. und 16. Jahrhundert entstanden sind. Die älteren, mit Bleiglasur versehenen Stücke werden als Mezza-Majolica bezeichnet, während der Name Fayence, der zuerst in Frankreich gebraucht wurde, für alle anderen, besonders nichtitalienischen feineren glasierten Steingutwaren zu verwenden ist, also auch für solche, die keine Zinnglasur haben. Im übrigen wurde Majolica von den mannigfachsten Formen, Farben und Zeichnungen hergestellt, auch mit Gold- und Rubinlüster, wofür besonders Gubbio (GIORGIO ANDREOLI) und Deruta berühmt waren.

Seit Ende des 15. Jahrhunderts hatten sich auch italienische Kunsttöpfer in Frankreich niedergelassen. Dort erreichte die Kunst der Fayencen ihre höchste Blüte unter BERNARD PALISSY (geb. zwischen 1499 und 1515, gest. 1590), der nach 15 bis 16 Jahren vergeblicher Versuche endlich zu großen Erfolgen gelangte. Seine Spezialität sind Gefäße, die mit allerhand Blättern und Tieren — Eidechsen, Schlangen usw. — in Hochrelief mit glänzend harter Glasur geschmückt sind. Auch an der Ausstattung des Schlosses von Écouen und der Tuilerien hat er mitgearbeitet. Das Geheimnis seiner Glasur hat der Meister mit ins Grab genommen. Angeblich (nach Discours admirables) war sie aus Zinn, Blei, Eisen, Stahl, Antimon, Schwefel, Kupfer, Sand, Sodaasche, Asche, Pottasche, Glätte und Perigordsteinen zusammengesetzt. Wenn PALISSY auch keine Schule gemacht hat, so hat doch Frankreich auch noch im 17. Jahrhundert (Rouen, Thouars) bemerkenswerte Fayencen hervorgebracht.

Irdene Waren mit Bleiglasur wurden besonders schön in Deutschland hergestellt, das gegenüber der italienischen Keramik selbständiger als die französische gewesen ist. Aus der Renaissancezeit sind namentlich die schönen großen Kachelöfen bekannt, wie sie besonders in Nürnberg in Hochrelief in grüner, schwarzer und brauner Farbe hergestellt wurden. Auch die Schweizer Ofenkacheln — häufig in farbig auf weißem Grund — sind seit dem 16. Jahrhundert von hoher künstlerischer Bedeutung. Ein namhafter Nürnberger Künstler war AUGUSTIN HIRSVOGEL (1483—1553), der seine Studien in Venedig gemacht hatte. Öfen barocker Art sind von ihm noch erhalten, doch stammen die in Museen verbreiteten, unter seinem Namen gehenden Krüge nicht von ihm. Eine weitere Spezialität der deutschen Keramik waren die schöngeformten verzierten Krüge aus Steinzeug, das im Gegensatz zu der Fayence einen dichten, gesinterten Scherben aufweist und lediglich mit Salzglasur versehen ist. Die besten Stücke stammen aus der Rheingegend, Köln, Siegburg, Raeren bei Aachen und dem Westerwald. Doch wurden sie auch an zahlreichen anderen Orten, in Bayern, Sachsen, Schlesien usw. hergestellt. Die Farbe ist zumeist blau oder braun auf grauem Grund, daneben kommen auch grauweiße, violette und rote Stücke vor. Den Höhepunkt dieser Fabrikation bedeutet das 16. Jahrhundert, doch hat die Erzeugung von Steingut und Steinzeug auch fernerhin bis ins 18. Jahrhundert einen großen Aufschwung genommen; erst dann haben nach dem Aufkommen der Porzellanindustrie die übrigen Tonwaren ihre Bedeutung, wenigstens als kunstgewerbliche Erzeugnisse, im wesentlichen eingebüßt.

Auch in Holland hat man wie in den Rheinlanden künstlerisches Steinzeug hergestellt. Im übrigen ist die holländische Keramik dadurch charakterisiert, daß man seit dem Ende des 16. Jahrhunderts anfing, ostasiatisches Porzellan in Steingut zu imitieren. Schon Anfang des 17. Jahrhunderts wurde Porzellan in erheblichen Mengen nach Holland eingeführt, während umgekehrt die Holländer Kobaltfarbe mit bedeutendem Handelsnutzen nach China verkauften. Seit der Zeit fing das Delfter Steingut mit seinen blauen Zeichnungen auf weißem, zinnoxydhaltigen Grunde an, in Europa berühmt zu werden; etwa aus dem Jahr 1584 waren bereits bemerkenswerte Stücke eines Delfter Meisters bekannt. Namentlich nach England erfolgte eine rege Ausfuhr holländischer keramischer Erzeugnisse, und auch die Einführung einer bodenständigen Kunsttöpferei in England ist auf die Holländer zurückzuführen.

5. Die organisch-chemischen Gewerbe bis zum Beginn des 17. Jahrhunderts.

Eine organisch-chemische Industrie im engeren Sinne ist naturgemäß in den früheren Zeiten, solange eine organisch-chemische Wissenschaft nicht existierte, nicht vorhanden gewesen. Was zu den organischen Industrien zu rechnen ist, gehört dem weiteren Kreise an, d. h. solchen Gewerben, die auf rein empirischem Wege irgendwelche chemischen Vorgänge nutzbar machen, ohne daß dabei die Gewinnung bestimmter chemisch definierter Individuen das Ziel ist.

Manche dieser Gewerbe, wie Färberei, Gerberei, Bereitung von Holzteer, Ruß, Stärke, Essig und Seife, gehen auf das Altertum zurück,
andere, wie Zuckerindustrie und Gewinnung ätherischer Öle, hauptsächlich auf das islamische Mittelalter, wieder andere, wie die Herstellung des Alkohols und der Spirituosen, sind eine Errungenschaft
des europäischen Mittelalters. So wichtig manche dieser Gewerbe auch
sind, so weist doch Betriebe nennenswerten Umfangs vielleicht nur
die Zuckerraffinerie seit dem 16. Jahrhundert und später die Seifenindustrie auf. Sonst sind die genannten Gewerbe lange durchaus
Domänen des Kleinhandwerks geblieben und im frühen Mittelalter
sogar Gegenstände des Hausfleißes gewesen. Färberei, Gerberei, Pech-
siederei und Seifenerzeugung sind beispielsweise von den karolingischen Fronhöfen für den eigenen Bedarf betrieben worden.

Im übrigen hat die Seifensiederei[1]) an einzelnen Orten, die
durch reichliche Rohmaterialien oder günstige Verkehrslage besonders bevorzugt waren, bald einen bemerkenswerten Stand erreicht,
der sich auch durch lebhaften Auslandsexport dokumentierte. So geht
die Tradition der Marseiller Seifenindustrie, die über Olivenöl und
Pflanzensoda in nächster Nähe als Ausgangsmaterialien verfügte, ununterbrochen vom frühen Mittelalter bis zur Gegenwart. Die Marseiller Seife, die bereits im 9. Jahrhundert einen bedeutenden Handelsartikel gebildet hatte, wurde seit dem Ausgang des Mittelalters an
internationaler Bedeutung noch durch das Erzeugnis von Venedig
übertroffen, und auch die italienische Stadt Savona sowie die spanischen Orte Alicante, Cartagena, Malaga und Sevilla haben über eine
bedeutende Seifenindustrie verfügt. Schon im 14. Jahrhundert ist die
venezianische Seife in großem Umfang ins Ausland gegangen, so z. B.
auch nach Konstantinopel; daneben war auf dem Markt in Pera noch
Seife aus Ancona, Apulien, Cypern und Rhodos zu finden, also alles
Gegenden, die reichliches Vorkommen an Oliven aufweisen. Auch
in Deutschland stand „Venediger Seife" an erster Stelle, die nach
Matthesius[2]) aus „scharpffer Lauge, Unschlitt, Kalk, Weinstein und
Kraftmehl" gesotten wurde. Daneben nennen die Warenverzeichnisse
Frankfurter Krämer[3]) von 1550 auch noch Seife aus Straßburg und
Spanien. Die deutsche Seifenindustrie dagegen hat in der Hauptsache
nur lokale Bedeutung gehabt, ja vielfach ist dieser Gewerbezweig noch
lange ein Gegenstand des Hausfleißes geblieben. Die ersten deutschen
Seifensiederinnungen entwickelten sich im Laufe des 14. Jahrhunderts,
und zwar zunächst in den gewerblich besonders fortgeschrittenen oberdeutschen Städten.

Italien und Südfrankreich haben auch in der Kunst des Destil-

---

[1]) Vgl. Deite, Seifenindustrie.   [2]) Sarepta.
[3]) Dietz, Frankfurter Handelsgeschichte II, S. 130.

lierens[1]) zuerst einen bedeutenden Entwicklungsstand erreicht. Es gilt dies sowohl für die Erzeugung der wohlriechenden Wässer und Öle als auch für die des Alkohols und der alkoholischen Getränke. Wie erwähnt, sind zunächst hauptsächlich die Klöster — Benediktiner und Kartäuser — Träger dieser Gewerbe gewesen, während später die sich aus den klösterlichen Spitalapotheken um die Wende vom 12. zum 13. Jahrhundert allmählich als selbständige Betriebe entwickelnden Apotheken auch diese Tätigkeit mit aufgriffen. Daneben hat es aber auch besondere Wasserbrenner und -brennerinnen gegeben (in Frankreich eine besondere Gilde der Destillateurs), wie die 1479 erschienene Schrift des MICHAEL (PUFF aus) SCHRICK „von mangerlay ußgeprante Wassern" zeigt. In Nürnberg beispielsweise wurde dieses Gewerbe vorzugsweise von alten Weibern betrieben.

Die Herstellung von Alkohol hatte sich zunächst in Italien stark ausgebreitet; schon 1320 soll ein Bürger in Modena dieses Gewerbe in erheblichem Umfang betrieben haben. Um diese Zeit muß auch schon die Herstellung von ziemlich konzentriertem Spiritus bekannt gewesen sein, denn die Schriften des Pseudo-LULLUS empfehlen bereits das Entwässern durch Rektifizieren über Weinsteinsalz (Kaliumcarbonat). Auch das Prinzip der Dephlegmation hat man bald angewendet. GIOVANNI MICAELE SAVONAROLA (1384—1462?) erwähnt in seiner Schrift „De arte conficiendi aquam vitae" einen grotesk gestalteten Apparat in Padua, dessen Blase sich im Erdgeschoß eines Hauses befand, während der Helm bis in den Giebel reichte. Wohl hauptsächlich den Zwecken der Dephlegmation diente auch die Kühlung des Helmes durch einen umgebenden Wasserbehälter, den sog. Mohrenkopf [Abbildung bei BRUNSCHWYGK[2]) nach ULSTADT[3])], dann das ebenfalls von ULSTADT empfohlene Einschieben von Schwämmen in das Steigrohr und ferner, wie eine Abbildung bei BIRINCUCCIO[4]) zeigt, ein zwischen Blase und Helm schlangenförmig hin und her geführtes Rohr, das zudem noch mit Wasser gekühlt wird.

Von Italien wurden Alkohol und Liköre — teils durch Destillation, teils durch Extraktion von Pflanzenteilen bereitet — überall hin verbreitet, und zwar zunächst als Heilmittel[5]). Die mittelalterlichen Pestepidemien des 14. Jahrhunderts scheinen in dieser Hinsicht besonders förderlich gewesen zu sein. Die Zubereitung auch sonstiger Arzneien mit Alkohol wird allgemein üblich, die mit zuerst von PARACELSUS verordnet worden sind. Allmählich regte sich auch staatlicher Widerspruch gegen die Einfuhr italienischer Alkoholika; so haben beispiels-

[1]) Über Destillation und Branntweinerzeugung im allgemeinen vgl. BECKMANN, Beyträge zur Geschichte I, 1, S. 33; II, 2, S. 277; II, 3, S. 446; POPPE, Geschichte der Technologie III, S. 251; PETERS, Pharmazeutische Vorzeit; SCHELENZ, Destilliergeräte; WRANY, Chemie in Böhmen, S. 56.
[2]) De arte distillandi.   [3]) Coelum philosophorum.   [4]) Pirotechnia IX.
[5]) Vgl. SUDHOFF bei DIERGART, Beiträge zur Geschichte.

weise Frankfurt und Hessen im 16. Jahrhundert dagegen Gesetze erlassen, während Sachsen die Herstellung von Alkohol aus Getreide
verbot. Teilweise mögen dies schon mehr handelspolitische als hygie-
nische Maßnahmen gewesen sein, denn QUERCETANUS nennt die Deutschen damals schon tüchtig in der Kunst des Destillierens. Naturgemäß waren die nördlichen Gegenden dabei auf andere Ausgangsmaterialien als auf Trauben bzw. Wein angewiesen. Schon seit dem
14. Jahrhundert wurde Getreide, vorzugsweise Roggen (Kornbranntwein) verwendet, öfters auch diente Bier[1], d. h. Gerstenmaische, als
Ausgangsmaterial. Schon 1350 soll der irische Heerführer SAVAGE[2] den
Mut seiner Leute durch einen Trunk Aquavit angefeuert haben, worunter
wohl bereits eine Art Whisky zu verstehen ist. Die Herstellung von
Kartoffelschnaps dagegen ist wesentlich jüngeren Datums. Wenn auch
schon BECHER im 17. Jahrhundert diese Fabrikation vorschlug, so sind
doch erst im 18. größere Versuche in dieser Hinsicht gemacht worden.

Die Herstellung ätherischer Öle und solche sowie Alkohol ent-
haltender Präparationen für Riech- und Genußzwecke ist stets eine
Domäne der Klöster gewesen, die in ihren Gärten den Anbau der notwendigen aromatischen Pflanzen wie überhaupt der Arzneikräuter
betrieben. Auch in Deutschland existierten solche Klostergärten, wie
der der Benediktiner auf dem Michaelsberg bei Bamberg; ebenso wurden in Thüringen Arzneikräuter für Tropfen und Salben angebaut.
In Italien und Frankreich waren neben den Benediktinern und Kar-
täusern namentlich die Dominikaner Spezialisten in solcher pharmazeutisch-kosmetischer Tätigkeit, deren Kloster St. Maria Novella bei
Florenz Anfang des 16. Jahrhunderts wohlriechende Wässer im großen
herstellte. Mit das erste Rezept eines solchen Parfüms wird uns in
den Schriften des Pseudo-LULLUS aus dem 14. Jahrhundert überliefert (ähnlich bei Pseudo-ARNALDUS), und zwar bezieht sich dies
auf alkoholisches Rosmarindestillat, die spätere; „aqua hungarica" im
übrigen wurden in der Bourgogne schon im 14. Jahrhundert aroma-
tische Pflanzenteile, wie Lavendelblüten u. dgl., in großem Umfange
destilliert. Seit Ende des 15. Jahrhunderts ist dann eine ganze Reihe
von Werken erschienen, welche die Kunst des Destillierens ausführlich behandeln. Das erste ist das schon erwähnte Buch des MICHAEL
SCHRICK[3], woran sich die Schriften von BRUNSCHWYGK[4], ULSTADT[5],
VALERIUS CORDUS[6], RYFF[7], KHUNRATH[8], LONICER[9], CARDANUS[10],

---

[1] Über Bierbrauerei vgl. BECKMANN, Beyträge z. Geschichte V, 2, S. 206;
POPPE, Geschichte d. Technologie III, S. 225; WRANY, Chemie in Böhmen, S. 165.
Das Hopfen des Bieres dürfte seit dem 9. Jahrhundert bekannt sein.

[2] MUSPRATT, Chemie, 1. Aufl., I, S. 116.   [3] Von ußgeprante Wassern.

[4] De arte distillandi.   [5] Coelum philosophorum.

[6] De artificiosis extractionibus.   [7] Distillierbuch.   [8] Medulla distillatoria.

[9] Naturalis historia.   [10] De subtilitate.

Gessner (Euonymus Philater)[1]), Matthiolus[2]), Besson[3]), Rubeus (Rossi)[4]), Camerarius[5]), Quercetanus (Duchesne)[6]), Porta[7]), Dariot[8]) u. a. anschließen[9]).

Die zum Destillieren verwendeten Apparate waren im Prinzip überall die gleichen, d. h. Blase mit Helm und Ablaufschnauze aus einem Stück oder mehreren Teilen sowie Vorlagen mit oder ohne Kühlvorrichtung. Die Apparate wurden aus Kupfer, Zinn oder verzinntem Kupfer, aus Ton, vielfach auch aus Glas hergestellt. 1551 schrieb der Nürnberger Rat allgemein die Verwendung von gläsernem Destillierzeug vor. Gelegentlich wurden die Destillierapparate auch direkt im Kräutergarten aufgebaut, wie die Titelvignette des Buches von Brunschwygk zeigt. Für größeren Bedarf wurden ganze Reihen von Destillierapparaten auf einen Ofen gesetzt, oder man ordnete sie auch etagenförmig auf einem Rundofen an, wodurch jedenfalls an Heizmaterial gespart wurde. Statt direkter Heizung destillierte man auch aus dem Wasser- oder Dampfbad, ferner verwendete man Sand- oder Aschenbäder und nutzte auch die Sonnenwärme oder die natürliche Wärme von Mistbädern aus. Dephlegmierungsvorrichtungen wurden schon oben erwähnt. Zu diesem Zwecke erfolgte eine besondere Ausgestaltung des Helmes, den man auch mit Wasserkühlung mittels einer Blase oder eines Beckens, des sog. „Mohrenkopfes" versah; die gleiche Bedeutung hatten Verlängerungen in Gestalt von Aufsatzrohren, häufig von grotesken, schlangenartigen Formen. Auch der Kühlung des Kondensates dienten längere, gerade oder schlangenförmig gekrümmte Rohre, die vielfach durch wassergefüllte Kühlfässer hindurchgeführt wurden. Es finden sich sogar Anfänge einer fraktionierten Destillation durch Auffangen in verschiedenen Vorlagen und ferner — bei Dariot — auch schon eine Art Wasserdampfdestillation. Vielfach wurde auch durch wiederholtes Aufgießen eine Anreicherung der Duftstoffe erzielt. Neben der eigentlichen Destillation erfolgte die Gewinnung der Öle oder Essenzen durch Auspressen oder Extraktion, und endlich wurde auch die seit alters bekannte „Enfleurage" mit Fetten angewendet.

In den früheren Schriften wird in der Hauptsache die Herstellung „gebrannter Wässer" oder auch weingeistiger Destillate beschrieben, während eigentliche ätherische Öle kaum genannt werden; Brunschwygk gibt neben zahlreichen aromatischen Wässern z. B. lediglich das Spiköl an. In größerer Zahl werden wohl zum ersten Male

---

[1]) De secretis remediis.   [2]) Commentarii.
[3]) De absoluta ratione extrahendi olea.   [4]) De destillatione.
[5]) Hortus medicus.   [6]) De praeparatione.
[7]) De distillatione; Magia naturalis.   [8]) Artzneykunst.
[9]) Auch Birincuccio befaßt sich in dem IX. Buch der Pirotechnia mit der Destillation.

ätherische Öle von VALERIUS CORDUS genannt, und zwar in der kleinen, 1540 verfaßten und nach seinem Tode 1561 von GESSNER heraus-
gegebenen Schrift „De artificiosis extractionibus", während das „Dispensatorium" von 1546 ebenfalls nur Spiköl und Wacholderöl nennt.
In der erstgenannten Abhandlung — die u. a. auch das wohl aus der
Apotheke des JOHANN RALLA, des Onkels und Lehrers von CORDUS,
stammende Rezept zur Bereitung von Äther enthält — werden neben
einer ganzen Anzahl sonstiger Öle auch schon Zimt-, Nelken- und
Anisöl aufgeführt. Auch die übrigen um die Mitte des 16. Jahrhunderts schreibenden Autoren, wie RYFF, GESSNER, BESSON, KHUN-
RATH u. a., zählen ätherische Öle in großer Anzahl auf (außer den
genannten beispielsweise noch Rosmarin-, Lavendel-, Rauten-, Ab-
sinth-, Thymian-, Pfefferminz-, Salbei-, Kamillen-, Poley-, Kümmel-,
Pfeffer-,Citronenschalen-,Orangenschalenöl usw.)und ferner auch durch
Zersetzungsdestillation gewonnene Öle, wie die unten erwähnten Harzöle
und das „per descensum" hergestellte Wacholderöl, das übrigens schon
von dem sog. jüngeren MESUE[1])(11. Jahrhundert) und von KONRAD VON
MEGERBERG im 14. Jahrhundert aufgeführt wird. Rosenöl scheint erst
von RUBEUS und PORTA genannt zu werden. Letzterer gibt auch
Ausbeuteziffern an, wie beispielsweise für Anisöl, von dem 2 Lot
aus 3 Pfund Samen gewonnen werden, also etwa 2%. (Merkwürdiger-
weise werden in der größeren Schrift „Magiae naturalis libri XX"
viel zu hohe Ausbeutezahlen angegeben.) PORTA konnte die Destillierkunst an Ort und Stelle in Neapel studieren, wo sie einen besonderen
Umfang erreicht hatte. Daneben sind (abgesehen von den Klöstern)
noch Venedig und die oberdeutschen Städte, wie Nürnberg, Sitz dieses
Gewerbszweiges gewesen, ferner vor allem seit alters das südliche
Frankreich, Languedoc, Provence und Bourgogne.

Im Anschluß hieran ist auch noch der Campher[2]) zu nennen,
dessenGewinnung schon seit jeher in Ostasien betrieben wurde, während
er in Europa wohl zum ersten Male unter JUSTINIAN bekannt geworden
ist. Die Droge war im späteren Mittelalter ein wichtiger Gegenstand
des Orienthandels, und zwar wurde das rohe Produkt in Venedig einer
weiteren Raffination unterzogen. Der Campher fand vorzugsweise
medizinische Verwendung, seitdem er durch die salernitanische Medizinschule in die pharmazeutische Praxis eingeführt war. Im Handel
unterschied man zwei Sorten (schon CAESALPINUS macht diesen Unterschied), und zwar den in Broten vorkommenden Chinacampher
(Laurineencampher) von dem kleinkörnigen Borneocampher (von
Dryobalanops camphora). PORTA (ebenso 1595 LIBAVIUS) führt in
seinen Schriften auch ein besonderes Campheröl an, das er durch Ein-

---

[1]) IBN MASAWAIH; die Echtheit seiner Schriften ist nicht ganz einwandfrei
[2]) CAESALPINUS, De metallicis rebus I; HEYD, Levantehandel II, S. 604.

wirkung von Salpetersäure gewann; er hat also demnach bereits Camphersäure in Händen gehabt.

Eine große Zahl von Ölen und einige sonstige organische Präparate wurden durch trockene Destillation von Harzen gewonnen, ferner auch das sog. Tieröl durch Zersetzungsdestillation tierischer Substanzen, dessen Reinigung durch Umdestillieren von Turquet de Mayerne[1]) angegeben wurde, endlich auch noch das alte Ziegelöl durch pyrogene Zersetzung von Olivenöl. Das aus Pistazienharz (oder kärntnischem Lärchenharz) hergestellte Terpentinöl war eine venezianische Spezialität, dessen Rohmaterial nach Khunrath aus Cypern bezogen, teilweise auch nach Deutschland weiter ausgeführt wurde. Lärchenterpentin wird schon im Friesacher Mauthtarif von 1425 aufgeführt[2]). Im übrigen ist Terpentinöl in Deutschland auch aus einheimischem Lärchen- oder Rottannenharz dargestellt worden. Auch Benzoeharz[3]) wurde von Venedig bezogen, das überhaupt für den großen Bedarf speziell Oberdeutschlands an Drogen lange Zeit allein maßgeblich war. Venedig (ebenso Genua) erhielten ihrerseits die Materialien aus Ägypten, das bis zu der türkischen Eroberung und der Entdeckung des Seeweges das wichtigste Durchgangsland für den indischen Drogenhandel gewesen ist. Später, d. h. zu Ende des 15. und Anfang des 16. Jahrhunderts, sind die Portugiesen die Hauptlieferanten für Spezereien geworden, zu denen gerade auch das Benzoeharz gehört hat. Die Destillation[4]) des Harzes zur Gewinnung von Öl für medizinische Zwecke wurde vielerorts ausgeführt und dabei auch — von Nostradamus 1556, dann von Pedemontanus[5]), Blaise de Vigenère[6]) und Libavius[7]) — die Bildung von Benzoesäure oder Benzoin beobachtet. Diese Darstellungsweise wurde Anfang des 17. Jahrhunderts durch Turquet de Mayerne[1]) verbessert und führte dann zur gewerbsmäßigen Darstellung der Säure, die in der Prager Medikamententaxe von 1659[8]) aufgeführt wird. In ganz ähnlicher Weise wurde bei der Gewinnung von Bernsteinöl das Auftreten von Bernsteinsäure beobachtet, was schon aus einer Bemerkung in Agricolas „De natura fossilium" hervorgeht; es wird dort angegeben, daß man bei der Destillation des Harzes Öl, Pech, schwarze Asche und einen zarten, weißen, salzähnlichen Körper erhalte. Endlich wurde auch noch durch Destillation von Weinstein eine Brenzweinsäure enthaltende ölige Flüssigkeit gewonnen, die bereits von Pseudo-Lullus erwähnt und von Paracelsus medizinisch angewendet wurde. Der „spiritus tartari" wird in der Prager Medikamententaxe von 1699[8]) aufgeführt.

---

[1]) Pharmacopoeia. [2]) Simonsfeld, Fondaco dei Tedesci II, S. 105.
[3]) Heyd, Levantehandel II, S. 575.
[4]) Schaer bei Diergart, Beiträge zur Geschichte. [5]) De secretis.
[6]) Traité du feu et du sel. [7]) Alchemia.
[8]) Wrany, Chemie in Böhmen, S. 69.

Von den sich mit der Verarbeitung der Kohlenhydrate befassenden Gewerben ist die Papier-, die Stärke- und die Zuckerindustrie zu nennen, obwohl die ersteren beiden den eigentlichen chemischen Betrieben verhältnismäßig fernstehen. Die Anfänge der eigenen Papierindustrie[1]) in Europa fallen mit dem Beginn der hier geschilderten Epoche im wesentlichen zusammen; sie gehört zu denjenigen Industrien, die wenigstens teilweise den Kreuzzügen die erste Anregung verdanken. Im frühen Mittelalter dagegen sind die aus dem Altertum übernommenen Stoffe Papyrus und Pergament ausschließlich angewendet worden, und zwar hat Italien noch bis ins 12. Jahrhundert Papyrus benutzt, das Rhonedelta noch im 8. Jahrhundert dieses Material aus Ägypten bezogen. Die Erfindung des eigentlichen Papiers, bei dessen Herstellung die pflanzlichen Teile nicht zusammengeklebt, sondern (z. B. Baumwolle und Bambusfasern) zunächst in einen homogenen Brei verwandelt werden, wird den Chinesen zugeschrieben, welche diese Kunst angeblich schon seit 105 v. Chr. ausgeübt haben. Von China gelangte die Papierbereitung im 8. Jahrhundert zu den Arabern — Hauptsitz dieser Industrie war Damaskus — und durch deren Vermittlung nach Nordafrika, Spanien und Italien. Auch im byzantinischen Reich ist das Baumwollpapier sicher schon im 9. Jahrhundert bekannt gewesen. Eines der ältesten Manuskripte auf diesem Papier aus dem 10. Jahrhundert befindet sich in der Bibliothek des Eskurial. Im übrigen sind die spanischen Araber jedenfalls die ersten gewesen, die Hadern und andere Abfälle, wohl auch leinene Lumpen der Baumwolle beigemischt haben. Ein Beispiel eines solchen gemischten Baumwolle-Leinenpapiers aus dem Jahre 1228 ist noch als Material einer Urkunde FRIEDRICHS II. erhalten. In Deutschland, wo die Verwendung von Leinenhadern als ausschließliches Ausgangsmaterial die Vorbedingung für die Entwicklung der Papierindustrie war, dürfte die erste Papiermühle 1290 in Ravensburg entstanden sein. Größere Anlagen sind dann erst Ende des 14. Jahrhunderts, beispielsweise in Nürnberg, begründet worden; als Ausgangsmaterial wurde neben Leinenlumpen auch öfters Hanf verwendet. Trotz Geheimhaltung der Verfahren gelangte die Papierfabrikation von Deutschland auch nach Frankreich und Holland, von denen namentlich letzteres Erhebliches in diesem Gewerbszweige leistete und auch viel nach England usw. exportierte. Daß im übrigen die deutsche Technik — die auch zuerst an Stelle der Stampfwerke die Handmühle, das Vorbild des späteren Holländers, zum Zerkleinern des Rohmaterials benutzte — sich im 16. Jahrhundert noch großen Ansehens erfreute, geht auch aus der Tatsache hervor, daß mit die erste größere

---

[1]) POPPE, Geschichte der Technologie, II, S. 194; HOYER, Fabrikation des Papiers; MUSPRATT, Chemie, 1. Aufl., III, S. 755; 4. Aufl., VI, S. 1429.

englische Papierfabrik durch einen Deutschen, Sir John Spielmann, zur Zeit der Königin Elisabeth errichtet wurde.

Das Gewerbe der Stärkebereitung[1]) ist bis in die Neuzeit hinein nach annähernd dem gleichen Verfahren wie im Altertum ausgeübt worden. Über die Entwicklung der Fabrikation — die beispielsweise in Halle ein altes Gewerbe bildete — ist verhältnismäßig wenig bekannt; sie wurde fast überall als Kleinbetrieb ausgeübt, nachdem die Stärke zur Bereitung von Puder, zum Steifen der Wäsche (der großen Halskrausen) und — seit etwa 1400 — der Malerleinwand, als Schlichte und als Zusatz zu Papier ein wichtiger Artikel geworden war. Den größten Umfang erreichte die Fabrikation in Holland, das auch einen großen Export in diesem Erzeugnis aufwies. Eine Holländerin, Abigail Guilham, soll 1580 dieses Gewerbe zusammen mit dem Bläuen der Wäsche in England eingeführt haben, wo letzteres Verfahren zum ausschließlichen Gebrauch der Königin reserviert wurde. Die wichtigste Neuerung in der Stärkeindustrie, die Bereitung von Kartoffelstärke, ist erst auf Grund der Arbeiten von Crell nach 1781 ausgebildet worden.

Zuckerrohranbau und Zuckergewinnung[2]) ist zunächst hauptsächlich in Vorderasien und den Küstenländern des östlichen Mittelmeeres betrieben worden. Daß Ägypten lange Zeit in dieser Hinsicht an der Spitze stand, wurde schon früher erwähnt. Ägyptischer Zucker in Form von Broten, Kandis- und Krystallzucker ging in erheblichen Mengen in das Ausland. Ebenso wichtig wurde Syrien als zuckererzeugendes Land — namentlich seit den Kreuzzügen —, während Spanien und Sizilien nur von geringer Bedeutung waren; Friedrich II. ließ zur Reorganisation der sizilischen Zuckerindustrie syrische Fachleute aus Accon kommen. Die auch in den Kreuzfahrerstaaten betriebene Zuckerindustrie verlor seit dem Untergang dieser Staatsgebilde ihre Wichtigkeit, und dafür trat Cypern an die erste Stelle. Wie umfangreich die dortige Produktion war, geht daraus hervor, daß beispielsweise auf einem Zuckergut der Familie Cornaro etwa 400 Personen beschäftigt waren. Ebenso hatten auch die rhodischen Ritter, die auf ihrer eigenen Insel Zuckerrohranbau betrieben, in Cypern Zuckerplantagen und Raffinieranlagen. Im übrigen lag der ganze Zuckerhandel durchaus in Händen der Venetianer, die auch in ihren sonstigen Besitzungen, in Candia und Morea, sich mit der Zuckerindustrie befaßten. 996 soll der erste Zucker nach Venedig gebracht worden sein, doch kann von einem nennenswerten Handel erst seit den Kreuzzügen die Rede sein. Von Venedig aus wurde auch Ober-

---

[1]) Vgl. Poppe, Geschichte der Technologie III, S. 193; Muspratt, Chemie; Feldhaus, Technik der Vorzeit, S. 1078.

[2]) Poppe, Geschichte der Technologie III, S. 148; Vogel, Erfindungen; Heyd, Levantehandel II, S. 665; Lippmann, Zucker, Abhandlungen I, S. 261.

deutschland versorgt, wo der Zucker etwa um 1200 auftaucht; selbst England bezog seit 1300 Zucker aus Venedig. Immerhin galt das Material zunächst noch als eine Kostbarkeit, die hauptsächlich medizinische Verwendung fand. Um 1300 wird der Zucker auch in einem deutschen Kochbuch erwähnt, während er erst seit dem 17. Jahrhundert, seit der Einführung von Tee und Kaffee, einen Gegenstand des Massenkonsums bildete.

Das Ende des 15. Jahrhunderts bringt auch für Zuckerindustrie und -handel die geographische Umstellung. Durch Heinrich den Seefahrer war das Zuckerrohr von Sizilien nach Madeira, den Kanarischen Inseln und St. Thomas gebracht worden. Namentlich Madeira gewann, wenn auch vorübergehend, große Bedeutung, wo seit 1496 auch die Venezianer einkauften, denen das jegliche Kultur vernichtende Vordringen der Türken den größten Teil der alten Bezugsgebiete geraubt hatte. Mit dem 16. Jahrhundert tritt dann Amerika an die erste Stelle, wo schon bald nach der Entdeckung die Zuckerkultur eingeführt wurde. Namentlich auf der Insel St. Domingo (daneben in Cuba, Mexiko und Brasilien) hat sich seit dem Jahre 1515, in dem der Anbau im großen begann, die Kultur rasch zu bedeutender Höhe entwickelt; die Vorteile des tropischen Klimas und die planmäßige Organisation unter rücksichtsloser Ausnutzung der Arbeit importierter Negersklaven sind dabei besonders förderlich gewesen.

Die bei der Zuckergewinnung bis ins 18. Jahrhundert angewandte Technik unterschied sich kaum von dem schon in Ägypten üblichen Herstellungsprozeß. Das Zuckerrohr wurde durch Walzen zerquetscht, die durch animalische Kraft, vielfach auch durch Wasser- oder Windmühlen angetrieben wurden. Den gewonnenen Saft kochte man dann in mehreren Kesseln sukzessive ein, wobei zum Zwecke der Reinigung wiederholt Kalkwasser oder auch Kalkwasser und Aschenlauge zugesetzt wurde; die Verunreinigungen schieden sich dabei als Schaum ab, den man durch Abschöpfen beseitigte. Schließlich füllte man den eingedickten Saft in Hutformen, deren untere Öffnung mit Zuckerrohr verstopft war. Der Rohzucker erstarrte hierbei, während die Melasse abtropfte.

An die Rohzuckererzeugung schloß sich vielfach die Raffination an, die bisweilen nur durch einfaches Decken mit feuchter Tonerde erfolgte, meist aber in einer ein- oder mehrmaligen Wiederholung des geschilderten Prozesses bestand. Man löste den Rohzucker wieder auf, erhitzte unter Zusatz von Blut oder Eiweiß und Kalk in Pfannen zum Sieden, wodurch die Schleimstoffe usw. als Schaum beseitigt wurden. Dieses Verfahren wurde unter Umständen nochmals wiederholt. Dann kochte man stark ein, ließ in Kühlpfannen abkühlen und füllte die Masse in tönerne Hutformen ein, deren untere Öffnung verschlossen war. Nach dem Erstarren öffnete man den Stöpsel und ließ den Sirup abfließen. Dann wurde noch nasser Tonbrei aufgelegt, wodurch der Zucker seine weiße Farbe erhielt. Schließlich wurden die Hüte geputzt, gedarrt und in Papier verpackt. Gewöhnlich erfolgte dreimaliges Auflösen und Klären, wobei aus 100 Teilen Rohzucker nur etwa 20 Teile Raffinade erhalten wurden.

Die Raffinerie von Überseezucker wurde bald auch in Europa ausgeübt. Bemerkenswert ist, daß neben Antwerpen deutsche Städte (Augsburg 1573, Dresden 1597, wohl auch Hamburg und Nürnberg) hierin vorangegangen sind, worin sich das Bestreben des deutschen Handels dokumentiert, trotz der durch die Verlegung der Welthandelsstraßen bewirkten Benachteiligung sich nicht von seiner bedeutenden Stellung verdrängen zu lassen. Erst 1648 hat die Zuckerraffinerie in Holland, 1659 in England, 1698 in Frankreich festen Fuß gefaßt, einige Jahrzehnte, nachdem die beiden letztgenannten Staaten sich eines Teils der westindischen Zuckerinseln (besonders St. Domingos und Jamaikas) bemächtigt hatten.

Über die Zuckerpreise finden sich Angaben aus englischen Quellen, die hier nach LIPPMANN wiedergegeben sind. Sie schwanken von Mitte des 13. bis Mitte des 15. Jahrhunderts zwischen 670 und 1200 Goldmark für den englischen Zentner. Von 1500—1700 bewegen sich die Preise zwischen 213 und 367 Mark, um 1750 auf 83 Mark zu sinken. Um 1800 betrug der Preis wieder 153 Mark, was durch die politischen Störungen, insbesondere durch die Vernichtung der Kulturen von St. Domingo durch einen Negeraufstand bewirkt wurde.

Das älteste organisch-chemische Gewerbe, die Färberei[1]), reicht naturgemäß auch in Mitteleuropa in sehr frühe Zeiten hinauf, wie die Berichte des TACITUS besagen. In der gewerblich noch stark rückständigen fränkischen Zeit gehörte die Färberei mit Spinnen und Weben, Gerberei und Seifenbereitung zu den wenigen von den Fronhöfen und Klöstern ausgeübten Zweigen häuslichen Gewerbes. Durchaus herrschte im frühen Mittelalter die Verwendung einheimischer Farbstoffe vor, die schon früh gesammelt oder gar kultiviert wurden; so kannte man in der karolingischen Zeit bereits Waid, Krapp und Kermes. Jedenfalls hat sich auch in dem späteren Mittelalter die Färberei und die Textilindustrie in Deutschland durchaus selbständig zu großer Blüte entfaltet, wenn auch ein Teil der Farbmaterialien damals durch italienische Vermittlung bezogen werden mußte. Schon im 12. Jahrhundert hatte die flandrische Färbekunst einen bedeuten-

---

[1]) Über Färberei und Farbmaterialien vgl. BECKMANN, Beyträge zur Geschichte I, 3, S. 334; III, 1, S. 1; IV, 4, S. 475; POPPE, Geschichte der Technologie III, S. 364; VOGEL, Erfindungen; HEYD, Levantehandel II, Anhang; LAUTERBACH, Geschichte der Farbstoffe; DIETZ, Frankfurter Handelsgeschichte.

den Ruf, und ebenso sind auch Oberdeutschland und Schlesien sowie andere Teile des damaligen Deutschen Reichs Zentren der Färberei wie der Textilindustrie überhaupt gewesen. Deutsche Zunftordnungen existieren schon aus dem 14. Jahrhundert, während technologische Kompendien der damals ausgeübten Färbeverfahren allerdings nicht vorhanden sind. In dieser Hinsicht ist die italienische Technik vorangegangen, wo neben einer 1429 in Venedig erschienenen Färbeordnung (Maniegola dell'arte dei tintori) auch die ausführliche Technologie des Bonaventura Rosetti (Il plieto de l'arte de tintori, Venedig 1540) vorhanden ist. Überhaupt hat Italien seit jeher eine bedeutende Rolle in der Färberei gespielt, und zwar war es neben Florenz wieder Venedig, das die aus der Antike fortgesetzte oder aus dem Osten wieder übernommene Färbekunst weiter pflegte. Die venezianischen Handelsbeziehungen zu Byzanz und Vorderasien sind hier sicher auch von Einfluß gewesen, was daraus hervorgeht, daß Venedig noch tyrischen Purpur bezogen hat. Ganz allgemein ist die italienische Textilindustrie[1]) stark vom Osten beeinflußt gewesen, wie namentlich die Seidenweberei, die außer in Venedig und Florenz auch in Genua und Lucca ausgeübt wurde.

Weitaus der wichtigste der im Mittelalter in Deutschland verwendeten Farbstoffe ist der Waid (Isatis tinctoria) gewesen, mit dem man nicht nur blau, sondern auch schwarz und — in Mischung mit anderen Farbstoffen — braun und grün färbte. Gallier und Briten haben schon im Altertum Waidfarbe zum Bemalen ihrer Körper benutzt, und im frühen Mittelalter ist das Material bereits ein Handelsartikel des slawischen Ostdeutschlands gewesen. Auch später wurde im Osten der Anbau des Waids rege betrieben, von wo er sich über andere Teile Deutschlands, insbesondere nach Thüringen verbreitete. Der große Reichtum dieses Landes bis in die neuere Zeit hinein hat ausschließlich auf dem Anbau dieser Pflanze beruht; noch im Jahre 1617 hat eine einzige Waidhandlung in Erfurt für 125 000 Gulden Material umgesetzt; einzelne Dörfer haben zur Zeit der Blüte dieser Kultur bis zu 16 000 Taler eingenommen. Thüringer Waid wurde nach allen Gegenden hin ausgeführt, so besonders nach den Niederlanden, nach England, dann auch nach Polen, Ungarn und sogar nach Italien. Im übrigen ist der Waidanbau auch im Auslande — beispielsweise im Kirchenstaat und in Südfrankreich — betrieben worden.

Die Zubereitung des Waides erfolgte so, daß die Blätter mit scharfen Eisen abgestoßen und auf dem Rasen getrocknet wurden. Dann zerquetschte man in Pferde- oder Wassermühlen und formte den erhaltenen Brei zu Kugeln, die getrocknet und auf dem Markt an Händler verkauft wurden. Von diesen erfolgte die weitere Zubereitung. Die Kugeln wurden mit Wasser erweicht, mit Hämmern zer-

---

¹) Vgl. Heyd, Levantehandel II, S. 649, 682; Sombart, Kapitalismus II.

schlagen und in Haufen nach Benetzung mit Wasser oder Urin unter öfterem Wenden und Zerreiben des Materials zum Gären gebracht. Schließlich wurde getrocknet, gesiebt und die fertige Ware in Fässer verpackt. In den Städten bestanden vielfach besondere Waidhäuser, die gegen Abgabe zu benutzen waren. Einzelne Städte, wie Schweidnitz und Görlitz, besaßen besondere Privilegien als Waidstapelplätze, woraus sie erhebliche Einnahmen bezogen. So hat Görlitz 1477 einen Umsatz von 360000 Gulden gehabt. 1624/27 wurde das Faß Waid in Frankfurt[1]) mit 60 Gulden bezahlt.

Das Färben mit der Waidküpe geschah folgendermaßen: Man erhitzte Krapp und Kleie (die als reduzierende Mittel dienten) mit Wasser zum Sieden, goß die Brühe in die Färbekufe und setzte den Waid hinzu. Nach längerem Ruhen wurde umgerührt, Pottasche hinzugesetzt und die Flüssigkeit wieder der Ruhe überlassen, bis sie zum Färben geeignet war. Man erhielt zunächst dunkle Töne — bei öfterer Wiederholung schwarze —, dann hellere und schließlich grünliche. Durch Nuancieren mit Krapp gewann man Purpur, durch Zusatz gelber Farbstoffe, wie Wau oder Färberscharte, Grün.

Der Beginn des 17. Jahrhunderts mit seinen verhängnisvollen Wirkungen auf das gewerbliche Leben Deutschlands hat auch für die blühende Waidkultur den Beginn des Niederganges gebracht. Abgesehen von der unmittelbaren Vernichtung der Kulturen durch die Einwirkungen des Krieges haben auch die in zunehmendem Maße eingeführten ausländischen Farbstoffe, wie Galläpfel und Blauholz für Schwarz, Sumach für Braun und namentlich der Indigo der Verwendung des Waids erheblichen Abbruch getan. Die Galläpfel[2]), die aus Griechenland und Kleinasien über Italien bezogen wurden, fanden schon seit dem 15. Jahrhundert starke Verwendung — auch zum Färben und Beschweren der Seide, das sich im 16. Jahrhundert besonders ausbreitete —, obwohl durch den Schwefelsäuregehalt des als Beize verwendeten Vitriols vielfach eine Zerstörung der Gewebe eintrat, so daß, ebenso wie bei Sumach, behördliche Verbote dagegen erlassen wurden. Ende des 16. Jahrhunderts tauchte auch schon das aus dem spanischen Westindien bezogene Blauholz auf, das beispielsweise von Frankfurter Färbern[1]) bereits Anfang des 17. Jahrhunderts verwendet wurde. Der Preis der Gallen betrug in Frankfurt 1624/27 24—33 Gulden, der des Blauholzes 15 Gulden für den Zentner.

Die Indigopflanze[3]) wurde besonders in Indien und Persien angebaut. Hauptstapelplatz für den nach Westen gehenden Indigo ist im

[1]) Dietz, Frankfurter Handelsgeschichte II, S. 341.
[2]) Heyd, Levantehandel II, S. 593.
[3]) Vgl. auch Beckmann, Beyträge zur Geschichte IV, 4, S. 475: Heyd, Levantehandel II, S. 597.

Mittelalter Bagdad gewesen. Auch Ägypten hat im 12. Jahrhundert starke Kulturen aufgewiesen, während der Anbau in den übrigen Mittelmeerländern, Spanien, Sizilien, Nordafrika und Cypern, nur gering war. 1140 wird der Indigo zum ersten Male im genuesischen Handel genannt. Seit dem 14. Jahrhundert wird er in Brügge verwendet und 1494 haben Frankfurter Farbwarenhändler[1]) Indigo aus Venedig bezogen. Immerhin war der Farbstoff zunächst außerordentlich teuer, und erst nach Entdeckung des indischen Seeweges wurden größere Mengen nach Europa über Portugal eingeführt. Im Laufe des 16. Jahrhunderts hat sich die Verwendung des Indigos auch in Deutschland rasch verbreitet, wofür die damals gegen den Gebrauch erlassenen obrigkeitlichen Verfügungen Zeugnis ablegen. So wendet sich 1577 die Frankfurter Reichpolizeiordnung mit scharfen Bestimmungen gegen die „fressende Teufelsfarb", wobei wohl die gleichzeitig aus Indien übernommene Opermentküpe das die Faser schädigende Agens gewesen ist, vielleicht auch eine Verwechslung mit der Gallenschwarzfärbung vorlag, bei der der Schwefelsäuregehalt des Vitriols die Haltbarkeit des Gewebes beeinträchtigte; die Vitriolküpe dagegen scheint — obwohl Vitriol in der Polizeiverordnung ausdrücklich genannt wird — damals noch nicht angewandt worden zu sein. Immerhin haben solche Verbote — in Nürnberg angeblich sogar unter Androhung der Todesstrafe — irgendwelche Wirkung nicht gehabt, und im Laufe des 17. Jahrhunderts hat der importierte Farbstoff den Waid völlig verdrängt. Im Gegensatz zur Waidkultur hat sich die Indigokultur immer mehr ausgebreitet, seit dem 17. Jahrhundert auch in Amerika, wo die Pflanze seit jeher heimisch gewesen ist. Zunächst lieferten die spanischen Kolonien erhebliche Mengen — Frankfurter Färber[2]) verwendeten 1624/27 Indigo aus Dominika zum Preise von 200—220 Gulden für den Zentner —, dann die englischen Plantagen, und zwar hat Südkarolina zeitweise fast den ganzen europäischen Bedarf geliefert. Daneben wurde auch weiterhin indischer Indigo durch die Holländisch-Ostindische Kompanie eingeführt.

Der einzige einheimische Farbstoff, der auf die Dauer seine Bedeutung behielt, war der K r a p p, in dessen Anbau Deutschland zeitweise an der Spitze stand; im 14. Jahrhundert war der Umfang der Kulturen so beträchtlich, daß Einschränkungsmaßnahmen dagegen getroffen wurden. Nach England, den Niederlanden und den nordischen Ländern wurde noch bis in das 17. Jahrhundert in nicht unerheblichem Maße Krapp ausgeführt. Immerhin ging die Ausfuhr durch die Schädigungen des Dreißigjährigen Krieges sehr stark zurück, indes Holland gleichzeitig selbst zum Krappanbau überging. In Deutschland war Schlesien in dieser Hinsicht besonders berühmt, wie z. B. auch die

---

[1]) DIETZ, Frankfurter Handelsgeschichte II, S. 334. [2]) DIETZ, a. a. O. II, S. 341.

Warenverzeichnisse Frankfurter Krämer[1]) schlesischen Krapp an erster Stelle nennen, wofür 1624/27 der Preis von 6 Talern für den Zentner angeführt wird. Daneben war besonders auch der Krappanbau der Pfalz von Wichtigkeit.

Immerhin traten schon im Mittelalter gegenüber dem Krapp ausländische Konkurrenzfarbstoffe in Erscheinung, wenn diese auch eine verhältnismäßig geringe Rolle spielten. Brasilholz[2]) und Sandelholz werden in Deutschland schon 1321 erwähnt, und zwar bezog man sie seit den Kreuzzügen über Venedig und die Kreuzfahrerstaaten aus Indien; Genua erhielt auch Brasilholz über Ägypten. Auch Lacca wurde gelegentlich aus Indien eingeführt. Zunächst sind die genannten Farbhölzer außerordentlich teuer gewesen, und erst nach Entdeckung des Seeweges kamen sie in größerem Umfang in den Handel. 1624/27 kostete in Frankfurt[1]) Brasilholz 10—16, Sandelholz 10—14 Gulden der Zentner.

Ein weiterer roter Farbstoff hat sich auf die Dauer nicht gegenüber den tropischen Konkurrenten halten können. Es ist dies der Kermes, der teils aus der Levante eingeführt[2]), teilweise aber auch in Deutschland gefunden wurde. Die levantinische Spezies, Coccus ilicis, wurde vorzugsweise aus Griechenland und Kreta nach Italien importiert; die Venezianer haben auf der genannten Insel besondere Schätzer für Kermes angestellt. In Deutschland kam eine andere Sorte Farbläuse, Porphyrophora Frischii Brandt, zur Verwendung, die nicht wie die vorgenannten an Eichenblättern, sondern an Wurzeln verschiedener Kräuter gefunden werden. Das Insekt wurde schon zur Zeit Karls des Grossen gesammelt und zum Färben verwendet. Von Heinrich dem Löwen wurden dem byzantinischen Kaiser damit gefärbte Scharlachkleider zum Geschenk gemacht. Vorzugsweise wurde das Sammeln durch Hörige ausgeführt und der Farbstoff an die Grundherrn oder die Klöster abgeliefert. Die Produktion an Kermes muß nicht unbedeutend gewesen sein, da beispielsweise nach der Tariffa von 1572[3]) das Material nach Italien ausgeführt wurde; auch Rosetti gibt dem deutschen Kermes vor dem levantinischen den Vorzug. Hauptgebiet für die Kermesgewinnung war zunächst Ostdeutschland, später Polen (Podolien und Ukraine), wo die Gewinnung noch fortgesetzt wurde, als schon anderwärts die Cochenille sich Eingang verschafft hatte. Dieser aus Mexiko stammende Farbstoff taucht zum ersten Male Mitte des 16. Jahrhunderts über Spanien in Antwerpen auf und hat dann im 17. Jahrhundert nach Erfindung der Zinnbeize den Kermes rasch verdrängt. Der Preis des Kermes betrug in Frankfurt[1]) 1624/27 $8^{1}/_{2}$ Gulden für das Pfund.

---

[1]) Dietz, Frankfurter Handelsgeschichte II, S. 341.
[2]) Heyd, Levantehandel II, S. 576, 609, 611, 646.
[3]) Simonsfeld, Fondaco dei Tedeschi II, S. 197.

Für die Malerei werden neben sonstigen Pflanzenfarben, für deren Bereitung beispielsweise NERI[1]) eingehende Vorschriften gibt, seit dem 16. Jahrhundert auch rote Tonerdelacke verwendet. Schon MATTHIOLUS[2]) nennt solche L a c k e aus beiden Arten Kermes, Brasilholz und Lacca [wofür BIRELLUS[3]) nähere Vorschriften gibt], NERI den Krapplack, indes die schönste dieser Farben, der Cochenillelack, der durch einen Franziskanermönch in Florenz erfunden sein soll, zuerst von PEDEMONTANUS[4]) erwähnt wird. (Der Cochenillezinnlack stammt erst aus dem 17. Jahrhundert.)

Die g e l b e n Pflanzenfarbstoffe sind von geringerer Bedeutung gewesen. Vorzugsweise verwendete man in Deutschland seit dem Mittelalter die Färberscharte (Ferratula tinctoria), den Färbeginster (Genista tinctoria) und den Wau (Reseda luteola), später auch die Rauschbeeren, Gelbbeeren, getrocknete Beeren des Kreuzdorns (Rhamnus cathartica). Wau wurde auch durch die Hansa nach England eingeführt. Seltener wurden Safran und Safflor benutzt; ersterer, der vorzugsweise als Gewürz diente, wurde seit den Kreuzzügen meist über Venedig bezogen[5]), letzterer auch in Thüringen gebaut und im Mittelalter nach den Niederlanden ausgeführt. Später sind dann die genannten Farbstoffe zum großen Teil durch Kurkuma, Orleans, Gelbholz und die farbstoffreichere ausländische Gelbbeere verdrängt worden. Orleans wird zuerst 1525 als Farbstoff für Butter, Käse und Seife genannt, ebenso wird Kurkuma im 16. Jahrhundert bekannt. Gelbholz wird von Frankfurter Färbern[6]) zuerst zu Beginn des 17. Jahrhunderts erwähnt. Es kostete 1624/27 12 Gulden der Zentner. Die Herstellung des gelben Tonerdelacks aus Kreuzbeeren (das spätere Schüttgelb) wird schon von BIRELLUS[3]) beschrieben.

B r a u n e Farbe wird aus Rot und Gelb sowie unter Verwendung von Rinden oder Nußschalen hergestellt. Die violette O r s e i l l e soll angeblich um 1300 in Florenz entdeckt und die Bereitung 100 Jahre dort als Geheimnis bewahrt worden sein. Tatsächlich aber sind Flechtenfarbstoffe schon vorher in Deutschland bekannt gewesen und in ganz frühen Zeiten bereits in Skandinavien, von wo das Material nach Deutschland eingeführt wurde. L a c k m u s wird 1316 als ständiger Importartikel hansischer Kaufleute genannt und 1308 auch schon durch deutsche Kaufleute nach England gebracht. Die eigentliche Orseille dagegen kam erst nach 1402 nach Deutschland, und zwar von den Kanarischen Inseln, von denen auch die Italiener bezogen. Die Präparation der Flechte geschah in Florenz nach folgendem Ver-

---

[1]) L'arte vetraria.   [2]) Commentarii.   [3]) Alchimia nova.   [4]) De secretis.
[5]) BECKMANN, Beyträge zur Geschichte II, 1, S. 79; HEYD, Levantehandel II, S. 646.
[6]) DIETZ, Frankfurter Handelsgeschichte II, S. 342.

fahren: Das Material wurde gepulvert, mit Harn angefeuchtet und mit Asche oder Soda versetzt. Dann brachte man die Masse in hölzerne Fässer und ließ abermals Harn oder Kalklauge einwirken, bis das Präparat fertig war. Öfters wurde auch Salmiak, Kochsalz oder Arsenik zugesetzt. Lackmus wurde aus gleichem oder ähnlichem Rohmaterial nach etwas abweichendem Verfahren später vorzugsweise in Holland hergestellt.

Auch der Zeugdruck[1]) soll hier noch kurz erwähnt werden, dessen Tradition aus dem alexandrinischen Ägypten über Byzanz den gleichen Weg wie die sonstigen Zweige des chemischen Kunstgewerbes genommen hat; er ist auch im Einklang damit zunächst mehr als Ableger der Malerei denn als Zweig der Textilindustrie aufzufassen. Die wohl zu Anfang des 15. Jahrhunderts verfaßte Schrift des CENNINO CENNINI, „Il libro dell'arte o trattato della pittura" — die noch in die Reihe der früher erwähnten mittelalterlichen Rezeptbücher gehört —, behandelt im Kapitel „Il modo di lavorare colla forma" den Druck von Vorhang-, Tapetenstoffen u. dgl. mit Hilfe hölzerner Modeln unter Verwendung organischer wie anorganischer Farben, z. B. von Rebenschwarz, Safran, Rotholz, Grünspan, Mennige, Zinnober, Bleiweiß und Indigo. Auch in Deutschland wurde jedenfalls schon seit der späteren karolingischen Zeit gedruckt, und zwar bildete der Zeugdruck meist eine Nebenbeschäftigung der Färber und Buchdrucker, wenn auch in Augsburg zu Ende des 15. Jahrhunderts bereits besondere Tuch- und Barchentdrucker genannt werden. Zunächst kamen meist bunte Farben, dann im 15./16. Jahrhundert vorzugsweise Schwarzdruck zur Anwendung; auch war im 16. Jahrhundert, dem damaligen Luxus entsprechend, der Gebrauch der immerhin als Surrogate anzusehenden bedruckten Stoffe stark zurückgegangen. Erst Ende des 17. Jahrhunderts nahm, durch die Mode angeregt, die Zeugdruckerei wieder erneuten Aufschwung.

---

[1]) FORRER, Zeugdruck.

C. Die chemische Technik vom Beginn des 17. bis zum Beginn des 19. Jahrhunderts.

1. Allgemeine Charakteristik, Wirtschaftliches.
Beziehungen zwischen Wissenschaft und Technik.

Die Wende vom 16. zum 17. Jahrhundert bedeutet insofern einen Wendepunkt in technisch-wirtschaftlicher[1]) Hinsicht, als die vor sich gehende Verschiebung des politischen Schwerpunkts Europas auch von den stärksten wirtschaftlichen Folgen begleitet sein mußte. Haben wir bisher Italien und Deutschland als führend in technischer und kommerzieller, selbst in wissenschaftlicher Beziehung kennengelernt, so mußten diese im Gefolge der Verlegung der Welthandelsstraßen auf den Ozean seit dem 16. Jahrhundert allmählich hinter den geographisch günstiger gelegenen Weststaaten ins Hintertreffen geraten. Und wenn auch die italienischen Seestädte und noch mehr die süddeutschen Handelsemporien längere Zeit versucht haben, sich durch Umstellung ihrer Handelsbeziehungen einen Anteil an den neuerschlossenen Gebieten zu sichern — erinnert sei an die Scheidung spanischer Edelmetalle in Venedig, die Zuckerraffinerie in Augsburg und die westindischen Unternehmungen der Fugger und Welser —, so ruhten doch diese Bestrebungen auf zu unsicherer Grundlage, als daß ihnen ein dauernder Erfolg beschieden sein konnte. Schließlich versank das deutsche Wirtschaftsleben im Chaos des Dreißigjährigen Krieges, der insbesondere auch das blühende süddeutsche Gewerbswesen bis zu völliger Bedeutungslosigkeit brachte. Von den deutschen Städten hat lediglich Hamburg nicht nur das Ende der Hansa und den allgemeinen Niedergang überstanden, sondern sogar seit dem Sturz Antwerpens als Handels- und Industrieplatz erheblich an Bedeutung gewonnen und schließlich auch die holländische Handelssuprematie überdauert. Die Gründe hierfür waren vor allem der rechtzeitige Anschluß an das englische Welthandelssystem und später auch die engen Beziehungen zum französischen Kolonialhandel. Im übrigen aber war im 17. und 18. Jahrhundert die kommerzielle und industrielle Bedeutung der

---

deutschen Länder außerordentlich gering. Nur wenige Industriezweige, wie z. B. die schlesische Leinenweberei, dann als Spezialität die Porzellanindustrie, konnten Anspruch auf internationale Wertung machen, und nur sehr langsam hob sich wieder die gewerbliche Tätigkeit, so zunächst in Brandenburg-Preußen unter einem zielbewußten Merkantilismus, wobei die Einwanderung der gewerbstüchtigen französischen Refugiés jedenfalls ein förderliches Moment gebildet hat.

Die ersten Anrainer der Welthandelsstraßen, Spanien und Portugal, haben als reine Erobererstaaten eine nennenswerte wirtschaftliche und technische Bedeutung nicht zu erlangen vermocht. Erbe der Italiener in Handel und Industrie sind zunächst die Niederländer geworden, die durch alte seemännische und gewerbliche Tüchtigkeit hierzu besonders disponiert waren. Schon im späteren Mittelalter waren die Niederlande, und zwar namentlich die südlichen Grafschaften, als Umschlagplatz für den hansischen und italienischen Seehandel und als Eingangspforte zu dem wirtschaftlich noch unselbständigen französischen und englischen Absatzgebiet ein außerordentlich wichtiger Brennpunkt kommerziellen und industriellen Lebens gewesen. Nach der Eroberung Antwerpens war diese Suprematie auf die nunmehr unabhängigen nördlichen Niederlande übergegangen, die in der ersten Hälfte des 17. Jahrhunderts — als Markstein mag die 1602 erfolgte Begründung der Holländisch-Ostindischen Kompanie gelten — zu beispielloser wirtschaftlicher Blüte emporstiegen. Die gewerbliche Entwicklung weist ähnliche Züge auf wie vorher in den großen italienischen Seestädten. Neben der längst heimischen Textilindustrie entstand, namentlich in Amsterdam, im Anschluß an den Warenhandel eine ganze Reihe von Unternehmungen meist chemischer und verwandter Art, die sich mit der Raffination oder sonstigen Veredelung eingeführter Materialien befaßten. Hierher gehört die Raffinerie von Zucker, Campher, Borax und Schwefel, die Herstellung von Lackmus, Bleiweiß, Smalte und Quecksilberverbindungen, die Fabrikation von fetten und ätherischen Ölen, Spirituosen, Seife, Wachs, Stärke, Tabak, Leder, Papier usw. Selbst die Keramik steht insofern in Beziehungen zum Überseehandel, als die berühmten Delfter Kunsttöpfereien in Anlehnung an das aus Ostasien eingeführte Porzellan geschaffen wurden.

Immerhin war die holländische Wirtschaftsmacht nicht von allzulanger Dauer, da sie auf zu schwacher nationaler Basis ruhte und den allmählich selbständig werdenden größeren Westmächten auf die Länge nicht gewachsen war. Schon mit dem Erlaß der Navigationsakte beginnt der Niedergang, der allerdings in gewerblicher Hinsicht erst sehr viel später wirksam wurde, zumal da durch die Aufhebung des Edikts von Nantes und die Übersiedlung zahlreicher Hugenotten nach Holland die unter COLBERT bedrohlich werdende französische Konkurrenz wieder für einige Zeit ausgeschaltet war. Das holländische Gewerbe hat jedenfalls noch bis in die zweite Hälfte des 18. Jahrhunderts hinein seine große Bedeutung behalten.

Die französische Industrie ist in ihren Anfängen — insbesondere gilt dies für die Erzgießerei, für die Seiden- und Glasindustrie, für die Keramik und die Destillierkunst — jedenfalls ein Ableger italienischen Gewerbefleißes gewesen. Zu größerer Bedeutung hat sich die Industrie erst nach der inneren Konsolidierung des Landes unter COLBERTS zielbewußter Handels- und Gewerbepolitik aufzuschwingen vermocht. Immerhin hat diese Blüteperiode nicht lange gedauert, nämlich nur von dem Amtsantritt COLBERTS im Jahre 1661 bis zu dem Widerruf des Edikts von Nantes, der Hunderttausende der gewerblich wertvollsten Einwohner in das Ausland trieb. Auch im 18. Jahrhundert ist die französische Industrie — insbesondere die Textilindustrie mit Färberei und Zeugdruck, Glasindustrie, Eisenindustrie, die chemischen Gewerbe, auch die Luxusindustrie — keineswegs bedeutungslos gewesen, sie hat aber auch vor der Revolution nie diejenige Höhe erreicht, die unter einer besseren Verwaltung möglich gewesen wäre. Im ganzen überwiegt der Eindruck, daß zwar in Frankreich außerordentliche bahnbrecherische Arbeit auch in chemisch-wissenschaftlicher und -technischer Hinsicht geleistet wurde — erinnert sei an LAVOISIER und LEBLANC —, daß aber diese Arbeiten nicht ganz die an sich möglichen wirtschaftlich-industriellen Erfolge gehabt haben.

Am spätesten von den Westmächten, namentlich in gewerblicher Hinsicht, ist England auf den Plan getreten. Noch das elisabethanische Zeitalter, das die Befreiung von der hansischen Handelsbevormundung brachte, war auf industriellem Gebiete recht wenig selbständig. ELISABETH rief zur Hebung des Bergbaus noch deutsche Bergleute ins Land, und die über das Fabrizieren grober Wollgespinste hinausgehende feinere Textilindustrie, Färberei und Druckerei, Hutfabrikation, Papierindustrie, ferner Glasindustrie und Kunstkeramik, Stärkefabrikation u. a. m. ist zu Ende des 16. oder im 17. Jahrhundert durch Niederländer und Hugenotten nach England gebracht oder wenigstens gefördert worden. Erst in der zweiten Hälfte des 17. Jahrhunderts, nachdem durch die Navigationsakte der holländische Konkurrent ausgeschaltet und die französische Industrieblüte durch die Aufhebung des Toleranzediktes stark beeinträchtigt war, fing die englische Industrie an, zu weltwirtschaftlicher Bedeutung emporzusteigen. Abgesehen von der inzwischen gefestigten See-, Handels- und Kolonialsuprematie kam dem englischen Gewerbe die breite Basis heimischer Rohstoffe — Textilstoffe und Kohle — zugute, wie sie kein anderer Staat Europas dazumal zur Verfügung hatte. Die beiden Stützen englischer Industriemacht, die im Verlaufe des 18. Jahrhunderts besonders gewaltig emporgewachsen sind, waren die Textilindustrie mit dazugehörigen Gewerben einerseits und die Eisenindustrie andererseits. Im Textilgewerbe dominierte zunächst die seit alters wichtige Wollindustrie, daneben auch die schottische und irische Leinenindustrie, während die überragende Stellung der Lancashirer Baumwollindustrie erst zu Ende des Jahrhunderts einsetzt. Leinen- und Baumwollindustrie sind dann wieder ihrerseits die Grundlagen der chemischen Großindustrie geworden, der Schwefelsäureindustrie seit Mitte des 18., der Sodaindustrie seit Beginn des 19. Jahrhunderts. Die Eisenindustrie, die erst in der zweiten Hälfte des 18. Jahrhunderts die kontinentalen Industrien überflügelte, hat ihren Aufschwung mit der Verwendung der verkokten Steinkohle genommen, wie überhaupt die allgemeine gewerbliche Benutzung der Steinkohle, die in großem Umfange etwa um die Wende vom 17. zum 18. Jahrhundert einsetzt, die wichtigste Voraussetzung für die spätere, in der ersten Hälfte des 19. Jahrhunderts erst voll zur Auswirkung kommenden englischen Überlegenheit auf industriellem Gebiete gewesen ist. Aber auch ein anderes, mehr ideelles Moment darf hierbei nicht außer acht gelassen werden: wenn auch manche unzweckmäßige Verbote und sonstige Ausflüsse merkantilistischer oder fiskalistischer Handelspolitik die Entwicklung einzelner Industrien eine Zeitlang gehemmt haben, so hat doch im ganzen zum Vorteil der industriellen Entwicklung ein mehr kaufmännisch-liberaler Geist die Richtlinien der Industriepolitik bestimmt als auf dem Kontinent, indem insbesondere die entwicklungshemmenden Schranken des Zunftwesens, Monopole und Privilegien in England niemals in dem Ausmaße bestanden haben oder wesentlich früher gefallen sind.

Im allgemeinen ist die Einschnürung durch Zunftregeln aller Art für das europäische Gewerbe des ganzen hier betrachteten Zeitabschnitts charakteristisch gewesen. Es gilt dies allerdings weniger für die chemische Technik im engeren Sinne als für die Gewerbe des weiteren Kreises, wie Färber, Gerber, Seifensieder, Destillateure u. a. m. Trotzdem aber ist auch die eigentliche chemische Industrie, die Industrie der Säuren, Präparate usw., in dem betrachteten Zeitraum nicht über das handwerksmäßige oder richtiger kleingewerbliche Ausmaß hinausgekommen, wenigstens wenn wir die Anzahl der beschäftigten Personen ins Auge fassen. Die chemische Fabrik von Lukavic in Böhmen, die holländischen und deutschen Säure- und Präparatefabriken haben nur einige wenige Arbeiter beschäftigt, und nur hier und da, wie z. B. bei einzelnen Zuckerraffinerien, wurde die Zahl von zehn oder gar fünfzig beschäftigten Personen überschritten. Nur die kostspielige chemische Apparatur und die damit in Zusammenhang stehende notwendige Voraussetzung des Vorhandenseins eines kapitalkräftigen Unternehmertums gibt den chemischen Gewerben im engeren Sinne von vornherein den fabrikmäßigen Charakter, wie auch durch allmähliche Vergrößerung der chemischen Apparate der Kleinbetrieb nach und nach in den Großbetrieb hinüberwächst, ohne daß sich, wie bei anderen Gewerbsarten, eine so deutliche Abgrenzung zwischen Handwerks-, Manufaktur- und Fabrikbetrieb ziehen läßt. Insbesondere der scharfe Übergang von der Manufaktur zur Fabrik, der sich bei der Textilindustrie zu Ende des 18. Jahrhunderts durch Mechanisierung und Energetisierung der Betriebe vollzieht, hat auf der chemischen Seite kein Analogon. Der Bedarf an mechanischer Arbeit, dessen hoher Betrag wesentlich für die mechanischen Industrien des Maschinenzeitalters ist, erreicht selbst bei den chemischen Großbetrieben des 19. Jahrhunderts nur eine vergleichsweise geringe Größe, und andererseits hat der hohe Bedarf an Wärmeenergie für das chemische Erzeugnis, seitdem überhaupt chemische Reaktionen gewerblich nutzbar gemacht werden, stets in gleichem oder sogar in noch höherem Verhältnis bestanden. Und während auf der einen Seite auch ein gewaltiger qualitativer Unterschied zwischen dem Werkzeug und der durch Dampfkraft angetriebenen Arbeitsmaschine besteht, können zwischen dem einfachen chemischen Apparat, dem Kessel oder Ofen der früheren Jahrhunderte und dem der Großindustrie hauptsächlich nur Quantitätsdifferenzen festgestellt werden. Der Beginn des Maschinenzeitalters bedeutet also für die chemische Industrie nicht einen unmittelbaren, tief in der gewerblichen Struktur begründeten Einschnitt, sondern nur mittelbar ist auch hier eine neue Ära anzusetzen, indem die vervielfältigte Nachfrage nach chemischen Hilfsstoffen durch die mechanischen Industrien, insbesondere durch die Textilindustrie, auch auf der chemischen Seite eine gewaltige Vergrößerung der Betriebe hervorgerufen hat. Hingegen ist die dem Fabrikzeitalter vorangegangene Manufakturperiode, die namentlich auf dem Gebiet der Textilindustrie schon im 16. Jahrhundert umfangreiche Großunternehmungen mit Hunderten von Arbeitern aufgewiesen hatte, für die chemische Industrie in engerem Sinne ohne Bedeutung gewesen und hat nur auf diejenigen Zweige Einfluß gehabt, die gewissermaßen als Komplexe chemischer und mechanischer Gewerbe anzusehen sind. Die Agglutination der einzelnen Arbeitselemente in horizontaler oder vertikaler Richtung und die Produktionssteigerung durch einfache Vermehrung der werktätigen Hände spielt naturgemäß bei den rein chemischen Prozessen keine Rolle, wo die Steigerung der Erzeugung im wesentlichen durch Vergrößerung der Apparatur erfolgt, ohne daß deshalb eine verhältnismäßige Vermehrung der beschäftigten Personen zu erfolgen hat. Wohl aber gilt dies für die mechanischen Teile der komplexen Gewerbe; so ist es beispielsweise nicht der chemische Prozeß des Brennens der Tonwaren im Ofen, sondern die mechanischen Vorgänge des Formens der Tonmasse, des Bemalens usw., die den Porzellanfabriken des 18. Jahrhunderts mit ihrer vergleichsweise hohen Zahl von teilweise mehreren hundert Arbeitern den Stempel der Manufaktur aufdrücken. Auch für die Eisenindustrie, die Glasindustrie und die Gerberei mit ihren gemischten chemisch-mechanischen Betrieben, die teilweise schon im 18. Jahrhundert Unternehmungen erheblichen Umfanges aufweisen, läßt sich Ähnliches feststellen, ja es kann sogar aus einer hohen Zahl beschäftigter Personen bei den hier betrachteten Unternehmungen des 17./18. Jahrhunderts auch ohne nähere Kenntnis der technischen Vorgänge im einzelnen auf einen komplexen Charakter des Arbeitsvorganges mit ziemlicher Sicherheit geschlossen werden.

Auch der qualitative Unterschied der in den chemischen wie mechanischen Industrien beschäftigten Arbeiter, wie er im wesentlichen noch heute vorliegt, hat in der geschilderten konstitutiven Verschiedenheit beider Gewerbsklassen seinen Ursprung. Auf der einen Seite verlangt die Formgebung hohe individuelle Geschicklichkeit und Erfahrung, die der „gelernte" Arbeiter aus dem freien Handwerkerstand übernommen hat; er steht seinem Werkzeug — auch wo dieses mit fortschreitender Mechanisierung zur Arbeitsmaschine umgebildet wurde — als dirigierender Teil gegenüber, während auf der Seite der chemischen Industrien umgekehrt der Apparat dominiert, in dem zwangläufig der chemische Prozeß vor sich geht, indes der Arbeiter mehr oder weniger nur Handlanger ist, der keiner speziellen Fachausbildung bedarf. Voraussetzung ist dafür allerdings angesichts der zunehmenden Kompliziertheit der chemischen Vorgänge, daß über den ungelernten Arbeiter als Organ ständiger Überwachung und Verbesserung der wissenschaftlich vorgebildete Chemiker tritt, dessen Vorhandensein mit der Rationalisierung der früher rein empirisch betriebenen chemischen Prozesse eine der wichtigsten Grundlagen der Entwicklung zur Großindustrie geworden ist.

Wenn man das Verhältnis zwischen chemischer Wissenschaft [1]) und chemischer Technik ins Auge faßt, so zeigt sich, daß die Zeit etwa von den ersten Jahrzehnten des 17. bis gegen die Mitte des 18. Jahrhunderts gegenüber der Fülle technologischer Literatur des 16. Jahrhunderts und den praktischen Anregungen, welche namentlich die Präparatentechnik durch die Beschäftigung großer Geister mit den

---

[1]) Vgl. hierzu Kopp, Geschichte der Chemie; v. Meyer, Geschichte der Chemie; Schelenz, Pharmazie.

Fragen der angewandten Chemie bis Anfang des 17. Jahrhunderts erfahren hat, erheblich zurückgeblieben ist. Insbesondere fehlt es im 17. Jahrhundert völlig an umfassenden Technologien, und erst für die zweite Hälfte des 18. Jahrhunderts gelingt es, aus den reichlich vorhandenen Monographien und umfassenden Gesamtdarstellungen ein vollständiges Bild der Technik der damaligen Zeit zu rekonstruieren. Wenn auch hier und da sich bedeutende Chemiker mit technischen Fragen befaßt haben, so ist doch im großen und ganzen während der sog. „wissenschaftlichen" Periode der Chemie zunächst wenigstens eher eine Entfernung zwischen Technik und Wissenschaft festzustellen, was damit in Einklang steht, daß der Grundsatz l'art pour l'art, die Befreiung der Chemie von allen nicht reiner Erkenntnis dienenden Nebenzwecken, sich durchzusetzen beginnt.

In dem späteren wissenschaftlichen Zeitalter dagegen, etwa um die Mitte des 18. Jahrhunderts, beginnt die Wechselwirkung zwischen reiner Chemie und Praxis wieder sehr viel enger zu werden, und die Technik, die — abgesehen von der Pharmazie — im wesentlichen ihre eigene, geschlossene, rein empirische Kontinuität gehabt hatte, fängt an, in stärkstem Maße wissenschaftlich-rationell durchsetzt zu werden. Schon CHAPTAL hat, rückschauend auf die Entwicklung der französischen Technik, diese Beziehungen zutreffend gekennzeichnet: „La science et la pratique se sont éclairés réciproquement et l'on a marché à grands pas vers la perfection." In mehrfacher Hinsicht ist diese Einflußnahme der Wissenschaft auf die Praxis zum Ausdruck gekommen. Zunächst haben — namentlich in Frankreich — bedeutende Wissenschaftler in großer Zahl sich unmittelbar mit technischen Angelegenheiten befaßt, sei es als industrielle Unternehmer, sei es als staatliche Funktionäre, Inspektoren von bestimmten Gewerbszweigen oder dergleichen. Ferner aber — und diese mittelbare Beeinflussung ist für den Aufstieg der handwerksmäßigen Technik zur Großindustrie fast noch wichtiger — hat gerade die rein wissenschaftliche Forschungsarbeit erst die Grundlage einer wahrhaft rationellen Technik geschaffen. Die Erkenntnis des Wesens der chemischen Reaktionen, des Aufbaus der Körper aus den Elementen, der Zerlegung, der doppelten Umsetzung, insbesondere der mengenmäßigen Verhältnisse, die bei chemischen Vorgängen obwalten, die Entwicklung der qualitativen und quantitativen Analyse, ferner auch die Entdeckung zahlreicher neuer Verbindungen sind die notwendigen Voraussetzungen für die zweckmäßige Durchbildung alter oder die Ausarbeitung neuer Fabrikationsmethoden gewesen, wenn auch im ganzen für das Hochkommen der um 1800 beginnenden Großindustrie mehr wirtschaftliche Momente maßgeblich gewesen sein dürften. Noch ein weiteres Verdienst der chemischen Wissenschaft um die Praxis darf nicht verkannt werden.

Die starke Anteilnahme der Gelehrten an der Industrie geht den Ideen des Aufklärungszeitalters und der französischen Revolution konform, die dem humanistischen Bildungsideal das naturwissenschaftlich-realistische gegenüberstellen. Die aus der Antike überkommene Auffassung der Minderwertigkeit technischer Betätigung gegenüber den alten gelehrten Berufen fängt an langsam zu verschwinden, und im gleichen Maße wird der alte Empiriker in der Industrie durch den wissenschaftlich vorgebildeten Techniker ersetzt. Voraussetzung für dieses Auftreten des Chemikers als eines besonderen Berufsvertreters war naturgemäß das Vorhandensein einer entsprechenden Ausbildungsmöglichkeit. Während vorher diese gewissermaßen nur nebenbei im Rahmen der ärztlichen, pharmazeutischen oder allenfalls berg- und hüttenmännischen Berufsausbildung möglich gewesen war — nur hier und da auch in den Laboratorien einzelner bedeutender Chemiker —, hat das französische Revolutionszeitalter mit der Begründung der „École Polytechnique" zuerst eine regelrechte Bildungsstätte auch für den technischen Chemiker geschaffen, der mit Fug und Recht als der Träger der rapiden industriellen Entwicklung des 19. Jahrhunderts angesehen werden muß. Deutschland ist auf diesem Wege erst sehr viel später gefolgt, wo LIEBIGS Laboratorium in Gießen wohl als erste, ausschließlich für Chemiker bestimmte praktische Unterrichtsanstalt anzusehen ist.

Die drei wichtigsten technischen Autoren, die Deutschland im 17. Jahrhundert aufzuweisen hat, GLAUBER, BECHER und KUNCKEL, zeigen im Wesen wie in den äußeren Lebensumständen unverkennbare Ähnlichkeit. Alle drei, von Charakter abenteuerliche Phantasten, haben ein unstetes Wanderleben geführt und schließlich erst in dem wirtschaftlich und technisch emporstrebenden Auslande eine günstigere Wirkungsstätte als in dem verwüsteten und verarmten Deutschland gefunden. Auch in ihren Schriften spiegeln sie insofern die Zeitläufe wieder, als sie gegenüber der klaren, humanistisch geschulten Denk- und Ausdrucksweise der großen Technologen des 16. Jahrhunderts einen bedenklichen Rückfall in die barbarische Verworrenheit der Alchemistenperiode zeigen, und das zu einer Zeit, als die Physik bereits zum Rang einer modernen, induktiven Wissenschaft emporgestiegen war. Immerhin haben, namentlich GLAUBER und KUNCKEL, Chemie und Technik um wertvolle praktische Arbeitsergebnisse bereichert. Das Hauptverdienst RUDOLF GLAUBERS (1604—1668), der schließlich in Amsterdam bleibenden Wohnsitz gefunden hatte, lag auf dem Gebiet der präparativen Laboratoriumstechnik, womit er als letzter und nicht unwichtigster Vertreter der iatrochemischen Schule anzusehen ist. Die namentlich in den Schriften „Pharmacopoea spagyrica" (1654) und „Furni novi philosophici" (1648) angegebenen neuen Präparate und Vorschriften sind von unverkennbarer Bedeutung für die pharmazeutische Technik geworden. Was seine rein technischen Arbeiten anbetrifft, so muß dahingestellt bleiben, ob diese von wirklich praktischer Tragweite gewesen sind, oder ob, was sicher für seine Vorschriften zur Salpeterbereitung zutrifft, er nicht teilweise fremdes Verdienst unberechtigterweise für sich in Anspruch nimmt. Er hat sich mit einer großen Anzahl technischer Probleme — teils als Technologe, teils als Techniker — befaßt, so mit metallurgischen Fragen, der Glasbereitung, der Färberei — dem Nuancieren von Farbstoffen mit Säure und Alkali —, der Gewinnung von Essig, Branntwein, Weinstein usw. Abgesehen von den genannten Schriften hat er seine Erfahrungen in einer größeren Anzahl allgemeiner oder spezieller Werke niedergelegt, so dem „Tractatus de natura salium" (1658), der „Gründlichen und wahrhafftigen Beschreibung, wie man aus der Weinhefen einen guten Weinstein in großer Menge extrahieren sol" (1654) und dem mehr volkswirtschaftlichen Werke „Des Teutsch Landes Wolfahrth" (1656/60), in dem er im Sinne der merkantilistischen Tendenzen seiner Zeit die Forderung vertritt, aus einheimischen Rohstoffen in Deutschland selbst Fertigwaren zu erzeugen, anstatt diese aus dem Auslande zu beziehen.

Der GLAUBER im Charakter sehr ähnliche JOHANN JOACHIM BECHER (1635—1682) hat ersteren an Schwung der Phantasie vielleicht noch übertroffen, ist aber kaum je über das Projektemachen zu wirklich praktischen Resultaten hinausgekommen. Nach langjährigem Wanderleben hat er sich schließlich in England niedergelassen, wo er — wenigstens nach seinen eigenen Angaben — nicht unwichtige technische Neuerungen in der metallurgischen Feuerungstechnik einführte. Das englische Patent zur Gewinnung und Verarbeitung von Steinkohlenteer, der Vorschlag der Alkoholgewinnung aus Kartoffeln zeigen unstreitig, daß seine Ideen seiner Zeit weit voran waren, wenn ihm selbst auch ein praktischer Erfolg versagt geblieben ist. Seine Schriften, der „Chymische Glückshafen" (1682), die „Närrische Weisheit" (1682) usw. sind auch vom technologischen Standpunkt aus nur von geringer Bedeutung.

JOHANN KUNCKEL (1630—1702 oder 1703) zeigt hinsichtlich seiner äußeren Lebensschicksale große Ähnlichkeit mit BECHER. Er ist wie dieser an den verschiedensten Fürstenhöfen tätig gewesen und steckte ebenfalls noch völlig im Banne alchemistischer Vorstellungen. Immerhin war er als Beobachter wesentlich nüchterner und hat auch tatsächlich erhebliche praktisch-technische Erfolge aufzuweisen. Seine Hauptbedeutung liegt auf dem Gebiete der Glasindustrie, und insbesondere die von ihm zuerst im Auftrage des Großen Kurfürsten fabrikmäßig hergestellten Goldrubingläser haben ihn als erfolgreichen

Techniker berühmt gemacht. Er trat schließlich in die Dienste Karls XI. von Schweden, wo er verdiente Anerkennung fand, die auch äußerlich durch Verleihung des Adelsprädikats zum Ausdruck kam. Seine wichtigste Schrift ist die „Ars vitraria experimentalis", eine stark erweiterte Bearbeitung von Neris „L'arte vetraria", die auch noch die Zusätze des englischen Gelehrten Christopher Merret enthält. Außer der Herstellung farbiger Gläser, künstlicher Edelsteine, Emails, Glasuren usw. wird in der Schrift auch die Gewinnung der Hilfsmaterialien wie Arsenik, Zaffer, Pottasche u. a. m. behandelt.

In diesem Zusammenhang soll auch noch kurz auf die Verdienste des bedeutenden sächsischen Mathematikers und Physikers Walter Ehrenfried von Tschirnhaus (1651—1708) um die Hebung der Glasindustrie hingewiesen werden; sein Anteil an der Erfindung des Porzellans und sein Verhältnis zu Böttger ist im speziellen Teil behandelt. Ferner weist auch das 17. Jahrhundert noch eine Anzahl weiterer technischer Spezialisten auf, von denen außer dem schon erwähnten Löhneyss noch der Metallurg Baltasar Rössler (1598—1673) genannt werden soll.

Noch geringer als in Deutschland ist im 17. Jahrhundert die Zahl der französischen und englischen Chemiker, welche technischen Fragen ihre Aufmerksamkeit geschenkt haben. Die bekannten Autoren Lefèvre (gest. 1674) und Nicolas Lemery (1645—1715) haben in ihren weitverbreiteten chemischen Lehrbüchern vereinzelt auch technische Dinge erörtert und sich praktisch beispielsweise mit der Schwefelsäurefabrikation beschäftigt. Letzterer hat ferner unter dem Titel „Traité universel des drogues et simples" (Paris 1697) ein auch in deutsche Sprache übersetztes Warenlexikon geschrieben, womit er in die Fußtapfen seines Lehrers Chr. Glaser trat, der in seinem 1663 in Paris erschienenen Lehrbuch überwiegend pharmazeutische Fragen behandelt. Mit praktisch-technischen Problemen hat sich ferner noch der in Paris ansässige deutsche Arzt Wilhelm Homberg (1652—1715) beschäftigt, der beispielsweise über die Herstellung von Tusche, Lacken und Firnis sowie über Metallscheidung gearbeitet hat.

Die Verdienste Robert Boyles (1626—1691) um die reine Chemie, die diesem genialen Gelehrten erst die Erhebung zur wahren Wissenschaft verdankt, sollen hier nicht gewürdigt werden, sondern nur derjenige Teil seiner Tätigkeit, der sich auf die angewandte Chemie erstreckt hat. Er hat die mannigfachsten Gebiete in sein Arbeitsbereich einbezogen, insbesondere auch die praktische Analyse, wo er gegenüber dem trockenen Probieren der Erze zuerst die Bestimmung auf nassem Wege ausbildete, beispielsweise auch das analytische Untersuchungsverfahren der Salpetererde ausarbeitete und selbst die An-

fänge der Brennstoffbewertung schuf. Im übrigen hat er sich noch
mit der Metallscheidung, der Salmiakfabrikation, der Herstellung
farbiger Gläser, der Tintenbereitung und der Färberei beschäftigt,
die er in der 1663 erschienenen Schrift „Experimenta et considerationes
de coloribus" behandelt.

Der Tiefstand, den die deutsche chemische Wissenschaft und Technik des 17. Jahrhunderts kennzeichnet, und der auch in der damaligen
chemischen Literatur zum Ausdruck kommt, hat im 18. Jahrhundert
im wesentlichen fortgedauert und ist in den späteren Jahrzehnten
sogar gegenüber den hervorragenden Leistungen der französischen
und englischen Gelehrten und Techniker noch stärker hervorgetreten.
Die Zahl der deutschen Gelehrten, die sich mit der Technik befaßt
haben, ist wenigstens in der ersten Hälfte des 18. Jahrhunderts überhaupt sehr gering, und erst gegen Ende des Jahrhunderts wird das
Interesse wieder reger, indem insbesondere auch die wissenschaftliche
Technologie, die Behandlung der Technik im ganzen als Gegenstand
wissenschaftlicher Forschung zur Ausbildung gelangte.

Georg Ernst Stahl (1660—1734), der Schöpfer der Phlogiston-
theorie, hat durch eine Anleitung zur Salpetergewinnung (1698), durch
die „Adnotationes ad artem tinctoriam" und durch seine „Anweisung
zur Metallurgie" seine Anteilnahme an technischen Problemen be-
kundet, indes sein Schüler und Nachfolger Johann Heinrich Pott
(1692—1777) lediglich durch die große Zahl von über 30 000 keramischen Versuchen Aufmerksamkeit erregt hat, ohne daß er irgendwelche Resultate zur Aufklärung der Porzellanherstellung erzielt hätte.
Wesentlich bedeutender für die Entwicklung der angewandten Chemie
waren die Arbeiten von Andreas Sigismund Marggraf (1709—1782),
wenn auch seine größte Tat, die Entdeckung des Zuckers in der Runkelrübe, erst durch seinen Schüler Achard (Anleitung zur Bereitung des
Rohzuckers, Berlin 1800) in die Praxis übertragen wurde. Marggraf,
dessen Vielseitigkeit und ungewöhnliche Exaktheit des experimentellen Arbeitens schon in seiner doppelten Ausbildung als Pharmazeut
wie als Hüttenmann wurzelt, hat sich mit den mannigfachsten Gebieten beschäftigt und insbesondere auch die analytische Laboratoriumstechnik stark bereichert. Vom industriellen Standpunkt aus sind seine
Versuche über Legierungen, über Färberei sowie zur Phosphorgewin-
nung und Sodadarstellung besonders bemerkenswert.

Die deutsche technologische Literatur im 18. Jahrhundert hat
ihren ersten umfassenden Repräsentanten in dem 1757 erschienenen
Werk von Gottfried August Hoffmann, „Chemie zum Gebrauch
des Haus-, Land- und Stadtwirts, des Künstlers, Manufakturiers,
Fabrikanten und Handwerkers", einer Gesamtdarstellung, die später
noch von dem verdienstvollen Pharmazeuten Johann Christian

WIEGLEB (1732—1800) ergänzt wurde. Hieran reihte sich die „Vollständige Abhandlung von denen Manufakturen und Fabriken" (1758) des Kameralisten und preußischen Berghauptmanns HEINR. GOTTLOB v. JUSTI (1702—1771) und die mehr volkswirtschaftliche Schrift von FRIEDR. WILH. TAUBE „Historische und politische Abschilderung der Engländischen Manufakturen" (1774). Wenn es also auch keineswegs an technologischen Werken gefehlt hat, so ist doch die Technologie als besondere Wissenschaft erst in den letzten Jahrzehnten des 18. Jahrhunderts durch JOHANN BECKMANN (1739—1811) geschaffen worden. Seine wissenschaftliche Tätigkeit, die im wesentlichen deskriptiver Art war, hat sich auf fast alle Zweige der reinen und angewandten Naturwissenschaft, auf die Volkswirtschaftslehre und die Staatswissenschaften erstreckt. Seit 1770 hat er als Professor an der Universität Göttingen — chemische wie mechanische — Technologie und Warenkunde gelesen, die mehr und mehr zu seinem Hauptfach geworden sind. Aus seiner überaus fruchtbaren literarischen Tätigkeit seien folgende Werke hervorgehoben, die sich ganz oder zum großen Teil mit Fragen der chemischen Technik befassen: „Anleitung zur Technologie" (1777), „Vorbereitung zur Warenkunde" (1794/1800), „Entwurf der allgemeinen Technologie" (1806). Ferner ist BECKMANN bei folgenden Werken als Herausgeber tätig gewesen: „Physikalisch-öconomische Bibliothek" (1770—1808), „Beyträge zur Oekonomie, Technologie, Polizey- und Kameralwissenschaft" (1779—1791) und „Beyträge zur Geschichte der Erfindungen" (1780—1805). Abgesehen von den aufgezählten allgemeinen technologischen Schriften, unter denen auch noch JOHANN JAKOB FERBERS „Nachrichten und Beschreibungen einiger chemischer Fabriken" (1793) zu nennen ist, weist das 18. Jahrhundert noch eine ganze Reihe spezieller Monographien auf, von denen hier nur die Metallurgie von SCHLÜTER (1738), die „Anfangsgründe der Metallurgie" (1774) des braunschweigischen Kammerrats JOH. ANDR. CRAMER und „Die Kunst, Salpeter zu machen und Scheidewasser zu brennen" (1771) von J. CH. SIMON als Beispiele angeführt werden sollen.

Die sonstigen bedeutenden deutschen Technologen gehören mit ihrer Wirksamkeit bereits im wesentlichen dem 19. Jahrhundert an. Am bekanntesten sind J. H. M. v. POPPE (1776—1854), der Verfasser einer „Geschichte der Technologie" (1807/11), ferner der Freiberger Professor LAMPADIUS (1772—1844), der neben seiner literarischen Tätigkeit — „Sammlung praktisch-chemischer Abhandlungen" (1795/1800), „Handbuch des allgemeinen Hüttenwesens" (1801/10) und „Grundriß der technischen Chemie" (1815) — mit der Begründung der ersten kontinentalen Gasanstalt in Freiberg auch praktische Erfolge zu verzeichnen hatte, und namentlich SIEGISMUND FRIEDRICH HERMBSTÄDT (1758 oder 1760—1833) Professor und Hofapotheker in Berlin, der, abgesehen

von seinem „Grundriß der Technologie" (1814), auch in zahlreichen
Monographien seine technischen Erfahrungen niedergelegt hat; diese
behandelten Färberei, Bleicherei, Runkelrübenzuckerbereitung, Stärke
und Stärkezucker, Gerberei, Seifensiederei, Tabakfabrikation und Bierbrauerei. Wie HERMBSTÄDT so sind auch sonst vielfach Pharmazeuten
Träger der angewandten Chemie gewesen; überhaupt bot in Deutschland die Apothekerlaufbahn noch um die Wende zum 19. Jahrhundert
allein die Möglichkeit — abgesehen von dem hüttenmännischen Studium an der Freiberger Bergakademie —, sich zum praktischen Chemiker auszubilden. Insbesondere aus der 1796 in Erfurt begründeten
pharmazeutischen Unterrichtsanstalt von JOH. BARTOLOMEUS TROMMS-
DORFF (1770—1837), der auch durch die Errichtung einer pharmazeutisch-chemischen Fabrik seine Beziehungen zur Technik dokumentierte, sind zahlreiche Chemiker hervorgegangen. Der damals in
Deutschland vorherrschenden starken Bedeutung der Pharmazie für
die reine und angewandte Chemie entsprach auch der große Umfang
der pharmazeutischen Literatur. Abgesehen von HERMBSTÄDT und
TROMMSDORFF sind auch CARL GOTTFRIED HAGEN (1749—1829), JOH.
FRIEDR. AUG. GÖTTLING (1755—1809), JOH. FRIEDR. WESTRUMB
(1751—1819) und CHRISTIAN FRIEDR. BUCHHOLZ (1770—1818) als Verfasser bekannter Werke zu nennen.

Zeigte die angewandte Chemie in Deutschland starke Anlehnung an
die Pharmazie, so ist in Schweden im 18. Jahrhundert entsprechend
der wirtschaftlich-technischen Bedeutung von Bergbau und Hüttenwesen das Überwiegen der analytischen Mineralchemie unverkennbar,
was schon in der durch KARL XI. 1686 erfolgten Einrichtung des
staatlichen Laboratoriums für Untersuchung von Mineralien, Erzen
und Bodenproben zum Ausdruck kommt. Auch die großen schwedischen Gelehrten des 18. Jahrhunderts haben sich mit derartigen praktischen Fragen beschäftigt, so GAHN, RINMANN und namentlich
TORBERN BERGMAN (1735—1783), der den Unterschied zwischen den
verschiedenen Eisensorten einwandfrei feststellte und damit der Begründer der Eisenhüttenchemie wurde. Neben seinen sonstigen technischen Arbeiten — er hat über rationelle Alaungewinnung und das
Problem der Sodadarstellung gearbeitet — stammen von ihm auch
zwei chemisch-historische Schriften, mit die ersten ihrer Art, welche
von WIEGLEB unter dem Titel „Geschichte des Wachstums und der
Erfindungen in der Chemie in der ältesten und mittleren Zeit" (1792)
in deutscher Sprache herausgegeben wurden. Noch übertroffen, auch
in Entdeckungen von technischer Tragweite, wurde BERGMAN durch
seinen Zeitgenossen, den deutsch-schwedischen Apotheker CARL WIL-
HELM SCHEELE (1742—1786). Seine wichtigsten Taten vom Standpunkt
der Technik aus — wobei er selbst sich allerdings nicht mit der indu-

striellen Auswertung befaßt hat — waren die Entdeckung des Chlors, die Herstellung von Ätznatron aus Kochsalz, die Gewinnung von Glycerin aus Olivenöl, die Darstellung von Oxalsäure, die Isolierung sonstiger organischer Säuren, die Auffindung der nach ihm benannten grünen Mineralfarbe usw.

Im England des 18. Jahrhunderts dominiert noch fast vollständig die technische Empirie. Nicht als ob es an hervorragenden chemischen Wissenschaftlern gefehlt hätte, so haben diese sich doch kaum mit irgendwelchen technischen Fragen beschäftigt, wie auch umgekehrt die erfolgreichen Techniker kaum publizistisch tätig gewesen sind. Einer der wenigen, der Wissenschaft und Technik vereinigte, war der praktische Färber BANCROFT, der in seiner 1794 erschienenen Schrift „Experimental researches concerning the philosophy of permanent colors" zuerst die Bezeichnung „substantive" und „adjektive" Farbstoffe einführte. Auch technologische Schriften allgemeinerer Art — wie die besonders Metallurgie, Färberei und Farbstoffe behandelnden Arbeiten von WILLIAM LEWIS — sind noch im 18. Jahrhundert verhältnismäßig selten, und erst im 19. Jahrhundert beginnt eine Reihe ausgezeichneter technologisch-wirtschaftlicher Schriften, deren erste wichtigere die „Chemical essays" von SAMUEL PARKES (1815) gewesen sind.

Ganz im Gegensatz zu England finden wir in Frankreich ein allerengstes Zusammenarbeiten zwischen wissenschaftlicher und angewandter Chemie; gerade die glänzendsten Gelehrten, namentlich aus der zweiten Hälfte des Jahrhunderts, haben eine Beschäftigung mit technischen Fragen und teilweise sogar eine praktisch-industrielle Betätigung auch im Dienste des Staates nicht verschmäht. So haben sich JEAN HELLOT (1685—1765), Mitglied der Pariser Akademie, PIERRE JOSEPH MACQUER (1718—1784), Professor am Jardin des Plantes und der große Physiker RENÉ ANTOINE FERCHAULT DE RÉAUMUR (1683—1757) um die Ausgestaltung der französischen Porzellanmanufaktur, teils durch Aufklärung der Zusammensetzung der Porzellanmasse, teils durch Einführung neuer Farben große Verdienste erworben. RÉAUMUR hat sich ferner mit Fragen der Metallurgie (Stahlbereitung) und der Agrikulturchemie beschäftigt, HELLOT mit der Metallscheidung (Abhandlung „De la fonte des Mines") und namentlich, ebenso wie MACQUER, mit der wissenschaftlichen Aufklärung der bisher rein empirisch betriebenen Färbereiprozesse, insbesondere mit der Untersuchung der Rolle der Beizen; 1740 wurde HELLOT zum Inspektor der französischen Färbereien ernannt.

Auch der große französische Chemiker ANTOINE LAURENT LAVOISIER (1743—1794) hat sich in amtlicher Stellung mit technisch-industriellen

Fragen befaßt, wenngleich seine Bedeutung fast ausschließlich auf wissenschaftlichem Gebiete liegt. Immerhin hat er als Leiter der Salpeterregie die französische Salpeter- und Pulverfabrikation vorzüglich organisiert und auch eine analytische Prüfungsmethode der Salpetererde ausgearbeitet. Ferner hat er sich auch mit der Ermittlung des Brennwertes verschiedener Materialien beschäftigt.

Mit dem Problem der Sodafabrikation haben sich außer LEBLANC, dessen Verfahren im speziellen Teil behandelt ist, noch eine ganze Reihe weiterer Gelehrter befaßt, so — als Prüfer und Gutachter — der ältere DARCET (JEAN, 1725—1801), ferner in praktischer Hinsicht, als Vorläufer LEBLANCS, namentlich LOUIS HENRY DUHAMEL DU MONCEAU (1700—1781), LOUIS BERNARD GUYTON DE MORVEAU (1737—1816), und JEAN ANTOINE CLAUDE CHAPTAL, GRAF V. CHANTELOUP (1756—1832). DARCET, der erste Professor der Chemie am Collège de France, hat als Direktor der Manufaktur von Sèvres, als Generalinspektor des Probierwesens der Münze und der Gobelinmanufaktur eine vielseitige Tätigkeit auf allen möglichen industriellen Gebieten entfaltet. DUHAMEL, Mitglied der Pariser Akademie, hat ferner die Technik um eine ganze Reihe wertvoller Monographien bereichert, und zwar über Salmiakfabrikation, Ziegelei (L'art du tuilier et du briquetier, 1763), Messingfabrikation (L'art de convertir le cuivre rouge en laiton, 1764), Leimherstellung (L'art de faire la colle, 1771), Stärkefabrikation (La fabrique d'amidon, 1775) und Seifensiederei (L'art du savonnier, 1777). MORVEAU, Professor an der École Polytechnique, später auch Generaladministrator der Pariser Münze, ist besonders dadurch bemerkenswert, daß er selbst zum technischen Unternehmer geworden ist und 1778 eine Salpeterfabrik begründete, die 1783 den Versuch der Sodafabrikation aufnahm. Ebenso hat auch CHAPTAL, ursprünglich Arzt und Professor in Montpellier, in der von ihm geleiteten Salpeterfabrik in Grenoble betriebsmäßige Versuche zur Sodadarstellung unternommen. Er hat sich ferner auch mit der Schwefelsäure- und Alaunfabrikation befaßt und Monographien über die Türkischrotfärberei, die Bleicherei, die Wein- und Branntweinherstellung veröffentlicht. Er war eine Persönlichkeit von ungewöhnlicher Vielseitigkeit und ist — entsprechend der Vorliebe BONAPARTES für die Gelehrtenwelt — später bis zum Minister des Innern und Direktor des Handels und der Manufakturen aufgestiegen. Besonders bekannt wurde er auch als technologischer Publizist. In seinen Schriften „Essai sur le perfectionnement des arts chimiques en France" (1800), „Chimie appliquée aux arts" (1807) und „De l'industrie françoise" (1819) behandelt er die chemische Technik als Gesamtorganismus im modernen Sinne mit stark volkswirtschaftlichem Einschlag. MORVEAU und CHAPTAL, auch LEBLANC, CLÉMENT und DESORMES gehören in die Reihe der ersten wissenschaftlich durchgebildeten Industriellen, wie sie seit der zweiten Hälfte des 18. Jahrhunderts anfangen den alten Empiriker zu verdrängen.

Vorangegangen war in dieser Hinsicht bereits Antoine Baumé, der 1770 die erste Salmiakfabrik Frankreichs angelegt hatte. Im übrigen hat Baumé, der Professor am Collège de Pharmacie war, sich vorwiegend auf pharmazeutischem Gebiete betätigt; er ist Verfasser des Lehrbuchs „Éléments de pharmacie théoretique et pratique", das unter anderem auch die Herstellung von Parfüms und Likören behandelt. Noch ein anderer Pharmazeut ist an dieser Stelle zu nennen, der sich als Technologe einen Namen gemacht hat. Es ist dies Jean François Demachy, der in seinem auch ins Deutsche übertragenen Werke „L'art du destillateur des eaux fortes" (1777) eine eingehende Beschreibung der damals üblichen Verfahren zur Darstellung chemischer Präparate liefert.

Von nur geringer technischer Bedeutung war Fourcroy, außer als Wissenschaftler bekannt als Unterrichtsminister und Begründer der „École Polytechnique". Um so mehr dagegen ist die Entwicklung der Technik mit Claude Louis Berthollet (1748—1822) verknüpft, der ebenso wie Morveau an der genannten Anstalt gewirkt hat. Abgesehen von Berthollets Arbeiten über Salpeter- und Stahlfabrikation liegt sein Hauptverdienst auf dem Gebiete der Färberei und Bleicherei, insbesondere in der Einführung der Chlorbleiche in die Praxis. Er veröffentlichte über diese Industriezweige die Monographien „Éléments de l'art de teinture" (1791) und „Description du blanchissement ... par l'acide muriatique oxygéné" (1795). Im übrigen ist seine Laufbahn, wie bei vielen der vorgenannten Gelehrten, durch eine starke Anteilnahme am öffentlichen Leben und Bekleidung staatlicher Ämter ausgezeichnet. Wie schon von Hellot, Lavoisier und Jean Darcet erwähnt, war auch ihm die Inspektion eines Gewerbezweiges übertragen, und zwar seit 1784 die der Färbereien. Auch Louis Nicolas Vauquelin (1763—1829) und Jean Pierre Joseph Darcet (1777—1844) gehören noch mit in diese Reihe. Ersterer ist Inspektor des Bergbaus und des Probierwesens an der Pariser Münze gewesen, hat aber im übrigen mehr die reine Wissenschaft um bedeutende Entdeckungen bereichert. Der jüngere Darcet — nicht zu verwechseln mit seinem Vater — ist mit seinen bedeutenden technischen, namentlich metallurgischen Leistungen als Münzwardein, ferner auf dem Gebiet der Organisation der Sodaindustrie ebenso wie Gay-Lussac bereits der großindustriellen Epoche zuzurechnen.

2. Das Hüttenwesen im 17./18. Jahrhundert.

Die metallurgischen[1]) Neuerungen des 17. und 18. Jahrhunderts sind verhältnismäßig unbedeutend gewesen. Gekennzeichnet ist diese Epoche einmal durch eine mehr quantitative Ausgestaltung, durch eine Vergrößerung und Vervollkommnung der Betriebe auf dem Wege einer in höherem Grade kapitalistischen Durchdringung der Unternehmungen sowie ferner dadurch, daß entsprechend der allgemeinen weltwirtschaftlichen Umstellung die Bedeutung Zentraleuropas als des wichtigsten Metallproduzenten zurücktritt, und daß hinsichtlich der Edelmetalle die Neue Welt, hinsichtlich anderer Metalle Länder wie Schweden, England und Frankreich an die erste Stelle treten. Immerhin haben selbst die Stürme des Dreißigjährigen Krieges die deutsche Hüttenindustrie nicht ganz vernichten können, und beispielsweise als eisenerzeugendes Land hat das Deutsche Reich noch lange eine gewisse Bedeutung behalten.

Die Eisenindustrie[2]) war die erste, in der die Vorherrschaft eines kapitalkräftigen Unternehmertums voll zur Geltung kam. Hochöfen und Frischfeuer sowie was sonst zum Betrieb eines Eisenwerkes nötig war, verursachten, wie schon früher ausgeführt, sehr erhebliche Anlagekosten. So ist beispielsweise das große Hüttenwerk von Guérigny mit zwei Hochöfen, zwölf Schmiedeöfen und weiteren umfangreichen Anlagen Ende des 18. Jahrhunderts für den bedeutenden Kaufpreis von 3 Millionen Livres in den Besitz des französischen Staates übergegangen. Vielfach haben die Eisenwerke im 18. Jahrhundert auch schon 200—250 Arbeiter beschäftigt und damit neben den Zeugdruckereien und Porzellanmanufakturen an der Spitze der chemischen Betriebe gestanden; auch von Unternehmen anderer Industriezweige werden sie wohl nur von denen des Bergbaus und der Textilindustrie übertroffen.

Die Zahl der Hochöfen war im 18. Jahrhundert erheblich angewachsen. England besaß 1740 bereits 59, Frankreich 1789 202 Hochöfen, der Harz allein um 1800 22 neben 35 Frischfeuern, die 4300 t Schmiedeeisen und 1600 t Gußeisen produzierten. Im ganzen war die Bedeutung Deutschlands im 18. Jahrhundert wesentlich zurückgegangen. Die Produktion an Eisen betrug 1798 in Preußen 15 000 t, 1810 in Österreich-Ungarn 50 000 t. Dagegen hat England 1796 bereits 125 000 t, Frankreich 1789 69 000 t, Rußland 1786 85 000 t und Schweden Ende des 18. Jahrhunderts über 60 000 t Roheisen erzeugt.

---

[1]) Über Metallurgie vgl. RÖSSLER, Speculum metallurgiae; STAHL, Anweisung; SCHLÜTER, Hüttenwerke; CRAMER, Metallurgie; GMELIN, Geschichte d. Chemie; CHAPTAL, Chimie II, S. 169; III, S. 288; LAMPADIUS, Hüttenkunde; POPPE, Geschichte d. Technologie II, S. 378; FUNKE, Naturgeschichte III, S. 2; KARMARSCH, Technologie, S. 218; WRANY, Chemie in Böhmen; ferner besonders NEUMANN, Metalle; über Wirtschaftliches auch SOMBART, Kapitalismus II.

[2]) Vgl. besonders BECK, Geschichte d. Eisens II, III; NEUMANN, Metalle, S. 5.

Im übrigen hat Frankreich[1]) 1787 noch für etwa 1 Million Francs Eisen aus Österreich bezogen, aus Schweden für über 4 Millionen.

Die Größe der Hochöfen ist nur sehr allmählich gesteigert worden und hat noch Mitte des 18. Jahrhunderts höchstens 7—9 m betragen. Entsprechend war der Durchsatz sehr gering, der sich zwischen 0,6 und 3 t (gegen etwa 250 t heute) bewegte. Den größten technischen Fortschritt in der Roheisenerzeugung bedeutete die Verwendung von Steinkohle bzw. von Koks an Stelle der früher allein benutzten Holzkohle. Schon 1619 hatte DUDLEY in England Steinkohleneisen erschmolzen, doch vermochte sich das Verfahren nicht zu behaupten, und noch weniger waren die durch BECHER[2]) erwähnten Versuche von BLAUENSTEIN von Erfolg, die im Flammofen ausgeführt wurden. Erst im 18. Jahrhundert ist die Eisengewinnung mit Hilfe von Koks weiter ausgebildet worden. Als erster hatte ABRAHAM DARBY damit 1713 begonnen, doch ist das Problem erst von seinen Nachkommen 30 Jahre später völlig gelöst worden. 1788 wurden bereits zwei Drittel der englischen Hochöfen mit Koks betrieben. Gleichzeitig wuchsen auch die Dimensionen der Hochöfen, die Ende des 18. Jahrhunderts Höhen von bis zu 20 m erreichten. In Deutschland fand dagegen die Verwendung von Koks nur langsam Eingang; erst 1796 wurde der erste derartige Hochofen in Gleiwitz in Betrieb gesetzt.

Holzkohle wurde noch lange im Frischprozeß verwendet, bis es gelang, durch den Puddelprozeß auch in der Weicheisenbereitung der Koksverwendung Eingang zu verschaffen. Das erste englische Puddelpatent stammt schon aus dem Jahre 1766, doch begannen erst 1783 systematische Versuche von CORT, die bald zu günstigen Resultaten führten. Der gewaltige Aufschwung der Eisenindustrie von Südwales datiert von der Einführung dieses Verfahrens. An anderen Orten wurde jedoch noch meist die alte, rein empirisch betriebene Stahlgewinnung durch Verfrischen von Roheisen ausgeführt. Eine Art von Zementstahlbereitung oder vielmehr Oberflächenhärtung war schon ERCKER bekannt gewesen. Die eigentliche Zementation wurde im 17. Jahrhundert in Piemont und in England ausgebildet, aber erst im 18. in größerem Umfange angewendet. Teilweise war dies das Verdienst von RÉAUMUR, der die genauen Bildungsbedingungen des Stahls studierte und das Verfahren rationell ausgestaltete. Auch aus Schmiede- und Roheisen hat RÉAUMUR Stahl erschmolzen und damit das Vorbild des Siemens-Martinprozesses geschaffen. Endlich ist auch der heute so wichtige Tiegelstahl bereits eine Errungenschaft des 18. Jahrhunderts. Das von einem Uhrmacher, BENJAMIN HUNTSMAN, stammende Verfahren diente zum Reinigen und Homogenisieren von Schweiß- und Puddelstahl durch einfaches Umschmelzen im Tiegel.

---

[1]) CHAPTAL, Industrie françoise I, S. 59, 69.　[2]) Närrische Weisheit I, 23.

Auf dem Gebiete der Edelmetallgewinnung ist die Ausschaltung des Deutschen Reiches besonders ausgeprägt; gegen die reichen Minendistrikte der Neuen Welt vermochten die kleinen Betriebe Böhmens und Sachsens in keiner Weise aufzukommen. Während nach NEUMANN[1]) in der Periode von 1493—1520 Deutschland mit Ungarn 980 t Silber = drei Viertel der Weltproduktion geliefert hat, betrug seine Erzeugung 1601—1620 nur 428 t gegenüber einer amerikanischen Produktion von über 7800 t (besonders aus Bolivien). 1781—1800 lieferte das Deutsche Reich mit Ungarn rund 1000 t, Amerika dagegen (namentlich Mexiko) fast 16 000 t.

Beim Golde[2]) liegen die Verhältnisse ganz ähnlich. Es produzierten:

1493—1520	Österreich und Ungarn	56 t
	Afrika	84 t
1600—1620	Österreich und Ungarn	20 t
	Afrika	40 t
	Amerika (besonders Kolumbien) .	100 t
1781—1800	Österreich und Ungarn	.25,6 t
	Afrika	30 t
	Amerika (besonders Brasilien) .	.284 t

Aus Kolumbien wurde auch zum ersten Male 1741 Platin nach England gebracht, das undeutlich schon im 16. Jahrhundert erwähnt wird. Eine industrielle Verwendung erfolgte seit 1809 zur Herstellung von Retorten zum Konzentrieren von Schwefelsäure, nachdem schon 1784 ACHARD Tiegel aus dem Metall hergestellt hatte.

Hinsichtlich der Silbererzverhüttung waren die wichtigsten Neuerungen die im 16. Jahrhundert in Amerika durchgeführten Amalgamationsverfahren. Der schon genannte Prozeß des ALONSO BARBA (beschrieben in dem 1640 erschienenen Buche „El arte de los metallos") ist Ende des 18. Jahrhunderts auch in Ungarn, Böhmen und Sachsen in modifizierter Form zur Anwendung gekommen. Die Erze wurden zunächst einem chlorierenden Rösten unterworfen und dann kalt in rotierenden Fässern unter Zusatz von Wasser und metallischem Eisen (anstatt des Kupfers) angequickt. In Freiberg wurde dieser Prozeß 1787 durch GELLERT und RUPPRECHT eingeführt.

Die wichtigsten Kupferproduzenten[3]) sind bis ins 19. Jahrhundert England, Rußland, Schweden und Ungarn gewesen, während der wichtigste deutsche Kupferbezirk, das Mansfelder Revier, zu Beginn des 18. Jahrhunderts nur etwa 100 t, am Ende etwa 800 t geliefert hat. Die englische Erzeugung stieg in dem gleichen Zeitraum von 500—1000 t auf rund 8000 t, die russische Produktion betrug meist 3—4000 t, die schwedische zwischen 900 und 1500 t; 1650 hatte allein Fahlun eine Menge von rund 3500 t erzeugt. Das amerikanische Kupfer

---

[1]) Metalle, S. 154.   [2]) NEUMANN, Metalle, S. 192.
[3]) NEUMANN, Metalle, S. 69.

wurde zwar schon 1640 entdeckt, hat aber erst seit Mitte des 19. Jahrhunderts eine Rolle gespielt.

Die Einführung der Amalgamierung anstatt der Seigerung bei silberhaltigen Kupfererzen wurde oben erwähnt. Die wichtigste Neuerung auf dem Gebiet der Kupfermetallurgie ist die seit 1698 in England erfolgte Einführung des Flammofens, zugleich unter Verwendung von Steinkohlen als Feuerungsmaterial. An sich war der Flammofen schon in Amerika benutzt worden, wie aus der Schrift von BARBA hervorgeht, während man ihn in Europa nur zum Abtreiben verwendete. Schon 1696 hatte man in Schneeberg im Flammofen Silber aus „Kobold" erschmolzen, doch hatte man für die Kupfererze das alte Verfahren noch weiter beibehalten. In England verfuhr man so, daß man das Erz im Kupolofen röstete, was einen besseren Stein als bei dem deutschen Verfahren gab. Dann wurde im Flammofen geröstet, geschmolzen, abgestochen und vollends zu Schwarzkupfer verschmolzen.

Auch in der Metallurgie des Bleis[1]) setzte sich der Flammofen durch. In England, das bis Mitte des 19. Jahrhunderts der wichtigste Bleiproduzent gewesen ist, war schon 1778 ein Patent auf Bleierzschmelzung im Flammofen mit Steinkohlenverwendung genommen worden. In Deutschland war zwar schon 1713 in Goslar ein Flammofen zum Rösten im Betrieb, doch verwendete man zum Verschmelzen noch immer teils Krummöfen, teils Hochöfen. 1773/74 begann man im Harz mit der Niederschlagsarbeit durch metallisches Eisen, wodurch die Ausbeute erheblich verbessert wurde. 1788 wurde zum ersten Male in der Friedrichshütte bei Tarnowitz Koks zum Betrieb der Schachtöfen verwendet.

Auch für die Zinngewinnung[2]) fand der Flammofen zu Anfang des 18. Jahrhunderts in England Eingang. Ob der deutsche Alchemist BECHER tatsächlich, wie er behauptet, in Cornwallis die Verwendung der Steinkohlenfeuerung zu diesem Zwecke eingeführt hat, muß dahingestellt bleiben. England ist lange der erste Zinnproduzent der Welt gewesen. Im 16. Jahrhundert betrug die englische Produktion jährlich durchschnittlich 6800 t, ist aber seitdem stark zurückgegangen. Gegen 1800 wurden nur noch etwa 500 t erzeugt. Umgekehrt wuchs die Bedeutung der Zinneinfuhr aus Hinterindien und China immer mehr. Schon im Mittelalter war ostasiatisches Zinn nach Europa gelangt, in größeren Mengen jedoch erst Ende des 17. Jahrhunderts durch die Holländisch-Ostindische Kompanie. 1777 hatte die genannte Gesellschaft einen Vertrag mit Banka auf einen jährlichen Bezug von 1800 t abgeschlossen.

Die Verwendung des Zinns zum Anfertigen von Speise- und Trinkgeschirr, die im Mittelalter außerordentlich umfangreich gewesen war,

---

[1]) NEUMANN, Metalle, S. 120. [2]) NEUMANN, Metalle, S. 233.

ging durch die Ausbreitung der Kunstkeramik erheblich zurück. Ein neues Verwendungsgebiet war die Weißblechindustrie, die um 1620 in Sachsen aufkam. Daß Deutschland damals noch in dieser Hinsicht führend war, geht daraus hervor, daß noch um 1770 dieser Industriezweig von dem Engländer YARRANTON in Sachsen studiert wurde. Im übrigen verwendete man das Zinn für Legierungen und in Form des Amalgams seit dem 16. Jahrhundert als Spiegelbelag. Zinnasche, eine besonders in England hergestellte Mischung von Zinn- und Bleioxyd, wurde in der Glasindustrie und Keramik benutzt. Endlich spielte das Chlorzinn als Beize für die Cochenillefärberei eine gewisse Rolle.

Die wichtigsten Quecksilberproduzenten[1]) waren Almaden und Idria. Ersteres hat im 17. Jahrhundert jährlich etwa 100 t geliefert, dann wachsende Mengen unter starken Schwankungen bis etwa 1000 t zu Ende des 18. Jahrhunderts. Die Produktion von Idria hat im 16./17. Jahrhundert meist 100—200 betragen und stieg erst Ende des 18. Jahrhunderts auf etwa 550 t. Daneben war bis Ende des 18. Jahrhunderts auch noch das Vorkommen von St. Barbara in Peru von Bedeutung, das meist 100—200 t geliefert hat. Der Quecksilberbergbau in Böhmen, Italien und der Pfalz spielte keine besondere Rolle.

Zur Verarbeitung der Erze wurden in Idria seit Ende des 17. Jahrhunderts an Stelle der früheren Töpfe Retorten verwendet. 1750 kam der von BARBA Anfang des 17. Jahrhunderts in Spanien eingeführte Schachtofen auch in Idria auf, doch benutzte man zur Kondensation keine Aludeln, sondern Kammern, wodurch Quecksilberverluste vermieden wurden. Die Verwendung des Metalls hat im 17./18. Jahrhundert eine erhebliche Ausdehnung erfahren. Abgesehen von metallurgischen Prozessen (Verquicken) diente es hauptsächlich bei der Spiegelfabrikation zur Herstellung des Amalgams sowie als Ausgangsmaterial für zahlreiche medizinische und gewerblich verwendete Quecksilberverbindungen.

Die Darstellung des Zinkmetalls[2]) war in Asien (Indien oder China) längst technisch gelöst, während das in Europa, beispielsweise an den Goslarer Schmelzöfen auftretende Metall nur als ein zufälliges Nebenprodukt anzusehen ist. Im 17. Jahrhundert wurde Zink ausschließlich — und zwar in nicht unerheblichen Mengen — zunächst durch die Portugiesen, dann durch die Holländer aus Indien eingeführt. Erst Anfang des 18. soll der Prozeß der Zinkgewinnung durch absteigende Destillation aus Asien nach England gebracht worden sein, wo tatsächlich um 1730 durch ISAAK LAWSON Zink aus Galmei in technischem Maßstabe dargestellt wurde. Mitte des Jahrhunderts wurden bei Bristol jährlich etwa 200 t Zink erzeugt. Aus dem Jahre 1758

---

[1]) NEUMANN, Metalle, S. 259.   [2]) NEUMANN, Metalle, S. 284.

stammt ein englisches Patent zur Verwendung abgerösteter Blende, ein Verfahren, das bald darauf auch bei Bristol eingeführt wurde. Die ersten Anfänge der oberschlesischen Zinkindustrie stammen aus dem Jahre 1798, nachdem schon seit dem 16. Jahrhundert dort Galmei für die Messingindustrie gewonnen wurde. Das in Wessola bei Pless angewandte Verfahren bestand darin, daß der zinkhaltige Ofenbruch eines Eisenhochofens aus den Töpfen eines Glasofens destilliert wurde. Das noch heute übliche schlesische Verfahren der Destillation aus Muffeln ist bereits Anfang des 19. Jahrhunderts aus dem vorgenannten entwickelt worden.

Das metallische **Antimon**[1]) wurde im 17. Jahrhundert durch Niederschlagsarbeit, im 18. daneben auch durch Reduktion in Tiegeln nach vorherigem Abrösten gewonnen. Flammöfen wurden in der Metallurgie des Antimons erst Anfang des 19. Jahrhunderts eingeführt. Die Produktion an Metall war bis zu der Zeit außerordentlich gering; selbst Österreich-Ungarn, das an der Spitze stand, hat nur einige wenige Tonnen jährlich erzeugt. Daneben haben das Vogtland, die Poitou und Auvergne Grauspießglanz gefördert.

Arsenik[2]), der hauptsächlich für Glasindustrie und Färberei Verwendung fand, wurde, wie früher geschildert, in den sog. „Gifthütten" gewonnen. Beispielsweise wurden in der Arsenikhütte von Beyerfeld (Sachsen) Zinn- und Kobalterze geröstet (die eigentlichen Arsenerze auch in irdenen Retorten erhitzt) und das Giftmehl in langen hölzernen Gängen kondensiert. Zur weiteren Reinigung wurde aus Kesseln mit aufgesetzten kegelförmigen eisernen Aludeln umsublimiert. Teilweise wurde — wie auch schon Kunckel angibt — an Ort und Stelle aus dem Arsenik durch weitere Sublimation mit Schwefel künstlicher Realgar und Auripigment hergestellt. Der Preis[3]) des Arseniks betrug 1795 in Wien 11 Gulden 10 Kr., der des Auripigments 10 Gulden 40 Kr. für den Zentner. Seit 1725 kannte man auch die Sublimation des metallischen Arsens, ohne daß dieser Prozeß jedoch industriell verwertet wurde.

Auch die gegen Ende des 18. Jahrhunderts neu entdeckten Metalle bzw. Oxyde haben zunächst keinerlei technische Bedeutung gehabt. Es gilt dies für Wolfram, Molybdän, Mangan sowie für die Oxyde von Chrom, Uran, Yttrium, Titan und Zirkon. Lediglich das von Cronstedt 1751 entdeckte **Nickel**[4]) ist — in Form von Legierungen — industriell verwendet worden. Schon aus dem Altertum sind baktrische Münzen bekannt, die einen erheblichen Nickelgehalt aufweisen,

---

[1]) Neumann, Metalle, S. 368.

[2]) Vgl. Kunckel, Ars vitraria; Justi, Manufakturen; Chaptal, Chimie III, S. 362, 491; ferner Neumann, Metalle, S. 377.

[3]) Handlungszeitung, herausgeg. v. Hildt, Göttingen, Jg. 1795, S. 311.

[4]) Neumann, Metalle, S. 326.

und bereits im 17. Jahrhundert gelangte die als „Packfong" bezeichnete Nickel-Kupfer-Zinklegierung aus China nach Europa. Mitte des 18. Jahrhunderts hat man bei Suhl in Thüringen aus alten Kupferhüttenschlacken auf empirischem Wege eine Legierung für Gewehrgarnituren hergestellt, eine Art Neusilber, das ebenfalls Nickel enthielt, ohne daß man sich jedoch dessen bewußt war.

Das 1735 von BRANDT dargestellte Kobalt fand ebenfalls keinerlei Verwendung. Dagegen blieb die sächsisch-böhmische Smalteindustrie[1]) auch fernerhin von Bedeutung. Vorübergehend war allerdings die sächsische „Zaffer" anscheinend eines Vertrages wegen hauptsächlich nach Holland gegangen, und erst unter Kurfürst JOHANN GEORG, der holländische Farbmacher kommen ließ, nahm diese Industrie in Sachsen erneuten Aufschwung. Das kurfürstliche Werk in Schneeberg und die drei privaten Werke bei Schneeberg und Zschopau wurden bereits im 17. Jahrhundert zu einer Art Interessengemeinschaft vereinigt, welche das Privileg des ausschließlichen Bezuges von Kobaltgraupen erhielt, während die Ausfuhr des Rohmaterials verboten wurde; der erzielte Gewinn wurde geteilt. Das angewandte Darstellungsverfahren wurde streng geheim gehalten, und die 1677 erlassene Kobold- und Safflorordnung durfte nie gedruckt werden. Die Herstellung der Smalte im 17./18. Jahrhundert erfolgte so, daß man zunächst das von der Wismut- oder Arsenikgewinnung stammende Röstgut zerkleinerte und mit Kiesel, Pottasche, etwas Arsenik, auch mit Glas und Kobaltspeise 8 Stunden in feuerfesten Töpfen im Schmelzofen erhitzte. Die Schmelze wurde abgeschreckt, gepocht, gemahlen, geschlämmt, getrocknet, gesiebt, sortiert und dann in Fässern zu je 3 Zentnern verpackt.

Auf der böhmischen Seite, in Platten und Joachimsthal, war schon im 16. Jahrhundert Smalte hergestellt worden. In den ersten Jahrzehnten des 17. Jahrhunderts bestanden in beiden Orten bereits zehn Blaufarbenwerke, die erfolgreich gegen die holländische Smalteindustrie konkurrierten, im Dreißigjährigen Krieg aber teilweise wieder zerstört wurden. In Platten wurde 1621—43 15 000 Zentner Farbe erzeugt, wobei Silberhüttenspeise als Ausgangsmaterial diente. Anfang des 18. Jahrhunderts war der Betrieb der böhmischen Hütten infolge Holzmangels stark eingeschränkt, so daß das Ausgangsmaterial nach Sachsen exportiert wurde. Seit Mitte des Jahrhunderts nahm die Industrie in Böhmen einen erneuten Aufschwung, und zwar wurden von 16 Hütten jährlich 3000 Zentner blaue Farbe im Werte von 70 000 Gulden erzeugt. Sonst wird auch noch ein Blaufarbenwerk

---

[1]) KUNCKEL, Ars vitraria; HÜBNER, Handlungslexikon; JUSTI, Manufakturen; CHAPTAL, Chimie III, S. 367; POPPE, Geschichte der Technologie III, S. 200; FUNKE, Naturgeschichte III, 2, S. 456; WRANY, Chemie in Böhmen, S. 153, 339, NEUMANN, Metalle, S. 346.

in Andreasberg im Harz aus dem Jahre 1698 genannt sowie das nicht
unbedeutende Werk von Querbach in Schlesien, das Ende des 18. Jahrhunderts allein jährlich 1000 Zentner produzierte.

Smalte fand Verwendung als Malerfarbe, zum Blaufärben von
Glas, Tonwaren und künstlichen Edelsteinen, in der Papierfabrikation,
besonders in Holland, endlich zum Bläuen von Wäsche. Sie bildete
einen ziemlich bedeutenden Handelsartikel, was daraus hervorgeht,
daß Frankreich um die Wende zum 19. Jahrhundert jährlich 4000 Zentner konsumierte. Der Preis[1]) betrug 1795 in Wien je nach der Sorte
9 Gulden 45 Kr. bis 29 Gulden für den Zentner.

3. Die anorganisch-chemischen Gewerbe im 17./18. Jahrhundert.

Obwohl die Schwefelsäure als Präparat längst bekannt war und
auch — beispielsweise von Apotheken — aus Schwefel[2]) oder Eisenvitriol vielfach hergestellt wurde, so konnte doch von einer Schwefelsäureindustrie erst die Rede sein, als tatsächlich ein gewerblicher
Bedarf größeren Umfanges vorlag. Es war dies der Fall, nachdem der
sächsische Bergrat BARTH in Freiberg 1744 die Sulfurierbarkeit des
Indigos entdeckt und das Verfahren in die Wollfärberei eingeführt
hatte. Daß vorher das Vitriolöl[3]) nur eine geringe Rolle spielte, geht

---

[1]) Handlungszeitung, herausgeg. v. HILDT, Göttingen, Jg. 1795, S. 311.

[2]) Über Schwefel, siehe S. 162.

[3]) Über Oleum vgl. CRAMER, Metallurgie; FERBER, Chemische Fabriken;
HILDT; Handlungszeitung, 11. Jahrg., 1794, S. 100; FUNKE, Naturgeschichte III,
2, S. 385; HERMBSTÄDT, Kameralchemie; LUNGE, Sodaindustrie, 3. Aufl.
I, S. 869; WRANY, Chemie in Böhmen, S. 293.
Die Frage der Oleumindustrie im Harz ist noch nicht ganz geklärt.
Meist wurde angenommen, daß Nordhausen lediglich Vertriebsort gewesen und
die Fabrikation in Goslar und Braunlage betrieben worden sei. TROMMSDORFF
(Grundsätze der Chemie, Erfurt 1829) gibt z. B. diese Plätze als frühere Erzeugungsorte an. CLEMENS WINKLER (Ztschr. f. angew. Chemie Jg. 1900, S. 731)
— ähnlich LUNGE — nimmt sogar eine vorübergehende Fabrikation seit 1640
an. Nach Mitteilung des Gemeinschaftshüttenamts in Oker an den Verfasser
enthalten dagegen die handschriftlichen Ausarbeitungen der ehemaligen Kommunion-Bergbeamten keinerlei Hinweise, daß im Vitriolhofe zu Goslar jemals
Oleum für technische Zwecke dargestellt worden sei, wie auch eine Beschreibung
des Kommunion-Vitriolwerkes bei HILDT (Handlungszeitung, Jg. 1794, S. 332)
das Vitriolöl gar nicht erwähnt. Das gleiche gilt für die ganze Literatur des 18. Jahrhunderts (über das 16./17. vgl. S. 75), wie das „Traktat vom Bergwerk" von FR. E.
BRUCKMANN (Wolfenbüttel 1727), das eine bis ins kleinste gehende Zusammenstellung aller Produkte der Unterharzer Bergbau- und Hüttenbetriebe enthält,
und die „Historische Nachricht von der Unter- und Oberharzische Bergwerke"
von HENNING CALVOR (1765), worin sogar die Scheidewasserbereitung beschrieben ist. Auch SCHLÜTER nennt das Oleum nicht, und CRAMER, der sonst genaue
technologische Angaben macht, beschreibt lediglich eine laboratoriumsmäßige
Darstellung des Produktes, ohne einer Fabrikation im Harz zu gedenken. Es
kann nach dem vorliegenden Material wohl angenommen werden, daß tat-

auch aus dem damals bekannten Handels-Lexikon von JOHANN
HÜBNER hervor, das in der Auflage von 1712 Schwefelsäure noch nicht
nennt, wohl aber in den späteren Auflagen ihrer Erwähnung tut.
Nach HILDT haben vor den vierziger Jahren des 18. Jahrhunderts
lediglich in Nordhausen zwei Fabrikanten, FISCHER und ROCHE, in
gewerbsmäßigem Umfange Oleum erzeugt, doch infolge mangelhafter
Apparatur keine besonderen Erfolge gehabt. Die rationelle Durchbildung des Verfahrens erfolgte erst seit 1744 auf Grund der Versuche
des Chemikers BERNHARD durch KÖHLER, den Pächter des Vitriol-
werkes von Beyerfeld; den Anlaß zur Aufnahme dieser Fabrikation
hatte der niedere Preis und die Absatzschwierigkeit des Eisenvitriols
gegeben. Das sächsische Vitriolöl dagegen wurde zum Preise von
2—3 Reichstalern für das Pfund überall von den Textilbetrieben gern
aufgenommen und war schon 1751 in Frankfurt, Bremen, Nürnberg,
auch im Auslande im Handel. In den fünfziger Jahren waren im ganzen
etwa 10 Brennereien in Sachsen entstanden, deren Konkurrenz den
Preis auf 16 Groschen herabdrückte. Schließlich sank der Preis bis
auf 5 Groschen, und viele der Brennereien gerieten in Schwierigkeiten,
zumal da in Böhmen und Preußen (Schlesien), den Hauptabsatz-
gebieten, ebenfalls derartige Unternehmen entstanden waren, und auch
— so von FRIEDRICH DEM GROSSEN — das sächsische Produkt mit
Zöllen und Einfuhrverboten belegt wurde. Immerhin bestanden in
den neunziger Jahren im Erzgebirge über 30 Brennereien mit je
1—3 beschäftigten Personen, die aus 5000 Zentner Vitriol, das von
den fünf sächsischen Werken erzeugt wurde, etwa 120 000 Pfund
Vitriolöl herstellten. Daß auch damals in Nordhausen noch Oleum
hergestellt wurde, geht aus einer Angabe aus dem Jahre 1786[1]) hervor,
daß das Pfund Oleum bei den dortigen Fabrikanten auf 10 Ggr. komme,
während das englische Erzeugnis in Bremen für 6 Ggr. zu haben sei.

Ende des 18. Jahrhunderts wurde auch noch an vielen anderen
Orten Vitriolbrennerei betrieben, so beispielsweise in der von Herzog
WILHELM von Bayern in Bodenmais errichteten Vitriolhütte und in
einer Fabrik in Winterthur, die außerdem auch noch Salzsäure, Alaun,
Glaubersalz und Caput mortuum darstellte; von den vier schlesischen
Oleumwerken in Schreiberhau, Rohnau, Kamnig und Lilienthal bei
Breslau hat ersteres 1791 200 Zentner erzeugt[2]). Nach dem Vorbild
des im Harz und in Sachsen ausgeübten Verfahrens wurde die Indu-

---

sächlich Nordhausen — und zwar erst seit dem 18. Jahrhundert — ganz
oder hauptsächlich Sitz dieser kleinen und ohne Anlehnung an den Bergbau
arbeitenden Fabrikation gewesen ist, und daß hinsichtlich der Harzorte
vielleicht eine Verwechslung zwischen Vitriol und Vitriolöl vorliegt.

[1]) Technologisches Taschenbuch, S. 157.

[2]) Privatmitteilung von Dr. G. BUGGE, Konstanz, nach Aufzeichnungen
von FERD. FISCHER.

strie auch nach Böhmen verpflanzt, und zwar zunächst 1778 nach
Lukavic, wo schon seit langem Schwefel und Vitriol hergestellt worden
waren; immerhin hatte sich die Schwefelsäurefabrikation zunächst
nicht als lohnend erwiesen, so daß vorübergehend lediglich roher
Vitriolstein fabriziert wurde, den man nach Sachsen exportierte. Mit
dem Werk war auch ein Laboratorium verbunden, das als die erste
chemische „Fabrik"[1]) in Böhmen anzusehen ist und mit 5 beschäftigten Personen auch noch Salpetersäure, Berggrün, Caput mortuum,
Kalium- und Kupfersulfat hergestellt hat. Die noch bekannteren
Mineralwerke von Johann David Starck bei Pilsen sind wesentlich
später entstanden. Starck, der 1770 geboren ist, hatte die Oleumfabrikation in Sachsen kennengelernt und als Baumwollweber die
Wichtigkeit der Säure als Hilfsstoff bei der Bleicherei erkannt. 1792
eröffnete er seine Fabrik in Silberbach bei Graslitz, die später nach
Hromic bei Pilsen verlegt wurde. Im 19. Jahrhundert wurde noch
eine ganze Anzahl weiterer Oleumhütten angegliedert, und erst Ende
des Jahrhunderts kam dieser bedeutende Industriezweig zum Erliegen.
Sämtliche böhmischen Mineralwerke haben 1798 84 Zentner Oleum,
1816 bereits 5000 Zentner produziert. Daneben wurden 1792 3471 Zentner Vitriol, 3600 Zentner Alaun und 1097 Zentner Schwefel gewonnen.

Die Oleumdarstellung ging nach folgendem Verfahren vor sich,
das von dem genannten Joh. Chr. Bernhard 1755 zuerst genauer
beschrieben wurde. Die verwitterten Rückstände des Vitriolschiefers,
der vorher zur Schwefelgewinnung gedient hatte, oder auch die Ab-
brände pyrithaltiger Stein- und Braunkohlen wurden in bekannter
Weise ausgelaugt, die Lauge eingedampft und zu rohem Vitriolstein
(Gemenge von Ferro-, Ferri- und Aluminiumsulfat) calciniert. Diese
Masse wurde dann in kleine tönerne Retorten gefüllt, die zu je 30 in
einem Galeerenofen untergebracht waren. Starck hat zunächst 10,
1800 bereits 35 solcher Galeeren in Betrieb gehabt. Es wurde stark
erhitzt, wobei das Oleum sich in den Vorlagen ansammelte. Jede
Retortenfüllung lieferte etwa $1^1/_2$ Pfund Säure. Die Dauer der Destillation einer Charge war sehr erheblich, nach Parkes 7—8 Tage. Als
Rückstand verblieb in den Retorten rotes Eisenoxyd, Caput mortuum
oder Polierrot, das als Farbe ein nicht unwichtiges Nebenerzeugnis
der Fabrikation bildete.

Die industrielle Entwicklung der Schwefelsäuregewinnung[2])

---

[1]) Vgl. Hildt, Handlungszeitung, 12. Jahrg. (1795), S. 249.; ferner
Wrany, Chemie in Böhmen, S. 295.

[2]) Über englische Schwefelsäure vgl. Ferber, Chemische Fabriken; Technologisches Taschenbuch; Demachy, Laborant im Großen I, S. 122;
Chaptal, Chimie III, S. 24; Hermbstädt, Kameralchemie; Parkes, Chemical
essays II, S. 375; Muspratt, Chemie, 1. Aufl., III, S. 1581; Lunge, Sodaindustrie, 3. Aufl., I, S. 4.

aus Schwefel ist in England erfolgt, nachdem dort vorübergehend auch Vitriolöl hergestellt worden war. Zunächst wurde die englische Schwefelsäure zur Herstellung von Salpetersäure und Sulfaten, beispielsweise von Kupfersulfat aus vergoldetem und plattiertem Altmetall benutzt. Größeren Aufschwung nahm die Fabrikation erst, nachdem Dr. Home in Edinburgh 1750 festgestellt hatte, daß sich die Säure vorteilhaft als Ersatz für Sauermilch bei dem Absäuern der zu bleichenden Leinwand oder Baumwolle nach dem Bäuchen benutzen läßt; die Dauer dieser Operation wurde dadurch von 2—3 Wochen auf 12 Stunden abgekürzt. Um die Jahrhundertwende erfolgte dann die weitere Entwicklung zum wirklichen Massenartikel, als die Ausdehnung des Leblancverfahrens ein großes Bedürfnis nach Schwefelsäure für die Glaubersalzfabrikation entstehen ließ.

Die erste fabrikmäßige Darstellung der „englischen" Schwefelsäure wurde in Paris seit Lefèvre und Lemery (1666) ausgeführt, die den Zusatz von Salpeter empfohlen hatten. Angeblich soll dieser Prozeß durch die beiden, welche als Refugiés nach England ausgewandert sind, dorthin gebracht worden sein; nach anderer Version soll der Holländer Cornelius Drebbel das Verfahren dort eingeführt haben. Im Prinzip unterschied sich dieses zunächst nicht von der schon von Angelus Sala[1]) u. a. angewandten Darstellungsweise. Die erste Fabrik wurde 1736 von Dr. Ward in Richmond bei London errichtet. Die Apparatur bestand aus einer Anzahl großer Glasballone von je 40—50 Gallonen Inhalt (ca. 200 l), die in zwei Reihen auf einem Sandbad angeordnet waren. Auf den Grund der Ballone wurde etwas Wasser gegossen, und in den Hals eine durch einen Steinguttopf geschützte rotglühende Blechschale gebracht, in welche die Mischung von Schwefel und Salpeter eingetragen wurde. Nach Verschließen mit einem Holzpfropfen wurde längere Zeit gewartet und dann frische Luft zugelassen; dieses Verfahren wurde so lange wiederholt, bis genügende Konzentration zum Eindampfen vorhanden war. Durch den geschilderten Prozeß ging der Preis der Schwefelsäure, der bis dahin $2^1/_2$ Schilling für die Unze ($^1/_{16}$ Pfund) betragen hatte, auf $1^1/_2$—$2^1/_2$ Schilling für das Pfund zurück.

Einen erheblichen Fortschritt bedeutete die 1746 durch Roebuck und Garbett erfolgte Einführung von Bleikammern. Der Schwefel wurde auf kleinen eisernen Wagen in die Kammern, die 6 Fuß im Quadrat maßen, eingebracht. Die gleichen Unternehmer legten 1749 in Prestonpans in Schottland mit Rücksicht auf die Leinenindustrie eine weitere Fabrik an. Die Anlage hatte im Jahre 1813 nicht weniger als 108 kleine Bleikammern, ein anderes Unternehmen etwas früher sogar schon 360 Kammern. 1772 wurde in Battersea bei London eine

---

[1]) Vgl. auch Glauber, Furni novi.

Anlage errichtet, die als Neuerung 72 Kammern von zylindrischer Form aufwies, welche durch Mahagonitüren verschlossen waren. Im übrigen waren in der zweiten Hälfte des 18. Jahrhunderts noch eine ganze Reihe weiterer Schwefelsäurefabriken entstanden, teilweise auch durch Verrat von Angestellten ROEBUCKS. Ende des Jahrhunderts bestanden allein bei Glasgow bereits 6—8 Fabriken, 8 weitere in und bei Birmingham. Die Ursache der zahlreichen Neugründungen war in der Hauptsache das starke Bedürfnis für die Bleicherei, namentlich seit dem Jahre 1788, als die Chlorbleiche aufkam. Die Verkaufspreise waren im Zusammenhang mit der großen Produktion stark zurückgegangen und betrugen um die Jahrhundertwende etwa 1080 M. für die Tonne. Der Gestehungspreis wird mit 640 M., in Manchester sogar nur auf 430 M. angegeben. 1815 betrug der Verbrauch in England schon etwa 3000 t Säure.

Die Bleikammern waren bei den meisten Fabriken allmählich erheblich in den Dimensionen vergrößert worden. Die Mischung von Schwefel und Salpeter wurde auf einer eisernen Platte verbrannt, die etwas erhöht über dem Flüssigkeitsspiegel in der Kammer aufgestellt war. Nach einigen Stunden wurden die Türen geöffnet, gelüftet und dann die Verbrennung so oft wiederholt, bis die Säure das spezifische Gewicht von 1,56 erreicht hatte. Man zog die Säure mit Siphonen in Bleireservoire ab und konzentrierte zunächst in Blei-, dann weiter in Glasgefäßen (nach CHAPTAL auch in Bleikesseln bis 60°, dann in Steinretorten auf direktem Feuer). Die Versendung der Säure mit einem spez. Gewicht von 1,7 erfolgte damals schon in den großen Glasflaschen, die durch Weidenkörbe gegen das Zerbrechen geschützt waren.

Auch in Holland, bei Lüttich und in Frankreich ist englische Schwefelsäure im 18. Jahrhundert fabriziert worden. Das erste größere französische Unternehmen war das von HOLKER in Rouen, wo zunächst auch mit Glasballonen gearbeitet wurde, dann aber 1769 Bleikammern zur Einführung gelangten. Weitere Fabriken in Javelle bei Paris und Montpellier (von CHAPTAL gegründet) folgten, und Anfang des 19. Jahrhunderts hatte die französische Produktion bereits 200 000 metr. Zentner zu je 30 Franken erreicht[1]). Zwei wesentliche Neuerungen sind französischen Forschern zu verdanken. Die eine war der Vorschlag DE LA FOLLIES (1774), Wasser in Dampfform in die Kammern einzuführen, die andere das kontinuierliche Verfahren, das auf den Vorschlägen von CLÉMENT und DESORMES beruhte. Die genannten Industriellen, Besitzer eines Alaunwerkes, hatten durch ihre Arbeiten 1793 gezeigt, daß der Salpetersäure lediglich eine katalytische, sauerstoffübertragende Wirkung zukommt, und daß durch Einführung eines kontinuierlichen Luftstromes sich das Öffnen und Schließen der Kam-

---

[1]) CHAPTAL, Industrie française II, S. 175.

mern vermeiden läßt. 1810 wurden diese Beobachtungen zuerst durch JEAN HOLKER, den Enkel des Begründers der Fabrik in Rouen, in die Praxis übersetzt.

In Deutschland spielte die Herstellung englischer Schwefelsäure gegenüber der des Vitriolöls nur eine geringe Rolle. Seit 1748 wurde das Verfahren der Schwefelverbrennung in Glasballonen durch THIELE in Berlin ausgeführt und seit 1768 durch DR. KURELLA, der zu diesem Zweck 4 Arbeiter beschäftigte[1]). Die erste Bleikammer ist erst etwa 1812 in Schwemsal bei Leipzig errichtet worden; es folgte dann die Anlage in Ringkuhl bei Kassel. Vorher bestanden nach CHAPTAL in Deutschland bereits Kammern, die mit Glastafeln ausgesetzt waren. Die Mischung von Schwefel und Salpeter wurde in einem besonderen, mit Porzellan gepflasterten Raum verbrannt und die Dämpfe durch Luftzug in die Kammer geleitet.

Die größten Mengen Schwefelsäure konsumierte die Sodafabrikation und die Textilindustrie zum Entwickeln von Chlor, zum Bleichen und zum Absäuern nach der alkalischen Bleiche, endlich zum Auflösen des Indigos. In zweiter Linie kam die Herstellung von Eisen-, Kupfer-, Zinksulfat, Salz- und Salpetersäure. Daneben wurde aber die Säure auch in der Metallindustrie und verschiedenen anderen Gewerben verwendet.

Die Fabrikation der Salpetersäure[2]), die schon im 16. Jahrhundert betrieben wurde, hat ihren kleingewerblichen Charakter bis in das 19. Jahrhundert hinein beibehalten. Im wesentlichen ist sie nach wie vor Domäne der Destillateure, der Wasserbrenner und Apotheker gewesen. Nur vereinzelt bilden sich bereits im 18. Jahrhundert Unternehmungen, die als chemische Fabriken, wenn auch im kleinsten Ausmaß, bezeichnet werden können. So existierte in Holland eine Brennerei, die jährlich 18—20 000 Pfund Säure lieferte[3]), wie überhaupt die holländischen und flandrischen Städte zeitweise den ganzen Handel mit Salpetersäure in Händen gehabt hatten. In Berlin[4]) bestanden 1779 3 besondere Brennereien, die allerdings wohl sehr klein waren; außerdem stellten damals alle Apotheken Scheidewasser her. Die Fabrik von Lukavic in Böhmen wurde bereits vorher genannt, die neben Oleum auch Salpetersäure fabrizierte. Auch das älteste chemische Unternehmen Bayerns, die 1788 begründete Fabrik von FICKENTSCHER in Marktredwitz, stellte die Säure neben anderen

---

[1]) NICOLAY, Berlin und Potsdam, S. 404.

[2]) SCHLÜTER, Hüttenwerke; SIMON, Salpeter; CRAMER, Metallurgie; FERBER, Chemische Fabriken; DEMACHY, Laborant im Großen I, S. 3; CHAPTAL, Chimie III, S. 51; FUNKE, Naturgeschichte III, 2, S. 378; HERMBSTÄDT, Kameralchemie.

[3]) BECKMANN, Phys.-ök. Bibliothek XVII, S. 467.

[4]) NICOLAY, Berlin und Potsdam, I, S. 403.

chemischen Präparaten dar, desgleichen die Fabrik von Königsbronn in Württemberg u. a. m.

Genaue Angaben über die Technik der Herstellung finden sich in dem Buch von Jean Francois Demachy, „L'art du destillateur des eaux fortes", der ausführlichsten Technologie des 18. Jahrhunderts. Prinzipiell unterschied sich das zumeist ausgeübte Verfahren kaum von der schon im 16. Jahrhundert angewandten Destillation. Der als Ausgangsmaterial dienende Salpeter wurde in Mischung mit Eisenvitriol, Ton oder Bolus, seltener Alaun, aus tönernen oder gläsernen Kruken oder Retorten destilliert, die meist in größerer Anzahl (24—42) in einem Galeerenofen vereinigt waren. In einzelnen Fabriken (Lüttich, Ostende, Brügge, Isle, Roubaix, Lukavic) wurden auch eiserne Retorten verwendet, in Königsbronn eiserne emaillierte Töpfe. In Holland benutzte man in der Regel hohe Kruken mit Helm und doppeltem Schnabel. Die übergehende Säure wurde in Vorlagen aufgefangen, und zwar erhielt man zunächst ein wäßriges „Phlegma", dann eigentliche Salpetersäure zweiten Grades. Wurde die Destillation bis zum Auftreten roter Dämpfe fortgesetzt, so erhielt man die Säure dritten Grades; Verwendung von Schwefelsäure lieferte rauchende Säure. Da zumeist roher, kochsalzhaltiger Salpeter als Ausgangsmaterial diente, gingen zum Schluß weiße Dämpfe von Chlorwasserstoff über, wie überhaupt das Scheidewasser meist Salzsäure enthielt. Wollte man das Produkt davon befreien, was für Scheidezwecke nötig war, so behandelte man mit metallischem Silber. Schwefelsäure wurde in Form des Blei- oder Bariumsalzes entfernt. Für die Zwecke der Cochenillefärberei dagegen war der Gehalt an Salzsäure günstig, da sowieso noch ein Zusatz von Kochsalz erfolgte, um das zum Lösen des Zinns nötige Königswasser zu erhalten. Schädlich war für Färbereizwecke lediglich ein Gehalt an Eisen, da dieser eine Schwärzung des Farblacks bewirkte; für solche Zwecke empfahl es sich, die Benutzung von Vitriol zum Austreiben der Säure zu vermeiden. Auch für Messingarbeiter war ein gewisser Gehalt an Salzsäure vorteilhaft, für Rotgießer ein solcher an Schwefelsäure. Die Säure dritter Stärke wurde von den Kürschnern zum Abfleischen von Bärenhäuten verwendet. Das Hutmachergewerbe, einer der wichtigsten Abnehmer von Salpetersäure, hatte zum Verfilzen ursprünglich die Säure selbst benutzt. Durch den französischen Hutmacher Matthieu dagegen (1730) wurde für diesen Zweck eine Auflösung von Quecksilber in Salpetersäure, das sog. „Geheimnis", eingeführt, das aus England stammte. Im übrigen wurde die Säure nach wie vor in großem Umfang zum Scheiden und von den Kupferstechern benötigt.

Der Preis für Salpetersäure wird von Demachy auf 17—30 Sous für das Pfund angegeben.

Die schon BASIL bekannte Salzsäure[1]) hat erst sehr spät industrielle Verwendung gefunden. Die Herstellung erfolgte ganz analog
der Salpetersäure, wobei ebenfalls Vitriol, gebrannter Alaun, Bolus,
Ton oder Ziegelmehl zum Austreiben aus dem Kochsalz benutzt wurden. Von GLAUBER ist wohl zuerst mit Hilfe von Schwefelsäure reine
Salzsäure erhalten worden. Er empfiehlt die Säure für alle möglichen
Zwecke, sogar zum Würzen der Speisen als Ersatz des Essigs. Eine
irgendwie nennenswerte Verwendung der Salzsäure, die beispielsweise
in Amsterdam gewerbsmäßig hergestellt wurde, hat bis zum Ende des
18. Jahrhunderts nicht stattgefunden. Erst nach Einführung der
Chlorbleiche steigerte sich der Konsum, doch ging man auch hierfür
in der Regel zunächst von einer Mischung von Kochsalz, Braunstein
und Schwefelsäure aus. Zudem entstand durch die Einführung des
Leblancverfahrens eine erhebliche Überproduktion an Salzsäure, so
daß man diese vielfach in die Luft entweichen ließ oder durch Absorp-
tion in unterirdischen Kanälen in unvollkommener Weise zu beseitigen
suchte. Immerhin betrug der französische Verbrauch zu Anfang des
19. Jahrhunderts 6000 metrische Zentner zu je 36—40 Franken, wovon
den Hauptteil die Bleicherei konsumierte[2]). Auch für die Gelatine-
gewinnung aus Knochen, für die Darstellung von Berliner Blau, für
pharmazeutische und gewerbliche Zwecke wurde Salzsäure verwendet.
In Deutschland wurde Salzsäure beispielsweise seit 1799 von der
königlichen Fabrik in Schönebeck[3]) aus Kochsalzmutterlauge und
Schwefelsäure hergestellt.

VAN HELMONT, GLAUBER und BOYLE hatten wohl bereits Chlor
in Händen gehabt, doch ist die einwandfreie Entdeckung des Ele-
mentes erst durch SCHEELE 1774 erfolgt. Auf BERTHOLLETS Anregung
wurde seit 1785 das Chlor in die Bleicherei[4]) eingeführt, wodurch
der Bleichprozeß auf 2—3 Tage abgekürzt wurde. Das Verfahren wurde
zuerst von DESCROIZILLES in Rouen angewandt, von der Leinwand-
druckerei von OBERKAMPF in Jouy und auf CHAPTALS Veranlassung
von der Papierfabrik von MONTGOLFIER u. a. m. Seit 1786 wurde
schon in Wien mit Chlor gebleicht, 1799 auch in Berlin. Das Gas
wurde in einem gläsernen, auf einem Sandbad befindlichen Rezipienten entwickelt und durch eine WOULFEsche Flasche hindurch in

---

[1]) GLAUBER, Furni novi; FERBER, Chemische Fabriken; DEMACHY, Laborant im Großen I, S. 93; CHAPTAL, Chimie III, S. 87; FUNKE, Naturgeschichte
III, 2, S. 372.

[2]) CHAPTAL, Industrie françoise II, S. 175.   [3]) STAVENHAGEN, Hermania.

[4]) Vgl. JOH. FRIEDR. WESTRUMB, Bemerkungen und Vorschläge für Blei-
cher, Hannover 1800; ref. bei BECKMANN, Phys.-ök. Bibliothek XXI, S. 108;
HERMBSTÄDT, Bleichkunst; Technologie, S. 230; CHAPTAL, Chimie III S. 94,
IV, S. 194; Industrie françoise II, S. 43; FUNKE, Naturgeschichte II, 2, S. 804;
PARKES, Chemical essays IV, S. 5; MUSPRATT, Chemie, 1. Aufl., I, S. 721; 4. Aufl.,
I, S. 1779; LUNGE, Sodaindustrie, 3. Aufl., III, S. 277.

eine Vorlage mit Wasser geleitet. Die chemische Fabrik in Javelles bei Paris ging dann 1789 von der Herstellung von Chlorwasser zu der von Kaliumhypochlorit über, das man durch Einleiten von Chlor in Pottaschelösung erhielt. Dort lernte auch JAMES WATT das Verfahren kennen, der es 1786 in der Fabrik von MACGREGOR in Glasgow einführte. Die Chlorbleiche gewann für die englische Textilindustrie rasch an Bedeutung, namentlich seitdem TENNANT, der Besitzer einer Bleicherei, die Absorbierbarkeit des Chlors durch trockenen Kalk entdeckt hatte. 1798/99 nahm TENNANT seine ersten Patente und errichtete die erste Chlorkalkfabrik in St. Rollox bei Glasgow, die lange Zeit hindurch die größte der Welt gewesen ist. Im ersten Jahre betrug die Produktion der Fabrik 52 t zu je 140 Lst., 1870 über 9000 t.

Das Bedürfnis der Industrie nach Soda ist bis Ende des 18. Jahrhunderts ausschließlich durch das natürliche pflanzliche oder mineralische Erzeugnis[1]) befriedigt worden. Noch Anfang des 19. Jahrhunderts hatte die künstliche Soda erhebliche Schwierigkeiten, sich gegenüber der Pflanzensoda durchzusetzen. Der wichtigste Lieferant dieses Produktes ist bis zuletzt die spanische Küste gewesen, insbesondere die Gegend von Alicante, von wo noch 1812 für eine halbe Million Taler dieser sog. Barilla ausgeführt wurde. Ende des 18. Jahrhunderts hatte Frankreich sogar für 2—3 Millionen Franken spanische Soda im Jahre bezogen. Das Darstellungsverfahren war denkbar primitiv: man verbrannte die Sodapflanzen auf Rosten, ließ die Asche in Gruben fließen und brach die erstarrte Masse in Klumpen von bis zu 50 kg Gewicht. Während die Barilla zwischen 8,5 und 30% Soda enthielt, auch die französische Salicorsoda von Narbonne, die zur Glasfabrikation diente, etwa 14%, war der aus Fucusarten hergestellte nordfranzösische Varec und der englische Kelp sehr viel weniger wertvoll und nur zur Glasfabrikation geeignet. Der Gehalt an Alkali wird für Kelp auf meist nur 2—5% angegeben; die Kelpfabrikation ist um 1730 aus Irland, wo sie zunächst betrieben wurde, nach Schottland eingeführt worden und wurde auch auf den Scilly-Inseln ausgeübt. England hat ferner noch lange natürliche Soda aus den ägyptischen Natronseen, auch aus Sizilien und Teneriffa eingeführt. Ebenso sind die ungarischen Sodavorkommen noch im 19. Jahrhundert ausgebeutet worden.

Der zunehmende Bedarf der Glasfabrikation, der Seifensiederei und Textilindustrie, der durch die natürliche Soda kaum mehr gedeckt

---

[1]) Über natürliche Soda vgl. NERI, L'arte vetraria; KUNCKEL, Ars vitraria; BECKMANN, Technologie, S. 288; Phys.-ök. Bibliothek XXI, S. 347; TAUBE, Manufakturen; CHAPTAL, Chimie II, S. 127; Industrie françoise I, S. 12; HERMBSTÄDT, Seifensieder; FUNKE, Naturgeschichte II, 2, S. 582, 777; PARKES, Chemical essays III, S. 156; MUSPRATT, Chemie, 1. Aufl., III, S. 1411; 4. Aufl., VI, S. 690; LUNGE, Sodaindustrie, 3. Aufl., II, S. 50.

werden konnte, veranlaßte die französische Akademie im Jahre 1775, einen Preis von 12 000 Livres für die künstliche Darstellung von Soda aus Kochsalz auszusetzen. Eine ganze Reihe von Gelehrten hat sich daraufhin mit dem Problem befaßt, bis die Lösung durch den Arzt NICOLAS LEBLANC (geb. 1742) erfolgte. Der Preis ist jedoch nie bezahlt worden, zumal da die Akademie später aufgelöst wurde. Noch 1855 machten die Nachkommen LEBLANCS vergeblich ihre Ansprüche geltend.

LEBLANC ist bei seiner Erfindung nicht völlig selbständig gewesen, sondern hat auf den Erfahrungen einer ganzen Anzahl von Vorgängern gefußt. Ferner waren naturgemäße Voraussetzung die erst im 18. Jahrhundert entwickelten Grundlehren der modernen Chemie, die durch Analyse festzustellende Identität oder Verschiedenheit der in den einzelnen Verbindungen vorkommenden Elemente und die quantitativen Verhältnisse, in denen die Elemente zu Verbindungen zusammentreten. Erst 1736 hatte DUHAMEL festgestellt, daß in der ägyptischen und spanischen Soda eine besondere Base, das Natron, vorhanden ist, und erst MARGGRAF hatte einwandfrei 1758/59 den Unterschied zwischen Soda und Pottasche aufgezeigt.

Die ersten Versuche zur Herstellung künstlicher Soda[1]) gehen auf DUHAMEL zurück, der bereits 1736 vorschlug, Natriumsulfid mit Essigsäure in Acetat zu verwandeln, das beim Calcinieren in Soda übergeht; dieser Vorschlag wurde von MARGGRAF und später — 1787 oder 1789 — von DE LA MÉTHERIE wieder aufgenommen, auf dessen Arbeiten LEBLANC ausdrücklich Bezug nimmt. MARGGRAF hat außerdem auch in wäßriger Lösung aus Natriumsulfat und Kalksalpeter Natriumnitrat gewonnen, das sich durch Verpuffen mit Kohle leicht in Soda überführen läßt. In analoger Weise, doch noch einfacher, hat JOHANN HEINRICH HAGEN 1768 das Sulfat mit Pottasche umgesetzt, BERGMAN sowie J. C. F. MEYER in Stettin Kochsalz selbst; beim Eindampfen der Lösung schied sich zuerst Chlorkalium und dann Soda ab.

Alle diese Versuche hatten naturgemäß keine technische Bedeutung. Zu einer regelrechten Fabrikation führte erst SCHEELES Verfahren, der 1775 eine Kochsalzlösung durch Bleiglätte filtrierte, wobei sich Ätznatron bildete; dieser Prozeß ist dann vorübergehend in England in industriellem Maßstabe ausgeführt worden und wurde auch von TURNER 1787 patentiert. Ebenso hat CHAPTAL in Montpellier Ätznatron dargestellt, wie auch die Fabrik von ATHÉNAS in Paris soda-

[1]) Über künstliche Soda vgl. DEMACHY, Laborant im Großen IV, S. 371; CHAPTAL, Chimie II, S. 144; Industrie françoise II, S. 173; PARKES, Chemical essays III, S. 182, V, S. 178; HERMBSTÄDT, Seifensieder; MUSPRATT, Chemie, 1. Aufl., III, S. 1416; 4. Aufl., VI, S. 964; LUNGE, Sodaindustrie, 3. Aufl., II, S. 415; STAVENHAGEN, Hermania; ferner BINZ, Deutsche Parfümerie-Zeitung II, Jg. 1916, S. 119.

haltiges Ätznatron durch Einwirkung von Bleioxyd auf Natriumsulfat gewann, das man seinerseits durch Rösten von Kochsalz mit Vitriol, später mit Pyrit oder pyrithaltiger Braunkohle erhielt. Noch einen Schritt weiter kam der Benediktinerpater Malherbe 1777, nach dessen Rezept die Fabrik von Javelle 1779 gearbeitet hat. Er gewann Natriumsulfat aus Kochsalz und Schwefelsäure und reduzierte mit Kohle im Flammofen. Das zunächst gebildete Sulfid wurde dann durch Zusatz von Eisen in Soda verwandelt. Ähnlich geht auch das englische Patent von Dr. Bryan Higgins von 1781 vor. Dem im Flammofen erhaltenen Schwefelnatrium wird Blei zugefügt oder die Schwefelleber wird mit Weinstein gelöst und mit Kalk behandelt. (Ein dem Leblancverfahren ähnlicher Prozeß zur Herstellung von Pottasche ist unten genannt.) Endlich hat auch noch Guyton de Morveau mit Carny 1782 in seiner Salpeterfabrik in der Picardie eine Mischung von Kochsalz und Kalk der feuchten Luft ausgesetzt, wobei sich Ausblühungen Soda bildeten (einen ähnlichen Vorschlag hat schon Scheele 1779 gemacht). Wegen der durch das Salzmonopol bewirkten hohen Kosten mußte die Fabrikation jedoch wieder eingestellt werden, wie auch alle anderen Fabriken sich der Barilla gegenüber zunächst nicht behaupten konnten.

1789 schlug Leblanc dem Herzog von Orléans vor, nach seinem neuen Verfahren der Sodadarstellung die Fabrikation im großen vorzunehmen. Der Herzog beauftragte den Professor Darcet und dessen Präparator Dizé mit der Prüfung des Prozesses, woraufhin 1790 ein Vertragsabschluß zwischen dem Herzog, Leblanc und Dizé zustande kam. Der Herzog verpflichtete sich zur Zahlung eines Betrages von 200 000 Livres zur Aufnahme der Fabrikation, wogegen Leblanc seine Beschreibung des Sodaprozesses, Dizé das Rezept einer neuen Art der Bleiweißbereitung bekanntgeben sollten; ferner bildete auch noch ein Verfahren zur Salmiakdarstellung Gegenstand des Vertrags. Gleichzeitig wurden die Beschreibungen notariell hinterlegt. Aus der von Leblanc geht hervor, daß er die Soda zunächst durch Glühen von Natriumsulfat mit Kreide und Kohle im Tiegel gewann. Über die Priorität des Gedankens, beim Schmelzen Kalk zuzusetzen, hat sich später ein heftiger Streit erhoben. Von Dizé wurde nach dem Tode von Leblanc behauptet, daß dieser vergeblich die Zersetzung des Hepars mit nasser Kreide versucht und daß er selbst zuerst das Glühen mit Kalk ausgeführt habe. Immerhin wird in dem genannten Vertrag der Anteil Dizés an der Erfindung des Sodaprozesses mit keinem Worte erwähnt und er lediglich als Erfinder der Bleiweißbereitung angegeben. Auch die aus den namhaftesten Gelehrten bestehende, 1855 zur Prüfung der Ansprüche Dizés eingesetzte Kommission der französischen Akademie kam nach Prüfung aller Unterlagen zu keinem anderen Resultat, obwohl Chevreul sich für Dizé eingesetzt hatte. Noch neuerdings ist durch Pillas und Balland[1]) die Hypothese verfochten woiden, daß Dizé der eigentliche Erfinder gewesen ist. Das beigebrachte Beweismaterial erscheint jedoch nicht ausreichend und man darf wohl nach wie vor, wenn auch nicht alle Zweifel behoben sind, auf Grund der Feststellungen der Kommission Leblanc als Erfinder des Sodaprozesses ansehen.

1791, nachdem der Bau der Fabrik bereits begonnen war, kam ein Gesellschaftsvertrag zwischen den Beteiligten zustande, in dem die Gewinnverteilung festgelegt wurde. Im gleichen Jahre erhielt auch Leblanc sein Patent, in dem der Prozeß bereits in großer Vollkommenheit geschildert wird, und auch genaue Mengenverhältnisse angegeben werden, welche sich kaum von den bis zur Gegenwart in der Praxis angewendeten unterscheiden. Nach der Vorschrift werden gleiche Teile Glaubersalz und Kalk mit 0,5 Teilen Kohle zwischen eisernen Walzen zerkleinert und in einem Flammofen unter Rühren geschmolzen. Als Abschluß der Operation wird bereits das Aufhören der Kohlenoxydflämmchen angegeben. Durch Auslaugen der Schmelze, Eindampfen und Krystallisation wird Handelssoda erhalten. Die Fabrik la Franciade in St. Denis hat auf diese Weise täglich etwa 250 bis 300 Pfund Soda hergestellt, außerdem auch etwas Bleiweiß ($PbSO_4$) und Ammoniumsalz. Immerhin dauerte die Fabrikation nur kurze Zeit. Die Güter des Herzogs wurden konfisziert, er selbst hingerichtet und die Fabrik geschlossen. Zu gleicher Zeit (1794) verlangte der Wohlfahrtsausschuß die Preisgabe aller Verfahren zur Herstellung von Soda mit Rücksicht auf die durch die Kriegsverhältnisse erschwerte Einfuhr an Alkalien; das Patent der Sodafabrikation wurde anulliert, Leblanc und sein Unternehmen waren durch dieses Vorgehen ruiniert. Auch nach der 1801 erfolgten Rückgabe der Fabrik vermochte er den Betrieb nicht wieder aufzunehmen, da die wenigen tausend Franken, die er als Entschädigung oder Unterstützung erhalten hatte, hierzu nicht ausreichten. 1806 hat der Erfinder, der gänzlich verarmt war, Selbstmord begangen; erst seine Nachkommen wurden teilweise durch Napoleon III. entschädigt.

Andere Unternehmungen zogen den Nutzen aus Leblancs Erfindung, so seit 1805 Fabriken in Paris und Dieuze, denen zahlreiche weitere folgten; es entstanden Sodafabriken in Rouen, Alais, Marseille, in Chauny für die Bedürfnisse der Glasfabrik St. Gobain und in Thann das Unternehmen des Textilindustriellen Köchlin. Chaptal gibt den Kochsalzverbrauch der Fabriken zu Anfang des Jahrhunderts bereits auf 400 000 Zentner an, den Wert der Erzeugung auf 2—3 Millionen

---

[1]) Le chimiste Dizé. Paris 1906; vgl. ferner Schelenz, Chemische Industrie Jg. 1917, S. 278.]

Franken. Da der Preis eines Zentners gleichzeitig auf 10 Franken angegeben wird, gegen 80—100 Franken vor Einführung des Leblancverfahrens, errechnet sich eine Produktion von 2—300 000 Zentner.

In England hatte man in den Jahren 1803/08 in St. Rollox bei Glasgow den Sulfatrückstand von der Chlorentwicklung mit Kohlenstaub reduziert und die Schmelze unter Ätzkalkzusatz ausgelaugt, wodurch man unreines Ätznatron erhielt. Erst 1814 ging man dort zur Sodafabrikation über. Ferner hatte der Fabrikant WILLIAM LOSH in Walker am Tyne Kochsalz mit Bleioxyd zersetzt, später auch Soda aus russischer Pottasche mit Kochsalz gewonnen; eine Reise nach Frankreich hatte ihn dann zur Einführung des Leblancverfahrens bewogen. Immerhin war die Sodaerzeugung in England zunächst noch unbedeutend, und erst nach Aufhebung der drückenden Salzsteuer in den zwanziger Jahren vermochte sich die englische Sodaindustrie zur ersten Stelle aufzuschwingen. In Deutschland hat sich eine Sodaindustrie nennenswerten Umfangs noch später entwickelt, woran wohl, abgesehen von dem allgemeinen Zurückbleiben in gewerblicher Hinsicht, der Umstand schuld war, daß das reichliche Vorhandensein von Pottasche einen derartigen Mangel an Alkalien wie in dem waldärmeren England und Frankreich nicht aufkommen ließ. Zunächst hat lediglich die unter Leitung von CARL SAMUEL LEBERECHT HERMANN stehende königliche Fabrik in Schönebeck auf HERMBSTÄDTS Veranlassung aus dem Glaubersalz der Kochsalzmutterlaugen Soda hergestellt. Anfangs wurde das Sulfat über das Sulfid und Acetat in Carbonat verwandelt, seit 1802 aber wurde schon nach LEBLANC mit Kalkzusatz (und Braunstein) gearbeitet. Seit 1805 ist ein großer und ein kleiner Sodaofen im regelrechten Betrieb gewesen.

Die Pottasche[1]) fing erst zu Beginn des 19. Jahrhunderts an, in ihrer Bedeutung hinter der Soda zurückzutreten. Das zunehmende Bedürfnis der Glashütten, Seifensiedereien und Färbereien, dem gegenüber die von den Oststaaten gelieferten Mengen nicht mehr ausreichten, hatte eine erhebliche Preissteigerung des Artikels bewirkt, so daß noch in der zweiten Hälfte des 18. Jahrhunderts an vielen Stellen in Deutschland neue Siedereien entstanden. So haben besonders Hessen und der Hunsrück, dann auch der Harz, der Schwarzwald, Sachsen und Preußen viel Pottasche erzeugt; die Vogtei Pfalzfeld allein wies unter 109 Einwohnern 26 Pottaschebrenner auf. Rußland, Polen, Litauen, Skandinavien, ferner Böhmen, Mähren und Ungarn haben nach wie vor ihre große Bedeutung behalten; nach

---

[1]) KUNCKEL, Ars vitraria; BECKMANN, Technologie, S. 282; DEMACHY, Laborant im Großen II, S. 38; CHAPTAL, Chimie II, S. 93; HERMBSTÄDT, Seifensieder; Technologie S. 471; FUNKE, Naturgeschichte II, 2, S. 777; PARKES, Chemical essays III, S. 121; LIPPMANN, Abhandlungen II, S. 318.

Chaptals[1]) Angaben bezog Frankreich — das selbst im Norden und in den Pyrenäen Pottasche gewann — 1787 für 213 000 Franken Pottasche aus Deutschland, für 365 800 Franken aus Österreich und für 1 075 200 Franken aus Preußen, d. h. meist russisches und polnisches Durchfuhrgut über Danzig. In Böhmen[2]) bestanden im 18. Jahrhundert über 200 Siedereien, die 10 000 Zentner erzeugten. Endlich hat auch Nordamerika seit der zweiten Hälfte des 18. Jahrhunderts erhebliche Mengen Pottasche erzeugt. Der Preis der ungarischen Pottasche hat nach Taube[3]) (1774) in Triest 12—13 Gulden für den Zentner betragen, in London 37 Schilling für den englischen Zentner zu 112 Pfund, während für das schlechtere amerikanische Erzeugnis dort 30 Schilling bezahlt wurden. Beckmann gibt für etwa 1750 einen Preis von 7 Talern an.

Die Pottaschebrennereien waren durchweg dezentralisierte Kleinbetriebe handwerklichen Charakters. Das Brennen wurde zumeist noch in der seit Jahrhunderten herkömmlichen Weise ausgeführt. Hier und da wurde auch das Produkt einer Reinigung durch langdauerndes Calcinieren in einem Flammofen unterworfen, wozu beispielsweise in Deutschland dreiteilige Öfen verwendet wurden, die rechts und links je einen Herd sowie in der Mitte eine Vertiefung zum Auffangen der Pottasche enthielten; ein solcher Ofen faßte eine Charge von 400—500 Pfund. Auch raffinierte man durch wiederholtes Auslaugen, Eindampfen und Calcinieren, ferner beseitigte man die fremden Salze durch Krystallisation. Raffinierte Asche wurde auch als Perlasche[4]) bezeichnet, obwohl die Bedeutung dieses (wohl nach der Korngröße gewählten) Begriffes nicht ganz feststeht, da Perlasche oft weniger Carbonat als Pottasche enthielt. Vielfach betrug der Gehalt an Kaliumcarbonat nur 50% und stieg höchstens bis 85%; der Rest waren Alkalisulfat, -chlorid und unlösliche Verunreinigungen. Eine besonders eingehende Beschreibung der Gewinnung und Reinigung der Pottasche wird von Kunckel gegeben, der auch genaue Angaben über Anlage- und Betriebskosten einer Pottaschehütte macht. Die Anlagekosten eines solchen Betriebes beliefen sich auf nicht ganz 177 Gulden, die Gestehungskosten eines Zentners Pottasche auf weniger als 4 Gulden.

Besonders reines Carbonat erhielt man durch Verkohlen von Weinstein, wie es beispielsweise in der Champagne, in Grenoble usw. ausgeführt wurde. Man verpackte den Weinstein in Papiertüten, legte diese mit Kohle abwechselnd in einen Flammofen und zündete von

---

[1]) Industrie françoise I, S. 69, 72, 78.
[2]) Wrany, Chemie in Böhmen, S. 281.
[3]) Engländische Manufakturen.
[4]) Nach Parkes wird Perlasche durch längeres Calcinieren von Pottasche bei verhältnismäßig niederer Temperatur erhalten.

oben an. Die Asche wurde ausgelaugt und die Lösung zur Trockne verdampft. Dieses Produkt bezeichnete man als Weinsteinsalz, „sal tartari", während „oleum tartari" die gleiche Substanz in zerflossenem Zustande bedeutete. Der Preis dieses Erzeugnisses wird von DEMACHY für Paris auf 2 Franken für das Pfund angegeben.

Ein Verfahren für die Herstellung künstlicher Pottasche ist SHANNON[1]) im Jahre 1779 patentiert worden. Danach sollen 16 Teile Kaliumsulfat mit 2 Teilen Kohle, 4 Teilen Kochsalz, 2 Teilen „Eisensalz" und 2 Teilen Kalkerde erhitzt und dann Dampf oder Luft über die Masse geleitet werden. Hierauf wird gelöst, Kohlensäure eingeleitet und die Flüssigkeit mit Kalk und Pflanzenasche gereinigt. Das Verfahren zeigt zwar eine gewisse Ähnlichkeit mit dem Leblancprozeß, dürfte aber kaum ein irgendwie brauchbares Resultat ergeben haben.

Die Hauptkonsumenten für Pottasche waren die Salpeterhütten, Glashütten, Bleichereien, Färbereien und Seifensiedereien. Das Aussalzen der Seife, d. h. die nachträgliche Umwandlung von Kali- in Natronseife ist übrigens erst seit 1741 bekannt.

Der stark gestiegene Bedarf an Salpeter[2]) wurde auch im 17. und 18. Jahrhundert noch teilweise durch Import befriedigt, und zwar durch solchen indischen Erzeugnisses, das von Holländern und Engländern schiffsladungsweise bezogen wurde. Daneben war aber auch die Gewinnung sog. Plantagensalpeters in allen Staaten Europas stark angewachsen. Es wurde bereits erwähnt, daß der Übergang vom Suchen zufällig entstandenen Salpeters zur bewußten Erzeugung sich im 16. und 17. Jahrhundert vollzogen haben dürfte. Das Prinzip dieses Verfahrens war, daß man tierische Abfälle und Kalk enthaltende Erde längere Zeit der Einwirkung der Zersetzung überließ, wodurch die Salpeterbildung eintrat. Solche Materialien, wie Erde von Kirchhöfen, Schlachthäusern usw., Moorerde, Schlamm aus Teichen, Mist, Kot, Blut, Urin und andere tierische Abfälle, ferner Schutt, Kalk, Asche, Seifensiederasche, wurden in Gruben gefüllt oder zu Haufen geschichtet und öfters mit Jauche oder Urin begossen; teilweise wurden auch Mauern oder Gewölbe — selbst Hauswände — aus solchem Material errichtet, wie z. B. seit 1748 bei Magdeburg, Halberstadt und Mansfeld. Der so gewonnene Salpeter soll jedoch teurer als indischer gewesen sein. Die in Preußen üblichen Mauern waren 20 Fuß lang

---

[1]) Vgl. EPHRAIM, Arch. f. Gesch. d. Naturwiss. u. Technik VIII (1918).

[2]) GLAUBER, Teutschlands Wohlfahrt; De natura salium; BECKMANN, Technologie, S. 315, 342; Beyträge zur Geschichte V, 4, S. 511; Beyträge zur Oekonomie III, S. 410; Phys.-ök. Bibliothek VI, S. 325, VIII, S. 195, IX, S. 344; SIMON, Salpeter; CRAMER, Metallurgie; HILDT, Handlungszeitung, 11. Jg. 1774, S. 319; CHAPTAL, Chimie IV, S. 119; FUNKE, Naturgeschichte III, 2, S. 171, 373; HERMBSTÄDT, Technologie, S. 588; Kameralchemie; WRANY, Chemie in Böhmen, S. 139, 282.

und 6—7 Fuß hoch, sie bestanden aus Garten- oder Kellererde, vermischt mit Asche, Gerstenstroh und Jauche; durch ein Dach waren sie gegen Regen geschützt.

Nach $1\frac{1}{2}$—2 Jahren konnte die Salpetergewinnung vor sich gehen, die etwa 5—6 Lot ($\frac{1}{8}$ Pfund) auf 1 Pfund Erde ergab; nach anderen Angaben lieferten 12—15 000 Kubikschuh 9000 Pfund alle zwei Jahre. Das Auslaugen erfolgte, wie früher geschildert, unter Zusatz von Asche, Pottasche oder Kaliumsulfat, oder es wurde auch zunächst einfach ausgelaugt und dann erst mit Kaliumsalzen „gebrochen". Man dampfte in eisernen oder kupfernen Kesseln ein, schäumte ab unter Zusatz von Lauge, Essig oder Weinstein, konzentrierte weiter und ließ in hölzernen oder kupfernen Gefäßen krystallisieren. Das Raffinieren des noch sehr unreinen Salpeters erfolgte in der bereits früher geschilderten Weise. Meist wurde erneut umkrystallisiert nach vorherigem Abschäumen mit Leim oder Blut. Ferner wurde auch mit Kohle und Alaun entfärbt und Kochsalz durch Waschen mit kaltem Wasser entzogen. Die Pulverfabriken, die besonders reines Material benötigten, nahmen noch eine weitere Reinigung vor, indem sie nochmals mit Alaun und Kohle umkrystallisierten, nachdem die Lösung durch Pottasche und Ätzkalk zuvor schwach alkalisch gemacht war.

Die Salpetererzeugung wurde im 18. Jahrhundert namentlich in Frankreich rationell betrieben, während vorher die deutsche Technik weiter gewesen war. Der frühere Minister TURGOT setzte eine Prämie für den Unterricht in der Salpetergewinnung aus, und 1777 erschien eine eigene „Instruction publiée par ordre du Roi" für diesen Industriezweig, der sich unter der Aufsicht LAVOISIERS besonders günstig entwickelte. Die französische Erzeugung für Anfang des 19. Jahrhunderts wird von CHAPTAL[1]) auf etwa 1250 t beziffert. Der in Preußen verwendete Salpeter wurde, wie erwähnt, ausschließlich in der heutigen Provinz Sachsen gewonnen, deren Erde für diese Zwecke besonders geeignet ist. Es war königliches Regal, alle Lehmwände dort abkratzen zu lassen, auch konnten die Einwohner angehalten werden, Häuser und Wände aus Lehm zu errichten. Die Zahl der Salpeterhütten betrug in den neunziger Jahren 34, welche insgesamt 1500 Zentner raffinierten Salpeter lieferten. Auch sonst erfreute sich die Salpeterproduktion überall der besonderen Pflege der Landesherren. Die schwedischen Bauern mußten beispielsweise einen Teil ihrer Abgaben in Form von Salpeter entrichten, die Schweizer Sennhütten befaßten sich mit der Gewinnung, und selbst der Malteserorden hatte Plantagen angelegt. Verwendet wurde der Salpeter, abgesehen von der Pulverbereitung, fast nur als Ausgangsmaterial für Salpetersäure. 1630 wurden auch zum erstenmal unter KARL I. von

---

[1]) Industrie française II, S. 174.

England Düngeversuche mit Salpeterlösung vorgenommen, ohne daß jedoch dieses Verfahren in größerem Umfang angewandt worden wäre; erst die 200 Jahre später entdeckten reichen chilenischen Vorkommen haben die Entwicklung der künstlichen Düngung ermöglicht.

Die sonstigen künstlich erzeugten Alkalisalze haben nur geringe Bedeutung gehabt mit Ausnahme des Natriumsulfats[1]), das als Zwischenprodukt der Sodafabrikation bereits von Leblanc in großem Maßstabe hergestellt wurde. Die Entdeckung des „sal mirabile" wird vielfach Glauber zugeschrieben, doch soll nach Kunckel das Rezept zur Bereitung schon 100 Jahre vor Glauber in den geheimen Vorschriften des Hauses Sachsen enthalten gewesen sein. Im 18. Jahrhundert wurde das zunächst nur für medizinische Zwecke verwendete Salz in kleinem Umfang als Nebenprodukt bei der Salzsäureherstellung erhalten. Die chemische Fabrik von Gebrüder Gravenhorst in Braunschweig brachte beispielsweise das Sulfat in den Handel. Ferner erhielt man es als Abfallprodukt der bereits erwähnten Kochsalzröstung der Kurfürstlichen Amalgamierwerke bei Freiberg. Im Winter krystallisierte das Salz aus den gebrauchten Laugen aus und wurde schon in den neunziger Jahren von der Friedrichshütte zur Glaserzeugung benutzt. Im übrigen fand diese Art der Verwendung, die schon 1660 im Riesengebirge vorkam und 1764 von Laxmann in einer sibirischen Glashütte versucht worden war, erst Anfang des 19. Jahrhunderts weitere Verbreitung. Nicht unerhebliche Mengen Glaubersalz wurden im 18. Jahrhundert auch aus natürlichen Salzsolen dargestellt. Soweit es nicht unmittelbar durch Eindampfen der Mutterlaugen zu gewinnen war, übergoß man auch Alaun mit der Kochsalzmutterlauge, zerkleinerte die hart gewordene Masse, laugte aus und gewann das Sulfat durch Eindampfen. Am bekanntesten war das Glaubersalz aus den lothringischen Salinen, das daneben nur noch Kochsalz enthielt. Ferner wurde das Salz an der englischen, der südfranzösischen und der italienischen Küste — dort aus Varecsoda — gewonnen. Schweizer und österreichische Salzwerke, seit 1767 auch die Saline Friedrichshall bei Hildburghausen brachten durch Ausfrieren gewonnenes Sulfat in den Handel. Das auf die gleiche Weise in Schönebeck seit 1797 hergestellte Glaubersalz diente später zur Sodafabrikation. Das seit 1747 erzeugte Tepler Salz ist ebenfalls hauptsächlich Natriumsulfat, während das um die gleiche Zeit durch den Färbermeister Bernhard Richter fabrizierte Karlsbader Salz außerdem noch Soda enthält; durch Umkrystallisieren wurde später auch hieraus reines Sulfat gewonnen.

---

[1]) Glauber, De natura salium; Chaptal, Chimie IV, S. 8; Lampadius, Hüttenkunde; Demachy, Laborant im Großen II, S. 30; Funke, Naturgeschichte III, 1, S. 174; Stavenhagen, Hermania; Wrany, Chemie in Böhmen, S. 284.

Das in England besonders bekannte Epsomer Salz enthält zum großen Teil Magnesiumsulfat[1]); letzteres ist 1695 von Grew in den Wässern von Epsom entdeckt worden. Aus der Schönebecker Mutterlauge wurde seit 1797 ebenfalls Magnesiumsulfat gewonnen. Auch einige böhmische Mineralwässer sind reich an Magnesiumsulfat und wurden schon seit 1717 zur Gewinnung des sog. Saidschitzer und Sedlitzer Salzes benutzt. Die am Serpinamorast gelegenen Dörfer ließen das salzhaltige Wasser sich im Winter und Frühjahr in Gruben ansammeln und erhielten das Sulfat dann durch Verdunsten und Einkochen. Seit 1763 wurde durch Umsetzung mit reiner Pottasche auch die anfangs des 18. Jahrhunderts von einem römischen Domherrn entdeckte Magnesia alba[2]) gewonnen, die auch aus Epsomer Salz sowie aus den Schönebecker Mutterlaugen hergestellt wurde. Slevogt (1709) und Demachy geben an, daß Salpetermutterlauge mit Pottasche gefällt wurde, doch hat dieses Produkt in der Hauptsache aus Calciumcarbonat bestanden. Besser ist die von dem Gießener Professor Valentini (1707) veröffentlichte Vorschrift, die Mutterlauge einzudampfen, den Rückstand zu glühen und auszulaugen.

Das Kaliumsulfat[3]), „arcanum duplicatum" oder „tartarus vitriolatus", war schon durch Paracelsus in die Medizin eingeführt worden, während es erst 1659 in der Prager Medikamententaxe[4]) erscheint. Das Chlorid (sal febrifugum), aus Pottasche und Salmiak oder Salzsäure, wurde seit Sylvius und Tachenius (17. Jahrhundert) pharmazeutisch verwendet. Während man das Sulfat zunächst aus Pottasche und Schwefelsäure oder Eisenvitriol (Croll, Tachenius) darstellte, wurde später für gewerbliche Zwecke hauptsächlich der Rückstand der Salpetersäurefabrikation hierzu verwendet. Man laugte aus, versetzte mit etwas Pottasche und dampfte zur Krystallisation ein; unter Umständen gewann man auch noch kleine Mengen Salpeter aus der Mutterlauge. Dieses Verfahren ist jedenfalls schon so lange bekannt, wie die genannte Art der Salpetersäuredarstellung; auch ist es bereits in einer Schrift des Isaak Hollandus (Ende des 16. Jahrhunderts) angeführt. Trotzdem wurde das Rezept noch 1673 von dem Arzt Georg Bussius als besonderes Geheimnis an den Herzog von Holstein-Gottorp für 500 Reichstaler verkauft. Auch durch Umsetzung von Pottasche und Eisenvitriol wurde noch im 18. Jahrhun-

---

¹) Chaptal, Chimie IV, S. 33; Funke, Naturgeschichte III, 1, S. 174; Stavenhagen, Hermania; Wrany, Chemie in Böhmen, S. 288.

²) Demachy, Laborant im Großen II, S. 9; Chaptal, Chimie II, S. 71; Funke, Naturgeschichte III, 1, S. 99; Stavenhagen, Hermania; Wrany, Chemie in Böhmen, S. 288.

³) Demachy, Laborant im Großen II, S. 24; Chaptal, Chimie IV, S. 4; Stavenhagen, Hermania.

⁴) Wrany, Chemie in Böhmen, S. 74.

dert in Deutschland Kaliumsulfat gewonnen; der getrocknete Niederschlag fand als Malerfarbe Verwendung. Das Sulfat selbst wurde in der Hauptsache zur Alaun- und Salpeterfabrikation benutzt. Das durch Konzentrieren der Schönebecker Mutterlaugen nach dem Glaubersalz ausgeschiedene Kaliumchlorid und Magnesium-Kaliumsulfat wurde ebenfalls an die Alaunwerke abgesetzt.

Die in Venedig ausgeführte Raffination des rohen Borax[1]) wurde schon früher besprochen. Seit dem 17. Jahrhundert wurde diese Fabrikation auch in Amsterdam, dann in Kopenhagen und Paris ausgeführt. Der rohe Tinkal, von dem drei Sorten im Handel waren, kam, in Elefantenhäute oder Blasen eingenäht, zur See oder zu Lande aus Indien, in letzterem Falle über Persien und Petersburg. Das Rohmaterial wurde mit Soda in kupfernen Kesseln gelöst, dann wurde koliert, die Lösung mit Kalk, Schiefer und Leim oder Eiweiß gesotten, schließlich eingedampft und in kupfernen Gefäßen zur Krystallisation gebracht. In Holland verwendete man Bleibecher, die zum Zweck der Erzielung großer Krystalle in Pferdemist eingebettet waren.

Von den übrigen Salzen der Alkalimetalle hat nur noch der Weinstein[2]) gewerbliche Bedeutung. In den Prager Medikamententaxen[3]) des 17. Jahrhunderts werden außerdem noch Kaliumacetat, neutrales Tartrat, Silikat (Wasserglas) und saures Oxalat genannt. Kaliumacetat — schon 1610 durch Ph. Müller dargestellt — wurde auch seit 1752 durch Johann Friedrich Meyer in Osnabrück bereitet und in den Handel gebracht. Das Sauerkleesalz[4]), das schon von Angelus Sala als angeblicher Weinstein im Sauerampfer und von Duclos 1668 in Oxalis acetosella aufgefunden wurde, ist im 18. Jahrhundert als Schweizer Spezialität aus der letztgenannten Pflanze hergestellt und über Straßburg nach Frankreich ausgeführt worden, wo es zur Beseitigung von Tintenflecken und zur Bereitung von Limonadetabletten (!) Verwendung fand. Durch Auspressen der Pflanzen und Klären durch Seihen mit Tonerde erhielt man den salzhaltigen Saft, von dem 50 Pfund beim Eindampfen $2^1/_2$ Unzen (ca. 75 g) Oxalat lieferten. Weinstein, ein wichtiger Artikel für die Färberei und für die Erzeugung reinen Kaliumkarbonats, wurde besonders in Venedig und Montpellier aus dem Rohweinstein durch Umkrystallisieren unter Zusatz von Ton oder Eiweiß und Asche gewonnen. In den Verzeichnissen Frankfurter Krämer[5]) aus dem Anfang des 17. Jahrhunderts wird auch Franken, das Oberland und Österreich als Bezugsgegend ange-

---

[1]) Ferber, Chemische Fabriken; Demachy, Laborant im Großen II, S. 87; Chaptal, Chimie IV, S. 245; Funke, Naturgeschichte III, 1, S. 187; III, 2, S. 387.
[2]) Glauber, Weinstein; Demachy, Laborant im Großen II, S. 340; Chaptal, Chimie IV, S. 200; Funke, Naturgeschichte II, 2, S. 731.
[3]) Wrany, Chemie in Böhmen, S. 74.
[4]) Demachy, Laborant im Großen III, S. 72; Chaptal, Chimie IV, S. 241.
[5]) Dietz, Frankfurter Handelsgeschichte II, S. 342.

geben. Der Preis des reinen Produkts war 9—14 Gulden für den Zentner. Neben dem neutralen Kaliumtartrat aus Weinstein und Pottasche kam im 17. Jahrhundert auch das Kalium-Natriumtartrat[1]) zur Verwendung, nach dem Apotheker SEIGNETTE benannt, der dafür seit 1672 eine große Propaganda entfaltete. In Rochelle, wo das Salz fabriziert wurde, ging man von Alicantesoda aus, welche man durch Extrahieren und Umkrystallisieren gereinigt hatte. Das so erhaltene Carbonat wurde mit Weinsteinrahm gesättigt, dann wurde gekocht, filtriert und zur Krystallisation eingedampft. SCHEELE stellte das Doppelsalz auf etwas abweichende Art durch Umsetzen des neutralen Kaliumtartrats mit Kochsalz dar.

Wenn auch das Ammoniak und die Ammoniumverbindungen längst im Laboratorium hergestellt wurden, so ist doch eine Gewinnung in gewerblichem Ausmaß erst seit dem 18. Jahrhundert erfolgt. Bis dahin wurde der Bedarf an solchen Verbindungen hauptsächlich durch die Verwendung von nicht weiter vorbehandeltem gefaultem Urin (Alaunfabrikation) und durch den Import ägyptischen Salmiaks befriedigt. Für die Gewinnung des Carbonats (bzw. des Ammoniaks selbst) werden von GLAUBER mehrere Vorschriften gegeben, ferner auch für Salmiak und Ammonsulfat[2]). Er empfiehlt, Fässer mit Pferdemist zu füllen und diesen mit Urin zu begießen; durch die von dem Mist entwickelte Wärme soll der „spiritus urinae" in eine Vorlage überdestillieren. Weiter schreibt er vor, Salmiak mit Kalk, Asche, Lapis calami (ZnO), gebranntem Salpeter, Zink oder Galmei zu erhitzen und gibt auch ein Rezept zur Destillation von Hirschhorn[3]), während MAYOW das Carbonat aus Blut oder Urin und Pottasche erhielt. In der Prager Medikamententaxe[4]) von 1699 wird zuerst der „spiritus cornus cervi simpl." und das Carbonat (sal urinae volatile oder spiritus salis ammoniaci volatilis) aufgeführt.

Das Ätzammoniak als solches war — wie auch GLAUBERS Vorschrift beweist — zwar längst aus Salmiak und Kalk erhalten worden, doch wurde es vor Ende des 17. Jahrhunderts noch nicht von dem „flüchtigen Laugensalz", dem Carbonat, unterschieden. Bei DEMACHY[5]) werden genaue Vorschriften zur Herstellung beider Verbindungen aus Salmiak gegeben. Ersteres wurde so dargestellt, daß man Ätzkalk in irdenen Ballonen, die sich in einem Ofen befanden, durch den Tubus mit Salmiaklösung übergoß, worauf das Ammoniak in eine gläserne oder tönerne, mit Wasser gefüllte Vorlage überdestillierte; der Ofen wurde dabei erst gegen Ende der Operation angezündet.

[1]) DEMACHY, Laborant im Großen II, S. 44, 373; BECKMANN, Beyträge zur Geschichte I, 4, S. 556.
[2]) Novi furni.   [3]) Pharmacopoea spagyrica.
[4]) WRANY, Chemie in Böhmen, S. 70.
[5]) Laborant im Großen II, S. 60; CHAPTAL, Chimie III, S. 504.

Das feste Carbonat dagegen wurde so gewonnen, daß man, ähnlich wie es schon BASIL ausführte, Salmiak mit Kreide und Pottasche aus einer irdenen Retorte sublimierte.

Salmiak[1]) wurde noch bis ins 18. Jahrhundert ausschließlich aus Ägypten bezogen, teilweise auch aus Indien, obwohl er nach LEMERY schon Ende des 17. Jahrhunderts in Venedig und anderwärts fabriziert worden sein soll; ein Umsublimieren der Abfälle ägyptischen Salmiaks wurde übrigens auch von Marseiller Kaufleuten ausgeführt. Von der Darstellungsweise bei Djizeh und im Nildelta gibt der Jesuit SICCARD (1716) eine genaue Beschreibung: der sich in den Schornsteinen ansetzende Ruß verbrannten Kamelmistes wurde in gläsernen Gefäßen der Sublimation unterworfen. Das erhaltene Produkt wurde über Venedig oder Holland in Form von Kugelkalotten oder — der indische Salmiak — in Hutform vertrieben. Nachdem DUHAMEL 1735 eine Anleitung zur Bereitung des Salmiaks gegeben hatte, bürgerte sich die Fabrikation auch allenthalben in Europa ein. Mit die ersten Fabriken sind wohl schon in London 1715 und 1740 errichtet worden. Es folgte 1756 die von DOVIN und HUTTON in Edinburgh, 1759 die bekannte Fabrik der Gebrüder GRAVENHORST in Braunschweig und 1770 BAUMÉ in Paris. Es entstand dann in der zweiten Hälfte des 18. Jahrhunderts und Anfang des 19. Jahrhunderts eine ganze Reihe weiterer Betriebe in Holland, England, Frankreich, Deutschland und anderen Ländern, beispielsweise in Amberg, Tübingen, Nußdorf bei Wien, Grub a. Forst usw. Daß es sich bei der Herstellung von Ammoniak und Verbindungen vielfach um Betriebe allerkleinsten Umfanges gehandelt haben dürfte, geht auch daraus hervor, daß sich der Eisenacher Hofapotheker darüber beschwert, daß ein Seifensieder, ein Pfarrer und der Königseer Balsamträger ihm in die Abgabe von Salmiakgeist hineinpfuschten[2]).

Die angewandten Fabrikationsverfahren für Salmiak waren von verschiedener Art, ebenso wie auch mannigfaltige tierische Abfälle als Ausgangsmaterial dienten. So wurden z. B. Lumpen, Wollabfälle, Knochen, Abfälle der Transiederei und andere tierische Substanzen aus in einer Galeere befindlichen eisernen Retorten destilliert, wobei man tierisches Öl und ein wäßriges Destillat erhielt, das zur weiteren

---

[1]) GLAUBER, Furni novi; CRAMER, Metallurgie; W. C. ALBERTI, Deutliche und gründliche Anleitung zur Salmiakfabrikation, Leipzig 1780, ref. BECKMANN, Phys.-ök. Bibliothek XI, S. 339; vgl. ferner dort XIII, S. 591, XV, S. 210, XXII, S. 143, XXIII, S. 208; BECKMANN, Beyträge zur Geschichte V, 2, S. 254; FERBER, Chemische Fabriken; HILDT, Handlungszeitung, 12. Jg. 1795 S. 267; DEMACHY, Laborant im Großen II, S. 50, 355; CHAPTAL, Chimie IV, S. 167; FUNKE, Naturgeschichte III, 2, S. 386; HERMBSTÄDT, Kameralchemie; PARKES, Chemical essays IV, S. 339; MUSPRATT, Chemie, 1. Aufl., I, S. 374.
[2]) Geschichtsblätter für Technik IV, S. 141.

Verarbeitung diente. Nach DEMACHY wurde mit Kochsalzmutterlauge ($MgCl^2$) und etwas Ätzkalk in Blei- oder Eisengefäßen zur Trockne verdampft und der Rückstand in gläsernen Ballonen umsublimiert, wobei sich Brote von etwa 30 Pfund Gewicht am Hals festsetzten. Der Preis des von BAUMÉ so hergestellten Salmiaks soll sich auf 18 Sous für das Pfund belaufen haben, gegen 52 für das ägyptische Erzeugnis. 1795 betrug der Preis für einen Zentner Salmiak in Wien 70—90 Gulden[1]). Andere verwandelten das Knochendestillat mit Gips, Alaun- oder Vitriollösung in Ammoniumsulfat, das mit Kochsalz sublimiert oder auch in Lösung mit Kochsalz versetzt wurde, worauf man durch Eindampfen und fraktionierte Krystallisation erst Natriumsulfat, dann Salmiak erhielt. Man konnte auch die Alaunlösung zunächst mit Kochsalz eindampfen, das Natriumsulfat auskrystallisieren lassen und dann mit der ammoniakalischen Flüssigkeit fällen usw. Die ersten englischen Fabriken erhitzten unmittelbar Knochen mit Seesalzmutterlauge, und in ähnlicher Weise wurden in Lüttich Ziegel aus Kohle, Ruß, Ton und Salzwasser mit Knochen im Ofen erhitzt, wobei eine Mischung von Ruß und Salmiak erhalten wurde, aus der man durch Umsublimieren in irdenen Flaschen das reine Produkt gewann; ein Ofen lieferte jährlich 800 Pfund Salmiak. Auch das von LEBLANC und DIZÉ ausgeübte Verfahren ist hier zu nennen. Sie entwickelten Salzsäuregas aus Kochsalz und Schwefelsäure und vereinigten es in Bleikammern mit den durch Destillation tierischer Substanzen gebildeten ammoniakalischen Dämpfen. Vielfach ging man auch, wie beispielsweise die Gebrüder GRAVENHORST in Braunschweig — ähnlich eine Fabrik in Magdeburg — von Harn aus, den man in Sümpfen faulen ließ und dann aus Blasen destillierte. Die ammoniakalische Flüssigkeit wurde mit Salzsäure neutralisiert, eingedampft, der Salmiak sublimiert, umkrystallisiert und schließlich in glasierten tönernen Formen eingedickt, wodurch man den Zuckerhüten ähnliche Kegel erhielt. Statt Salzsäure zu verwenden, konnte man auch mit Kochsalz und Schwefelsäure versetzen, mußte aber dann Natriumsulfat und Salmiak durch fraktionierte Krystallisation trennen. Die mehrfach genannte Fabrik von HERMANN[2]) in Schönebeck bzw. deren Tochteranlagen in Halle haben seit 1798/1800 auch gefaulten Harn mit chlormagnesium- oder chlorcalciumhaltiger Salzmutterlauge zur Umsetzung gebracht. Ende des 18. Jahrhunderts fing man auch — zuerst in England — an, das bei der Kokerei gewonnene Gaswasserammoniak auf Salmiak usw. zu verarbeiten, ein Verfahren, das mit der Ausbreitung der Leuchtgasindustrie noch erheblich an Bedeutung gewann.

---

[1]) HILDT, Handlungszeitung, 12. Jg., S. 311. 1795.
[2]) STAVENHAGEN, Hermania.

Benutzt wurde der Salmiak in der Hauptsache zum Löten, Verzinnen, in der Färberei zum Avivieren. Ammoniak diente als Beize für Schnupftabak, in der Medizin als auflösendes, reizendes und desinfizierendes Mittel, das Carbonat zur Herstellung von Riechsalz.

Die Alaun-[1]) und Vitriolfabrikation hat bis weit in das 19. Jahrhundert hinein durchaus den Charakter beibehalten, den sie schon zu AGRICOLAS Zeiten gehabt hat; lediglich die Anzahl und der Umfang der Unternehmungen hat sich vergrößert. Besonders auch in Deutschland ist im 17. und 18. Jahrhundert eine ganze Reihe von Werken im Betrieb gewesen, die teils Alaunschiefer, teils Alaunerde verarbeitet haben. Mit am größten war wohl das 1717 bei Freienwalde in der Mark begründete Unternehmen, das Ende des 18. Jahrhunderts jährlich 5—6000 Zentner im Werte von je 9 Talern, daneben auch Eisenvitriol erzeugte. Ferner werden Alaunwerke genannt bei Oberkaufungen und Groß-Almerode in Hessen — wo das Alaunlager das Dach eines Braunkohlenflözes bildet, welcher das Brennmaterial lieferte —, bei Gleißen in der Mark, bei Saalfeld, bei Muskau, bei Schwemsal (Düben), Eckartsberge, Belgern in Sachsen, bei Zweibrücken, bei Kyrburg in Franken, bei Duttweiler im Saargebiet — Ausgangsmaterial war hier die Asche eines brennenden Flözes —, bei Krems und Thalern in Österreich, bei Lüttich, bei Komotau und Lukavic u. a. m. in Böhmen. Die böhmische Produktion war recht umfangreich, wenn auch ein Teil der Werke bereits im 18. Jahrhundert wieder eingegangen ist. Schon zu Anfang des 17. Jahrhunderts wird in den Warenverzeichnissen Frankfurter Krämer [2]) böhmischer Alaun an erster Stelle neben niederländischem genannt. Komotau hat Ende des 18. Jahrhunderts 1500—2000 Zentner, ganz Böhmen 1792 3600 Zentner produziert. Bemerkenswert ist, daß das böhmische Werk von Klostergrab bereits 1613 Braunkohlen verwendete. In England bestanden Alaunwerke bei Glasgow und die dem Lord MULGRAVE gehörige Anlage bei Whitby in Yorkshire, für die der zur Fabrikation notwendige Urin aus einem Umkreis von vielen Meilen zusammengeholt werden mußte. Der englische Alaun war im 18. Jahrhundert besonders verbreitet, ferner waren auch sämtliche römischen Alaunwerke an englische Unternehmer verpachtet. In Frankreich bestanden um die Wende zum 19. Jahrhundert — namentlich in der Picardie — insgesamt 21 Werke, die im Werte von 6 Millionen Franken Alaun erzeugten; teilweise wurde

---

[1]) JUSTI, Manufakturen; BECKMANN, Beyträge z. Geschichte II, 2, S. 92; Phys.-ök. Bibliothek XIII, S. 364, 565, XVI, S. 349, XVIII, S. 179; TAUBE, Engländische Manufakturen; CHAPTAL, Chimie IV, S. 39; FUNKE, Naturgeschichte III, 1, S. 177, III, 2, S. 381; HERMBSTÄDT, Technologie, S. 485; Kameralchemie; PARKES, Chemical essays V, S. 78; MUSPRATT, Chemie, 1. Aufl., I, S. 297; WRANY, Chemie in Böhmen, S. 135, 291.

[2]) DIETZ, Frankfurter Handelsgeschichte II, S. 342.

dort auch bereits auf künstlichem Wege Alaun aus Tonerde und Schwefelsäure oder Bisulfat erzeugt. Endlich bestanden noch Werke in Schweden, Norwegen und Dänemark, wie auch von dem Schweden BERGMAN eine Vorschrift zur rationellen Alaungewinnung verfaßt wurde.

Die technischen Einzelheiten des angewandten Verfahrens waren gegen früher kaum verändert. Der Prozeß bestand im Rösten, Verwitternlassen, Auslaugen im Gegenstrom, Eindampfen und Klären; zum Ausfällen des Alaunmehls bediente man sich jetzt vielfach statt des gefaulten Urins der Seifensiederlauge, des Kaliumchlorids oder Kaliumsulfats. Bei Anwesenheit größerer Mengen von Vitriol schied man diesen zuerst durch Krystallisation ab. Das Alaunmehl wurde gewaschen, in hölzernen Bottichen umkrystallisiert, nochmals gewaschen, auf Horden getrocknet und in Fässern versandt. Der Schlamm der Kühlfässer wurde gelegentlich zu Eisenrot gebrannt. Verwendet wurde der Alaun in erster Linie von der Färberei und Weißgerberei, dann auch zum Leimen des Papiers und in der Metallurgie (Versilbern von Goldwaren usw.). TAUBE gibt 1774 den Preis des böhmischen Erzeugnisses in Wien auf 12—13 Gulden für den nürnbergischen Zentner zu 40 Pfund an, den Preis des englischen Alauns in London auf 16—17 Schilling, des römischen ebendort auf 11—12 Schilling für den Zentner zu 112 Pfund. Eine von den Gebrüdern GRAVENHORST in den Handel gebrachte, äußerlich dem römischen ähnliche rötliche Sorte soll Ammoniak sowie etwas Kobalt enthalten und Vorteile für die Färberei geboten haben.

Die Gewinnung des Eisenvitriols[1]) wurde vielfach — beispielsweise in Böhmen — mit der des Schwefels verbunden, soweit wenigstens ein besonders pyritreiches Ausgangsmaterial vorlag. Ursprünglich hatte man zu diesem Zweck die Haufenröstung angewendet, während in Lukavic seit 1746 Retortenöfen und zur Raffinierung beutelartige Gußeisenretorten mit tönernen Helmen benutzt wurden; anderwärts verwendete man auch Tonretorten und fing den Schwefel in wassergekühlten Bleikästen auf. 1792 betrug die böhmische Erzeugung 1097 Zentner, indes am Rammelsberg noch Ende des 18. Jahrhunderts durch Haufenröstung silberhaltigen Bleiglanzes allein jährlich 2000 Zentner Schwefel im Wert von je 4—5 Talern gewonnen wurden. Ebenso ist nach CHAPTAL die Haufenröstung bei Lyon angewendet worden. Im übrigen stand nach wie vor auch für die Schwefelsäurefabrikation der Schwefel aus Unteritalien und Sizilien an erster Stelle,

---

[1]) Über Eisenvitriol und Schwefel vgl. JUSTI, Manufakturen, BECKMANN, Phys.-ök. Bibliothek XII, S. 364; CRAMER, Metallurgie; FERBER, Chemische Fabriken; HILDT, Handlungszeitung, 11. Jahrg., S. 332. 1794; LAMPADIUS, Hüttenkunde; CHAPTAL, Chimie II, S. 319, IV, S. 77; FUNKE, Naturgeschichte III, 1, S. 181, III, 2, S. 272; HERMBSTÄDT, Technologie, S. 511; Kameralchemie; WRANY, Chemie in Böhmen, S. 135, 293.

den man beispielsweise in Pozzuoli durch Sublimation aus Tontöpfen gewann; dieses Produkt wurde in Marseille raffiniert und in Form von Stangen oder Blumen in den Handel gebracht. Die französische Schwefeleinfuhr aus dem Königreich beider Sizilien hatte 1788 einen Wert von 491 500 Frcs., daneben wurde auch aus dem Kirchenstaat Schwefel bezogen[1]). Ferner wurden Schwefelblumen in Amsterdam und in England hergestellt; nach JUSTI erfolgte dabei die Kondensation des Schwefeldampfes in Kammern, die mit glasierten Steinen ausgesetzt waren.

Die Herstellung des Vitriols geschah auch im 18. Jahrhundert meist nach dem bereits früher geschilderten Verfahren. Das Ausgangsmaterial — abgeröstet oder im Rohzustande — wurde der Verwitterung überlassen. Nach mehreren Monaten wurde das in treppenförmig übereinander angeordneten Gruben, Holzkästen, Fässern oder auch in Haufen befindliche Material ausgelaugt, die Lauge geklärt, eingedampft, abermals geklärt und zur Krystallisation gebracht; während des Eindampfens wurde metallisches Eisen zum Zweck der Reduktion und Neutralisation zugefügt. Durch einfaches Eindampfen der Lauge zur Trockne und Calcinieren erhielt man den zur Oleumfabrikation dienenden rohen Vitriolstein, zu dessen Herstellung man in Böhmen auch von den Abbränden pyrit- und tonhaltiger Stein- und Braunkohle ausging. An krystallisiertem Vitriol wurden von den böhmischen Mineralwerken 1792 3471 Zentner hergestellt. Im übrigen wurde die Vitriolgewinnung an zahlreichen Orten in Deutschland, namentlich als Nebenbetrieb der Alaunfabrikation ausgeführt, so in Freienwalde, Saalfeld, Groß-Almerode, ferner auch, neben Kupfer- und Zinkvitriol, in Goslar, und zwar wurden dort um 1724 4000 Zentner, in den neunziger Jahren 1500 Zentner jährlich erzeugt. Auch in Lüttich, England, Italien, Schweden wurde Vitriol fabriziert. In Frankreich wurde nach CHAPTAL[1]) zu Anfang des 19. Jahrhunderts für 2 bis 3 Millionen Franken Vitriol aus Eisen und Schwefelsäure hergestellt. Man verwendete ihn zur Herstellung von Salpeter- und Schwefelsäure, in der Färberei als Beize und als Reduktionsmittel für Indigo, in der Metallurgie zum Verzinnen und Vergolden usw. Das Materialienlexikon von LEMERY führt Deutschland, England und den Kirchenstaat als Lieferanten für grünen Vitriol auf. Das deutsche Produkt soll etwas Kupfer enthalten, das englische infolge eines Gehalts an Eisenoxyd eine bräunliche Tönung aufweisen. Der Preis des Eisenvitriols betrug Ende des 18. Jahrhunderts in Freienwalde 2 Taler 12 Groschen. in Wien 1795 nach HILDT 7 Gulden, in Frankreich nach DEMACHY[2]) 12 Livres für den Zentner verschiedener Einheit.

---

[1]) CHAPTAL, Industrie française I, S. 34.
[2]) Laborant im Großen S. I, S. 19.

Zinksulfat[1]) wurde auch im 18. Jahrhundert in erheblichen Mengen durch Rösten des komplexen Blei-Kupfer-Zinkerzes bei Goslar gewonnen; allein nach Indien wurden für die Zwecke des Zeugdrucks jährlich 1000 Zentner in Form 40—50 Pfund schwerer Kuchen ausgeführt. Die Gesamtproduktion hatte 1700—1710 2571 Zentner betragen und war 1784 auf 1033 Zentner angewachsen. Auch in der Nähe von Joachimsthal wurde seit 1784 Zinkvitriol hergestellt. Abgesehen von dem genannten Zweck wurde der Vitriol noch zum Trocknen von Firnissen verwendet. Der Preis für den Zentner betrug 1795 in Wien 22 Gulden, in Goslar 13 Reichstaler.

Ungarn und Schweden sind im 18. Jahrhundert die wichtigsten Lieferanten des Kupfersulfats[2]) gewesen, während der gemischte Eisen-Kupfervitriol besonders von Salzburg in den Handel gebracht wurde. Daneben werden noch Goslar, Rothenburg a. S., Hof im Vogtlande, Altenburg, Winterthur, Lyon, Marseille, ferner Böhmen und England usw. genannt. Neben die alten Verfahren der Gewinnung aus Kupferkies oder Grubenwässern trat als neuer Prozeß die direkte Darstellung aus Kupfer und Schwefel, die von dem Florentiner Neri[3]) ausdrücklich als seine eigene Erfindung bezeichnet wird. In gewerblichem Umfange wurde das Verfahren beispielsweise seit 1795 in Lukavic — ähnlich auch in Frankreich — ausgeführt. Man erhitzte die Ausgangsmaterialien in einer geschlossenen Eisenretorte, wodurch ein künstlicher Stein erhalten wurde. Diesen röstete man oxydierend im Flammofen, laugte aus und dampfte in Bleipfannen zur Krystallisation ein. Der Rückstand wurde dann aufs neue mit Schwefel erhitzt usw. Der Preis des Kupfervitriols betrug Ende des 18. Jahrhunderts in Deutschland 24 Taler für den Zentner. Die wichtigsten Verwendungsgebiete waren die Färberei und die Erzeugung von Malerfarben.

Im 17. und noch mehr im 18. Jahrhundert beginnt die eigentliche chemische Fabrik im heutigen Sinne, wenn auch zunächst in allerkleinstem Ausmaße, langsam zu entstehen. Es wird damit diejenige Linie gewerblicher Entwicklung fortgesetzt, die mit den früher genannten chemischen Kleinbetrieben Venedigs ihren Anfang genommen hatte. Derartige Unternehmungen, die unabhängig von Bergbau und Hüttenwesen sind, auch nicht mehr als erweiterte Apothekenbetriebe aufgefaßt werden dürfen, haben sich seit dem 17. Jahrhundert besonders in Holland, und zwar teilweise in enger Anlehnung an den Übersee-

---

[1]) Demachy, Laborant im Großen II, S. 209; Hildt, Handlungszeitung, 11. Jahrg. S. 341. 1794; Chaptal, Chimie IV, S. 115; Funke, Naturgeschichte III, 1, S. 183; Hermbstädt, Technologie, S. 525; Kameralchemie.

[2]) Cramer, Metallurgie; Demachy, Laborant im Großen II, S. 207; Hildt, a. a. O.; Chaptal, Chimie IV, S. 108; Funke, Naturgeschichte III, 1, S. 181, III, 2, S. 383; Hermbstädt, Technologie, S. 519; Kameralchemie.

[3]) L'arte vetraria.

handel gebildet. Namentlich in der zweiten Hälfte des 18. Jahrhunderts sind dann auch in anderen Ländern, in Frankreich, England, dem Deutschen Reich, in der Schweiz und den nordischen Staaten überall solche Unternehmungen entstanden. Als Beispiele derartiger Betriebe sei die Fabrik der Gebrüder GRAVENHORST in Braunschweig angeführt, die chemische Fabrik Nußdorf bei Wien und die heute noch bestehende, 1788 begründete Fabrik von FICKENTSCHER[1]) in Marktredwitz, das älteste chemische Unternehmen von Bayern. Gegenstand der Fabrikation solcher Unternehmungen, die naturgemäß nur eine kleine Anzahl Arbeiter beschäftigten, waren chemische Präparate, von denen oft bereits eine ganze Reihe hergestellt wurde. Neben Säuren, Salmiak usw. standen Schwermetallpräparate an erster Stelle, und zwar namentlich anorganische Farben für die Malerei, wie Bleiweiß, Zinnober, Kupferfarben, Berlinerblau usw. CHAPTAL[2]) gibt den Wert der französischen Erzeugung an solchen Präparaten für den Anfang des 19. Jahrhunderts bereits auf 4—6 Millionen Franken an, wobei Grünspan, Bleiweiß und Mennige (neben Weinstein, Bleiacetat, Zinnsalz, Salmiak, Pottasche, Sodaasche [?, salin], Oxalsäure und Holzessig) offenbar als besonders wichtig einzeln genannt werden. Die Erzeugung an künstlichen Malerfarben hat also im 18. Jahrhundert bereits einen erheblichen Umfang erreicht, an Berlinerblau beispielsweise so sehr, daß vor der Errichtung weiterer Fabriken gewarnt wurde. Es versteht sich von selbst, daß auch die natürlichen Farbstoffe weiter in erheblichem Umfange verwendet wurden; so werden als Malerfarben[3]) im 18. Jahrhundert auch noch Bleiglanz, Federweiß, Ocker, Auripigment und Realgar, Bergblau und Berggrün, Malachit, Lasur, Zinnober, Umbra, Grünerde usw. aufgeführt.

Bei einem im Jahre 1704 vorgenommenen Versuch einer Herstellung von Florentiner Lack durch Fällen einer Lösung von Cochenille mit Alaun und Ferrosulfat durch Pottasche hatte der Berliner Farbkünstler DIESBACH statt des roten Niederschlags einen blauen erhalten. Die Pottasche war ihm von dem Alchemisten DIPPEL (1673—1734) geliefert worden, und zwar hatte dieser das Carbonat zur Reinigung des von ihm entdeckten Tieröls durch Destillation benutzt. Auf dieser Tatsache baute DIESBACH rein empirisch das Verfahren der gewerbsmäßigen Darstellung des Berlinerblaus[4]) auf, ohne sich naturgemäß über die chemischen Vorgänge (Bildung von Cyankalium usw.) im klaren zu sein. Erst 1710 erfolgte die Bekanntgabe des Verfahrens

---

[1]) SCHULTZ, Technik in Bayern.   [2]) Industrie française II, S. 176.
[3]) WRANY, Chemie in Böhmen, S. 161.
[4]) Vgl. auch BECKMANN, Beyträge zur Ökonomie IV, S. 122; Phys.-ök. Bibliothek XV, S. 210, XVIII, S. 488, XXIII, S. 208; DEMACHY, Laborant im Großen II, S. 261; CHAPTAL, Chimie, IV, S. 259.

im ganzen, die der Einzelheiten sogar erst 1724 durch WOODWARD[1]), auf den im wesentlichen die seitdem übliche Art der Darstellung zurückzuführen ist. Es entstand eine ganze Reihe von kleinen Betrieben zur Herstellung des Farbstoffs, und zwar so viele, daß, wie erwähnt, eine gewisse Überproduktion eintrat. Auch im Auslande wurde das Blau hergestellt, beispielsweise in Frankreich für die Zwecke der Papierbläuung, und von England erfolgte sogar Ende des 18. Jahrhunderts eine Ausfuhr nach China. Das Fixieren des Farbstoffes auf Geweben durch Imprägnierung mit Eisenvitriol und Blutlauge wurde 1744 durch MACQUER entdeckt und später durch RAYMOND in Lyon auf die Seidenfärberei übertragen. Das Berlinerblau kann also gewissermaßen als erster synthetischer Textilfarbstoff angesehen werden.

Die Fabrikation ging so vor sich, daß eine cyankaliumhaltige (oder ferrocyankaliumhaltige) Schmelze durch Calcination von Pottasche mit tierischen Abfällen hergestellt wurde; letztere, d. h. Blut, Leder, Horn, Fleisch, Wolle usw., wurden entweder unmittelbar verwendet oder man verkohlte sie zunächst für sich — wobei tierisches Öl und Ammoniak abfielen — und benutzte die so gewonnene Tierkohle. Die Schmelze wurde ausgelaugt und durch einen mit Leinwand belegten Weidenkorb filtriert. Das Filtrat, die Blutlauge, wurde dann zu einer Lösung von Ferrosulfat und Alaun hinzugegossen, der bald blau werdende Niederschlag auf Filtrierkörben ausgebreitet, dann wieder mit Wasser öfters dekantiert, abermals filtriert und auf Horden getrocknet. Zur Beschleunigung der Trocknung wurde der Farbstoff auch, in Tücher eingehüllt, mit hölzernen Pressen abgepreßt. Der Alaunzusatz bedingt das eigentliche Preußischblau von hellerer Nuance, während der tonerdefreie Farbstoff als Pariserblau bezeichnet wurde. Bisweilen fand auch noch eine Nachbehandlung mit Salzsäure zur Lösung von mitgefälltem Eisenhydroxyd statt, wodurch ein lebhafteres Blau erzielt wurde. Aus Berlinerblau und Kalilauge hat MACQUER 1749 zuerst gelbes Blutlaugensalz erhalten.

Von sonstigen als Malerfarbe verwendeten Eisenverbindungen ist nur das Oxyd und Hydroxyd zu nennen, die durch Fällung bzw. durch Rösten des Sulfats, Nitrats oder Acetats erhalten wurden. Am wichtigsten war der bei der Oleumbereitung und Salpetersäuredestillation als Rückstand verbleibende Colcothar oder Caput mortuum, der als „Englischrot"[2]) in Deptford bei Greenwich auch als Hauptprodukt durch Abrösten des Vitriols im Flammofen gewonnen wurde.

Eine Reihe von Eisenverbindungen wurde auch im 17. oder 18. Jahrhundert pharmazeutisch verwendet; neben den früher ge-

---

[1]) Philosophical Transactions 32.
[2]) DEMACHY Laborant im Großen II, S. 5; HERMBSTÄDT, Kameralchemie; CHAPTAL, Chimie III, S. 406.

nannten sind dies noch Schwefeleisen, Eisentartrat und eine alkoholische Lösung von Eisenchlorid.

Von den künstlich hergestellten kupferhaltigen Mineralfarben ist der Grünspan[1]) die einzige von großer gewerblicher Bedeutung gewesen. Die Gewinnung erfolgte in den weinproduzierenden Gegenden (ferner auch in Holland), und zwar hat die Stadt Montpellier auch im 18. Jahrhundert in dieser Hinsicht ihre Wichtigkeit behauptet. Die Herstellung geschah so, daß man mit etwas Grünspan bestrichene Kupferplatten — nach Becher[2]) wurde ungarisches Kupfer verwendet — abwechselnd mit Traubentrestern (oder mit Traubenkämmen, die mit Wein angefeuchtet waren) in Töpfe verpackte und dort nach Verschließen mit einem Strohdeckel mehrere Tage der Einwirkung der Gärung überließ. Die Platten wurden dann herausgenommen, öfters mit Essig angefeuchtet und wieder getrocknet usw., wodurch sich eine dicke Schicht Grünspan bildete. Die Masse — 5—6 Pfund auf jeden Topf — wurde abgekratzt, mit Essig angefeuchtet und in Ledersäcke verpackt. In Montpellier, wo fast jede Hausfrau dieses Gewerbe betrieb, wurden um die Mitte des 18. Jahrhunderts jährlich 9—10 000 Zentner hergestellt zum Preise von 9 Sous 6 Den. für das Pfund. Außer als Malerfarbe wurde der Grünspan auch in der Textilfärberei verwendet. Sogenannter destillierter Grünspan im Wert von 10—12 Franken wurde in Holland und Grenoble, seit 1770 auch in Montpellier selbst, endlich auch von Gravenhorst in Braunschweig hergestellt durch Umkrystallisieren des Grünspans aus Essig; das notwendige Ausgangsmaterial sollen die Holländer auch aus Montpellier bezogen haben.

Eine gewisse Rolle spielte schon im 18. Jahrhundert das seit 1764 von den Gebrüdern Gravenhorst in den Handel gebrachte Braunschweiger Grün, ein Karbonat (ähnlich das Magdeburger Grün). Über die Art der Herstellung bestanden verschiedene Auffassungen, wahrscheinlich ist es durch Fällen von Kupfervitriol (unter Kochsalzzusatz) mit Kalk gewonnen worden. Nach Hermbstädt[3]) und Beckmann soll das Braunschweiger Grün aus Kupferblättchen und Salmiak an der Luft entstehen, während Kupfernitratlösung, durch Kalk gefällt, künstliches Bergblau ergibt[4]). Hermbstädt bezeichnet mit Bremer Blau den aus Kupfer- und Zinkvitriollösung mit Natronlauge erhaltenen Niederschlag, mit Schwedischgrün den Niederschlag von

---

[1]) Justi, Manufakturen; Beckmann, Beyträge zur Geschichte II, 1, S. 69; Ferber, Chemische Fabriken; Demachy, Laborant im Großen II, S. 199, 294; Chaptal, Chimie IV, S. 221; Funke, Naturgeschichte III, 2, S. 417.

[2]) Chymischer Glückshafen, S. 104.

[3]) Kameralchemie; vgl. ferner Beckmann, Phys.-ök. Bibliothek XIII, S. 591, XV, S. 592; Demachy, Laborant im Großen II, S. 205.

[4]) Vgl. auch Chaptal, Chimie III, S. 413.

Kaliumarsenit(Pottasche und arsenigeSäure) undKupfersulfat(SCHEELE 1778). Im übrigen wurde Kupfercarbonat auch schon von GLAUBER als Farbe vorgeschlagen. 1750 wird gefälltes Carbonat in der Prager Medikamententaxe[1]) als Crocus veneris aufgeführt, unter dem sonst auch durch Erhitzen von Kupferfeile gebildeter Hammerschlag verstanden wird. Fabrikmäßig wurde mit Pottasche gefälltes Kupfercarbonat als „Auersperger Grün"[2]) von der Fabrik von Groß-Lukavic in Böhmen hergestellt.

Von weiteren Kupferpräparaten wird noch das Chlorid (durch Sublimation von Kupferfeile mit Salmiak) und das „aes ustum" (aus Kupfer und Schwefel) in den Medikamententaxen aufgeführt.

Auch das natürliche Berggrün und Bergblau[3]) wurde viel als Farbe verwendet. Als Bezugsquellen werden besonders Ungarn und Schwaz in Tirol genannt. Von dem bei letzterem Ort ausgeübten Verfahren wird von BECKMANN eine genauere Beschreibung gegeben. Das geförderte Erz wird geschieden, gemahlen und geschlämmt, wodurch fünf verschiedene Sorten Blau und drei Sorten Grün erhalten werden. Der Preis für Berggrün betrug 1795 in Triest 80 Gulden für den Zentner[4]).

Die Herstellung von Bleiverbindungen, Mennige, Bleiweiß, Acetat, ist im 18. Jahrhundert besonders in Holland und England von Bedeutung gewesen, doch wurde namentlich das Bleiweiß[5]) auch in Venedig, Frankreich und Deutschland einschließlich Österreichs hergestellt. 1789 hat Frankreich noch für 800000 Franken Bleiweiß aus Holland bezogen, wo nach CHAPTAL[6]) 3—4 Fabriken bestanden. In Deutschland existierten Bleiweißfabriken beispielsweise in Berlin und Frankfurt. Besonders bekannt war auch das in Klagenfurt hergestellte Kremserweiß, wozu seit 1756 Kammern verwendet wurden. Im übrigen benutzte man in der Regel das alte holländische Topfverfahren. In einer offenen Halle wurden 600—800 kleine Töpfe in mehreren Lagen in Pferdemist eingebettet. Die Töpfe enthielten auf dem Grund etwas Essig und darüber befand sich, durch Nasen in der Topfwand gehalten, eine kleine Rolle aus Bleiblech; eine weitere Bleiplatte diente als Deckel. Nach längerer Einwirkung wurde das Bleiweiß abgehämmert und in einer Roßmühle mit Wasser lange Zeit durchgeknetet, schließlich in kegelförmigen unglasierten kleinen

---

[1]) WRANY, Chemie in Böhmen, S. 73.
[2]) HILDT, Handlungszeitung, 12. Jg., S. 249. 1795.
[3]) BECKMANN, Beyträge zur Ökonomie II, S. 192; DEMACHY, Laborant im Großen II, S. 333; HERMBSTÄDT, Kameralchemie.
[4]) HILDT, Handlungszeitung 12. Jg., S. 311. 1795.
[5]) JUSTI, Manufakturen; DEMACHY, Laborant im Großen II, S. 187; CHAPTAL, Chimie IV, S. 301; POPPE, Geschichte d. Technologie III, S. 212; HERMBSTÄDT, Kameralchemie; FUNKE, Naturgeschichte III, 2, S. 451.
[6]) Industrie françoise I, S. 83.

Formen getrocknet. Nach dem Abschaben der Rinde wurde die Farbe dann in dieser Gestalt in blauem Papier verpackt in den Handel gebracht. In der Fabrik wurden täglich 1500 Pfund bestes Schieferweiß gewonnen; das etwas minderwertige Bleiweiß von den Deckelplatten erhielt noch einen Zusatz von Kreide. Nach DEMACHY soll das holländische Bleiweiß allgemein mit Kreide versetzt gewesen sein, während das Venezianerweiß rein war. Schieferweiß soll Stärke enthalten haben, während die Tafeln des Kremserweiß mit Gummiwasser oder Tragant geformt wurden.

Gefälltes Bleichlorid wurde schon von GLAUBER als Farbe empfohlen. CHAPTAL hat nach eigenen Angaben aus Bleiglätte und Kochsalz Bleiweiß (d. h. basisches Chlorid) im großen fabriziert. Das Verfahren von DIZÉ wurde schon unter Soda erwähnt, das auf der Fällung des Bleisulfats mit Schwefelsäure aus Lösung beruht. Ein basisches Chlorid ist auch das 1781 (1787?) durch TURNER hergestellte Mineralgelb, ein Nebenprodukt der Ätznatrongewinnung nach SCHEELE. Die gleiche Verbindung wird unter dem Namen „Casseler Gelb" nach HERMBSTÄDT[1]) durch Glühen von Mennige mit Salmiak im Tiegel und Auslaugen des Glühproduktes erhalten. Das Neapelgelb[2]), Bleiantimoniat, erhielt man durch Erhitzen von Bleiweiß mit „schweißtreibendem" Spießglaskalk (Antimonoxyd), Alaun und Salmiak. Chromgelb, das zunächst noch keine gewerbliche Verwendung fand, ist von VAUQUELIN bereits 1797 entdeckt worden.

Die Herstellung des Bleigelbs, Massicot, und der M e n n i g e[3]) ist im 18. Jahrhundert eine englische Spezialität gewesen, im Zusammenhang mit der in England besonders entwickelten Bleimetallurgie. Immerhin ist die Mennige schon früher beispielsweise auch in Venedig und Nürnberg, nach BECHER[4]) auch in Polen, hergestellt worden, während man sich in Holland angeblich auf das Mischen und Verfälschen beschränkt hat. Die Gewinnung in England erfolgte so, daß zunächst metallisches Blei in einem eisernen Kessel unter Rühren so lange erhitzt wurde, bis es vollständig in Bleiasche (Oxyd) verwandelt war. Dieses Produkt wurde dann in Flammöfen, Plattenöfen oder auch Töpfen durch vorsichtiges Erhitzen in Mennige übergeführt. Mennige und Massicot wurden auch durch Rösten von Bleiweiß hergestellt.

B l e i z u c k e r[5]), der in der Hauptsache für die Zwecke der Färberei

---

[1]) Kameralchemie.   [2]) DEMACHY, Laborant im Großen II, S. 315.

[3]) JUSTI, Manufakturen; DEMACHY, Laborant im Großen II, S. 173; CHAPTAL, Chimie III, S. 388; FUNKE, Naturgeschichte III, 2, S. 450.

[4]) Chymischer Glückshafen, S. 107.

[5]) NERI, L'arte vetraria; DARIOT, Artzneykunst; KUNCKEL, Ars vitraria; BECKMANN, Phys.-ök. Bibliothek XVII, S. 466; FERBER, Chemische Fabriken; DEMACHY, Laborant im Großen II, S. 194; CHAPTAL, Chimie IV, S. 212; POPPE, Geschichte d. Technologie III, S. 221; FUNKE, Naturgeschichte III, 2, S. 452.

und Druckerei Verwendung fand, wurde ebenfalls vorzugsweise in
Venedig, Holland, England und Südfrankreich hergestellt. In Holland
bediente man sich zu diesem Zweck des Bieressigs, in England eines
Essigs aus Abfällen der Zuckerraffinerie, der auch zur Herstellung
von Ferriacetat diente. Falls man metallisches Blei als Ausgangsmaterial verwendete, wurde dieses in Plattenform in teilweise mit
Essig angefüllte Terrinen gebracht und unter öfterem Wenden der
Einwirkung von Essigsäure und Luft überlassen. Die Lösung wurde
dann zur Krystallisation eingedampft. Ferner wurde auch Glätte oder
Bleiweiß in Essig gelöst, die Lösung in Bleikesseln eingedampft und
in Tontrögen zur Krystallisation gebracht. Der Preis des Produktes
betrug 1768 in Holland, wo besonders in Rotterdam eine umfangreiche
Fabrikation stattfand, 9 holländische Stüber ($^9/_{20}$ Gulden).

Basisches Bleiacetat, schon Pseudo-Geber bekannt, wurde seit
1760 als „Goulardsches Wasser" häufiger pharmazeutisch verwandt.

Auch die Herstellung der Quecksilberverbindungen[1]), welche
für die verschiedensten gewerblichen und medizinischen Zwecke Verwendung fanden, ist seit dem 17. Jahrhundert in erster Linie holländische Spezialität gewesen; so hat beispielsweise Frankreich 1789
noch für 3—400000 Franken Chemikalien aus Holland bezogen, und
zwar in erster Linie Quecksilbersalze (Sublimat, Kalomel und Zinnober), daneben auch noch Lackmus[2]). Auch in Venedig wurden im
17./18. Jahrhundert noch Quecksilberpräparate in größerem Umfange
fabriziert.

Sublimat wurde entweder ähnlich dem alten venezianischen Verfahren durch Sublimation von Quecksilber mit Vitriol, Salpeter und
Kochsalz dargestellt, oder aber, was in der Regel der Fall war, man
stellte zunächst (wohl zuerst von Kunckel vorgeschlagen) durch Erhitzen von Quecksilber und Schwefelsäure in einer Retorte auf dem
Sandbad das Sulfat dar und sublimierte dieses mit Kochsalz in irdenen
Töpfen. Das Chlorid setzte sich hierbei am Deckel an in Form von
75 Pfund schweren Broten, die in runden Schachteln verpackt zum
Versand gelangten. In England wurden durch Sublimation in Glasgefäßen kleinere Brote von 12—15 Pfund Gewicht erzeugt. Das
Sublimat fand in erster Linie gewerbliche Verwendung durch Hutmacher, Sattler, Kürschner und Färber. Vielfach diente es auch,
beispielsweise in Holland und England — entsprechend einer vielleicht

---

[1]) Über Quecksilberpräparate vgl. Becher, Närrische Weisheit I, 31;
Justi, Manufakturen; Beckmann, Phys.-ök. Bibliothek XV, S. 203; Ferber,
Chemische Fabriken; Demachy, Laborant im Großen II, S. 131; Funke,
Naturgeschichte III, 2, S. 454; Chaptal, Chimie III, S. 423, 482, IV,
S. 184.

[2]) Chaptal, Industrie française I, S. 83.

von CROLLIUS zuerst gegebenen Vorschrift — zur weiteren Darstellung von Kalomel, des „versüßten" Quecksilbers, welches man durch nochmalige Sublimation mit Quecksilbermetall erhielt; häufig wurde dieses auch sofort bei der ersten Sublimation zugegeben. Kalomel, das ausschließlich zu medizinischen Zwecken diente, kostete in der zweiten Hälfte des 18. Jahrhunderts in Holland 8—9 Franken, die „Panazee" (ein nochmals sublimiertes und mit Alkohol ausgewaschenes Präparat) 15—16 Franken, das Chlorid 6 Franken 10 Sous. In Wien kostete der Zentner Sublimat 1795 200 Gulden[1]).

Der ebenfalls medizinisch verwendete weiße Präcipitat wurde nach der Vorschrift von LEMERY in England durch Fällung einer Lösung von Sublimat und Salmiak mit Alkali dargestellt, während das holländische Verfahren geheimgehalten wurde. LEMERY u. a. bezeichnen auch noch den durch Kochsalz in einer Lösung von Quecksilberoxydulnitrat erzeugten Niederschlag von Chlorür als weißen Präcipitat. Das Nitrat selbst fand als „Geheimnis" eine nicht unwichtige gewerbliche Verwendung als Verfilzungsmittel in der Hutmacherei. Dieses Verfahren kam 1730 durch MATTHIEU auf, während man vorher zu diesem Zwecke Salpetersäure benutzt hatte. Ferner diente das Nitrat zur Herstellung des Oxyds, des roten Präzipitats — beispielsweise in Amsterdam —, indem man das Salz entweder in Töpfen mit durchlöchertem Deckel erhitzte oder in Lösung mit Alkali fällte. Der rote Präcipitat, der besonders als Pferdearznei, ferner gegen Kopfläuse verwendet wurde, war eines der ersten von FICKENTSCHER in Marktredwitz fabrizierten Präparate. Durch Auflösen von Quecksilberoxyd in Essig hatte schon LEFEVRE im 17. Jahrhundert das Acetat dargestellt. Nach FERBER wurde dieses Präparat vielfach von Pariser Apotheken in den Handel gebracht.

Der künstliche Z i n n o b e r wurde in Holland so dargestellt, daß zunächst Schwefel in einem eisernen Topf geschmolzen und hierzu Quecksilber hinzugegeben wurde. Der so erhaltene „Mohr" wurde in weißen, innen glasierten Tonkruken umsublimiert, die in einem Windofen erhitzt wurden. Der Zinnober setzte sich hierbei als dunkle, schwere Masse im Hals der Kruke und an einer als Deckel dienenden eisernen Platte fest. Das Produkt wurde hierauf in Mühlen gemahlen und kam in drei Sorten zum Preise von 4 Fr. 15 Sous bis 5 Fr. 15 Sous in den Handel; die feinste Sorte diente zur Herstellung von Siegellack. Ferner wurde auch sog. Vermillon fabriziert, bei dessen Darstellung ein Zusatz von Blei oder Mennige zur Sublimation stattfand. In Amsterdam sollen Ende des 18. Jahrhunderts 4 Zinnoberfabriken und ferner eine Mühle in Sardam bestanden haben, die auch noch weitere

---

[1]) HILDT, Handlungszeitung 12. Jg., S. 311. 1795.

Mineralfarben herstellte. Eine der Fabriken gewann mit 3 Öfen und 4 Arbeitern 48 000 Pfund Zinnober. Auch in England wurde Zinnober fabriziert (was jedoch von FERBER bestritten wird), und ferner existierten in Berlin 1777 zwei Fabriken, welche 17 Arbeiter beschäftigten. Das Quecksilber von Idria wurde teils an Ort und Stelle verarbeitet — 1786 betrug die Produktion 700 Zentner neben 1200 Zentner Metall —, teils auch von einer in Wien befindlichen Fabrik. Diese bediente sich eiserner Gefäße zur Sublimation und setzte ihr Erzeugnis zum Preise von 200—220 Gulden für den Zentner vorwiegend nach Venedig ab, das früher selbst Zinnober ausgeführt hatte. (Der Preis des natürlichen Produktes betrug 1795 in Wien 360—370 Gulden für 100 Pfund[1]).) Eine besonders schöne Sorte Zinnober wurde bereits im 18. Jahrhunderts aus China eingeführt. Die Einzelheiten der Darstellungsweise sind auch heute noch nicht bekannt. Gefälltes schwarzes Sulfid wurde im 18. Jahrhundert auch als Arzneimittel verwendet.

Die wichtige Rolle, welche die Antimonpräparate[2]) im iatrochemischen Zeitalter gespielt haben, wurde schon früher erwähnt. Auch im 18. Jahrhundert wurden nach den zumeist von PARACELSUS, Pseudo-BASIL und GLAUBER herrührenden Vorschriften solche Präparate fabrikmäßig hergestellt. Beispielsweise bestanden nach DEMACHY Unternehmen in Pontoise, Orléans, Paris, ferner Apotheken in Chalons und St. Dizier, welche das Metall oder seine Verbindungen — die chemisch nicht ganz einheitlich waren — fabrizierten. Die wichtigsten dieser Präparate waren die Sulfide und Oxysulfide, das schweißtreibende Spießglanzglas, der ‚Crocus metallorum‘, das ‚Kermes minerale‘ und der ‚Sulfur auretus‘, zu deren Herstellung man sich im wesentlichen der schon früher genannten Methoden bediente. Crocus und Kermes fanden Verwendung in der Vieharzneikunde. Das Rezept für die Darstellung des letzteren war durch einen Schüler GLAUBERS an einen französischen Klosterbruder gelangt, der 1714 durch das Präparat einem bereits aufgegebenen Karthäuser das Leben rettete. Daraufhin wurde die Arznei, welche sich großer Beliebtheit erfreute, von den Mönchen gewerbsmäßig dargestellt. Später teilte der Chemiker DE LA LIGERIE das Rezept dem französischen Staate mit, der es zum allgemeinen Wohl veröffentlichte.

Hierzu kamen noch als weitere Bestandteile der damaligen Pharmakopöen Brechweinstein, Algaroth, Antimonium diaphoreticum, Nitrum antimoniatum, Cerussa antimonii, Benzoarticum minerale u. a. m.

---

[1]) HILDT, Handlungszeitung 12. Jg., S. 311. 1795.
[2]) BASILIUS VALENTINUS, Triumphwagen; Offenbahrung; GLAUBER, Furni novi; Pharmacopoea spagyrica; DARIOT, Artzneykunst; ZWELFER, Mantissa spagyrica; DEMACHY, Laborant im Großen II, S. 98; CHAPTAL, Chimie III, S. 380, 500; KOPP, Geschichte der Chemie; WRANY, Chemie in Böhmen, S. 70.

Eine ganze Reihe minder wichtiger anorganischer Verbindungen[1]) anderer Elemente sind noch — meist für die Zwecke der Malerei und Medizin — im 18. Jahrhundert Gegenstand der gewerbsmäßigen Darstellung gewesen. Zinkoxyd, von Atkinson patentiert, wurde von Chaptal[2]) 1786 im großen hergestellt, erwies sich aber als zu teuer. Zinkweiß[3]) (d. h. Carbonat) wurde Ende des 18. Jahrhunderts fabriziert durch Lösen des Metalls in Schwefelsäure und Fällen mit Pottasche (auch unter Alaunzusatz). In England wurde auch Bariumsulfat, Permanentweiß[4]) künstlich hergestellt. Spanischweiß, Wismutsubnitrat[5]), wurde wohl hauptsächlich als Schminke verwendet. Rinmansgrün[6]) kam Ende des 18. Jahrhunderts auf; man erhielt es, indem man eine Lösung von Kobalt- und Zinknitrat (und Kochsalz) mit Pottasche fällte und den Niederschlag in flachen Tongeschirren glühte. Musivgold, Zinnsulfid, wird von Birellus[7]), Alexius Pedemontanus[8]) und Kunckel[9]) erwähnt; man erhielt es durch Erhitzen von Zinnamalgam mit Schwefel und Salmiak. Die für die Cochenillefärberei notwendige Zinnbeize wurde seit Drebbel meist von den Färbern selbst durch Auflösen von Zinn in Königswasser[10]) gewonnen. Die durch Einwirkung von Salpetersäure auf Zinn erhalteneZinnsäure[11]), Sal jovis anglicum, wird in der Prager Medikamententaxe von 1699 genannt. Edelmetallverbindungen fanden nur wenig medizinische oder gewerbliche Verwendung. Die Prager Medikamententaxen nennen ‚Crocus solis' (Goldoxyd?), Knallgold und Silbernitrat. Eine ammoniakalische Silberlösung wurde schon von Glauber[12]) zum Versilbern benutzt. Endlich ist auch noch der 1669 von dem Hamburger Alchemisten Brand entdeckte Phosphor[13]) zu nennen, der allerdings wohl nur als merkwürdiges Präparat gelegentlich Absatz fand. Man stellte ihn aus Harn oder zweckmäßiger aus Knochen dar. Nach Chaptal und Demachy wurden die Knochen calciniert, mit Säuren zersetzt, dann, falls Salz- oder Salpetersäure verwendet wurde, fällte man

---

[1]) Über sonstige anorganische Präparate vgl. besonders Gmelin, Geschichte d. Chemie; Kopp, Geschichte der Chemie; Wrany, Chemie in Böhmen.

[2]) Chimie III, S. 377; Poppe, Geschichte d. Technologie III, S. 221.

[3]) Demachy, Laborant im Großen II. S. 195; Poppe, Geschichte d. Technologie III, S. 222.

[4]) Parkes, Chemical essays II, S. 195.

[5]) Hermbstädt, Kameralchemie; Chaptal, Chimie III, S. 375.

[6]) Demachy, Laborant im Großen II, S. 308.   [7]) Alchimia nova.

[8]) De secretis.   [9]) Ars vitraria, vgl. auch Chaptal, Chimie III, S. 495.

[10]) Chaptal, Chimie IV, S. 182.

[11]) Vgl. auch Chaptal, Chimie III, S. 421. Für Emails wurde meist Zinn oder Zinn mit Blei durch Calcinieren in „Zinnasche" übergeführt. Siehe S. 136.

[12]) Furni novi.

[13]) Demachy, Laborant im Großen II, S. 375; Beckmann, Phys.-ök. Bibliothek XV, S. 209; Chaptal, Chimie II, S. 334; Muspratt, Chemie, 1. Aufl., III, S. 836; 4. Aufl., VII, S. 1.

Calciumsulfat mit Schwefelsäure aus, dampfte zur Trockne und destillierte mit Kohlenstaub aus einer Ton- oder Porzellanretorte; den übergehenden Phosphor fing man unter Wasser auf. Schon um die Wende zum 18. Jahrhundert hatte ein in London lebender Deutscher namens Haukwitz, ein ehemaliger Mitarbeiter von Boyle, Phosphor gewerbsmäßig dargestellt; die Unze kostete 1730 $10^1/_2$ Dukaten. Nach Beckmann stellte eine Fabrik in Eßlingen jährlich aus Knochen 10 bis 12 Pfund Phosphor dar, von dem die Unze zu 4 Reichstalern verkauft wurde.

4. Glasindustrie und Keramik im 17./18. Jahrhundert.

Die ehedem so bedeutende venetianische Glasindustrie[1]) ist seit dem 17. Jahrhundert ganz erheblich zurückgegangen; die französischen und deutschen (Nürnberg, Schlesien, Böhmen), später die englischen Glashütten traten das Erbe an. Während noch im 17. Jahrhundert böhmische Meister, die sich unter fremdem Namen eingeschlichen hatten, in Venedig die Kunst erlernten, war dieses Verhältnis im 18. Jahrhundert umgekehrt, und ebenso stellt schon 1687/88 der Reisende Misson[2]) fest, daß die französischen und englischen Gläser den venezianischen ebenbürtig gewesen seien. Die bekannte französische Spezialität, die Spiegelglasindustrie, ist zunächst auch ein Ableger Venedigs gewesen, indem Colbert von dorther Arbeiter nach Frankreich berufen hatte. Seit 1668 jedoch entwickelte sich diese Industrie selbständig durch die von Néhou in Tourlaville bei Cherbourg gemachte Erfindung des Spiegelgusses, und Frankreich trat bald in diesem Spezialzweig an die Spitze: 1688 wurde durch Thévart eine besondere Spiegelgießerei in Paris angelegt, die 1692 nach St. Gobain bei Chauny verlegt wurde und bald internationalen Ruf erlangte. Auch die lothringische Tafelglasindustrie war von Wichtigkeit und hat schon im 16. Jahrhundert überallhin exportiert. Die erste englische Spiegelglasfabrik wurde 1670 durch den Herzog von Buckingham in Lambeth errichtet, das erste deutsche derartige Unternehmen 1695 in Neustadt an der Dosse, während weitere Fabriken in Wien, Nürnberg und Fürth folgten.

---

[1]) Neri, L'arte vetraria; Kunkel, Ars vitraria; Hoffmann, Chymischer Manufacturier; Justi, Manufakturen; Beckmann, Technologie, S. 240; Beyträge z. Geschichte III. 4. S. 469, 536; Poppe, Geschichte d. Technologie III, S. 321; Chaptal, Chimie III, S. 265; Funke, Naturgeschichte III, 2, S. 349; Hermbstädt, Technologie, S. 729; Parkes, Chemical essays III, S. 379; Bucher, Geschichte der techn. Künste I, S. 88, III, S. 287; Benrath, Glasfabrikation; Muspratt, Chemie, 1. Aufl., II, S. 909, 4. Aufl., III, S. 1352; Wrany, Chemie in Böhmen S. 145, 329; Horn, Glasindustrie; Sombart, Kapitalismus II.

[2]) Herrn Maximilian Missons Reisen aus Holland durch Deutschland in Italien, Leipzig 1701, S. 261.

Für die Kunst des Glasschliffs ist schon im 16. Jahrhundert Antwerpen berühmt gewesen; im übrigen beschränkte man sich damals zumeist noch auf das Einritzen von Figuren in die Gläser, wie es in Schlesien und Nürnberg ausgeführt wurde. Eine Nürnberger Erfindung ist auch das Ätzen mit Flußsäure gewesen, welches dem Meister Heinrich Schwanhardt (um 1670) zugeschrieben wird. Die Glasschneidekunst von Nürnberg wurde in künstlerischer und technischer Hinsicht noch weit durch die böhmische übertroffen, die im 17. Jahrhundert ihren Höhepunkt erreicht hat; die böhmischen geschliffenen Krystallgläser haben seitdem bis zur Gegenwart ihren Ruf bewahrt. Zu Anfang des 18. Jahrhunderts bestanden in Böhmen 70—78 Glashütten, die Waren im Werte von 2 Millionen Gulden erzeugten. 1792 existierten 70 Hütten mit 1723 Arbeitern, 966 Glasmachern, 1874 Glasschleifern und 406 Steinschneidern. Die größeren Betriebe waren bereits mit Temper-, Streck- und Glühöfen ausgestattet, außerdem auch mit Öfen zum Calcinieren der Glasmasse.

Als Zusätze für Kunstgläser verwandte man im 17. Jahrhundert — wie auch Kunckel vorschreibt — neben den früher bekannten Bestandteilen Borax, Salpeter und Kreide, wenn auch der regelmäßige Kalkzusatz zur Fritte im Zusammenhang mit der Verwendung gereinigter Soda an Stelle der Sodaasche erst auf Pierre Delaunay Deslandes, den Direktor der Fabrik von St. Gobain, in der zweiten Hälfte des 18. Jahrhunderts zurückzuführen sein soll. (Verwendung von Natriumsulfat an Stelle von Soda oder Pottasche siehe S. 155.) Neben den eigentlichen Kunstgläsern wurden in Böhmen auch seit Beginn des 18. Jahrhunderts nach venezianischem Vorbild künstliche Edelsteine erzeugt, die sog. „böhmischen Brillanten", deren hohes Lichtbrechungsvermögen auf den besonders großen Gehalt an Bleioxyd — ferner enthalten sie etwas Borsäure — zurückzuführen ist. Diese Verfahren wurden Ende des Jahrhunderts noch durch den Wiener Goldarbeiter Strasser verbessert, wovon sich die Bezeichnung „Straß" ableitet.

Im übrigen ist die Fabrikation des weißen, stark lichtbrechenden, bleihaltigen Krystallglases seit Mitte des 17. Jahrhunderts hauptsächlich in England ausgebildet worden. Vielleicht hat die seit Anfang des Jahrhunderts in England wie in Rouen eingeführte Steinkohlenfeuerung [in Hessen[1]) sollen schon um 1579 mineralische Kohlen verwandt worden sein] den ersten Anlaß zu dieser Fabrikation gegeben. Die durch die Kohlenfeuerung leicht eintretende Verunreinigung des Glases machte die Verwendung von abgedeckten Glashäfen notwendig,

---

[1]) Schelenz, Cassel und die angewandte Chemie. Zeitschr. f. angew. Chemie Jg. 1918, S. 181.

was wieder eine Herabsetzung des Schmelzpunktes der Masse durch Zusatz von Bleioxyd bedingte: nach Becher[1]) soll der Erfinder dieses Schmelzverfahrens ein Engländer namens Höbdin gewesen sein. 1696 bestanden in England bereits 90 Glashütten, von denen 24 Flaschenglas, 5 Kronglas, 27 Flintglas (Bleiglas), grünes und gewöhnliches Glas, 2 Spiegelglas und 14 Fensterglas herstellten.

Eine besondere Spezialität ist die Bereitung des echten Goldrubinglases[2]), das seit dem 17. Jahrhundert dem Kupferrubin zur Seite trat. Schon Libavius deutet 1595 auf die Möglichkeit hin, das Glas mit Gold rubinrot zu färben. Neri macht dann nähere Angaben über ein solches Verfahren, dessen Ausführbarkeit jedoch von Kunckel bestritten wird. Auch Glauber (1648) und Tachenius (1668) haben sich mit derartigen Versuchen beschäftigt, und ferner hat ersterer bereits erwähnt, daß Goldlösung mit Zinn niedergeschlagen werden kann. Durch Glaubers Beobachtungen dürfte dann der in Hamburg lebende Arzt Cassius angeregt worden sein, der als der eigentliche Entdecker des Goldpurpurs gilt und auch schon versucht hat, Rubinglas herzustellen. Von Cassius wiederum gelangte die Nachricht von diesen Versuchen an Kunckel, dem es dank seinen großen praktischen Erfahrungen gelang, die genauen Bildungsbedingungen des Rubinglases zu ermitteln und das Verfahren technisch brauchbar auszugestalten. 1679 wurde mit Unterstützung des Grossen Kurfürsten, der einen Vorschuß von 1600 Dukaten gewährte, die berühmte Glashütte auf der Pfaueninsel bei Potsdam errichtet, die tatsächlich vorzügliche Erzeugnisse geliefert hat. Die Hütte ist dann später unter Friedrich Wilhelm I. wegen Holzmangels nach Zechlin verlegt worden. Eine aus dem Jahre 1738 datierte Vorschrift zur Herstellung des Rubinglases ist erst in späterer Zeit bekannt geworden; vielleicht deckt sich dieses Rezept mit dem von Kunckel ausgearbeiteten. Danach soll Gold in Königswasser, Zinn in Salpetersäure (?) gelöst und beide Lösungen zusammen mit Sand, Salpeter, Borax, Arsenik und Weinstein eingedampft werden. Das so erhaltene Pulver wird dann mit gepulvertem Glas (aus Soda, Salpeter, Kreide, Mennige, Weinstein und Borax) verschmolzen. In Kunckels 1679 erschienener „Ars vitraria experimentalis“ wird dagegen das Goldrubinglas ohne nähere Angaben lediglich kurz erwähnt. Im übrigen wird dort neben zahlreichen anderen Rezepten, die meist Modifikationen der Vorschriften von Neri sind, auch die Bereitung des Beinglases mit Knochenasche näher beschrieben, die Kunckel nach seinen Angaben von dem Erfinder Daniel Krafft übernommen hat.

---

[1]) Närrische Weisheit I, 23.
[2]) Vgl. Beckmann, Beiträge z. Geschichte I, 3, S. 373; Kopp, Geschichte d. Chemie.

Die Blüte der Fayence- und Steinzeugindustrie[1]) hat noch im 17. Jahrhundert fortgedauert; seit Mitte des 18. dagegen beginnt das Porzellan die minder edlen Tonwaren zu verdrängen, die dem ersteren in Haltbarkeit und kunstgewerblicher Ausdrucksmöglichkeit keineswegs gewachsen waren: manche Fabriken, die anfänglich Fayencen herstellten, haben sich später auch der Porzellanfabrikation zugewendet.

In Frankreich war von den Fayencefabriken im 17. Jahrhundert besonders Rouen, Moustiers und St. Cloud bekannt, wozu sich im Elsaß im 18. Jahrhundert die berühmte Fabrik von HANNONG in Straßburg gesellte. Überaus groß war die Zahl der deutschen Fabriken künstlerischer Tonwaren im 17. und 18. Jahrhundert, die sich auf fast sämtliche deutschen Länder verteilten. Genannt werden unter anderen als Erzeugungsorte: Nürnberg, Ansbach, Bayreuth, Höchst, Flörsheim, Darmstadt, Kassel, Hanau, Luxemburg (PETER JOSEF BOCH), Braunschweig, Hannover, Münden, Hamburg, Kiel, Hubertusburg, Berlin und Reinsberg (LÜDIKE), Potsdam, Proskau, Stralsund, Königsberg usw. Auch Österreich, Ungarn, die Schweiz, England, Skandinavien, Polen, Rußland, Portugal haben Fayencen erzeugt, und ferner hat auch das Delfter Steingut noch bis ins 18. Jahrhundert seinen Ruf bewahrt. Für die Herstellung einfacheren Tischgeschirrs ist namentlich Bunzlau bekannt gewesen.

Nur in einer Spezialität hat auch nach Einführung des Porzellans die ältere Tonwarentechnik noch einmal große Erfolge zu verzeichnen gehabt. Es waren dies die von WEDGEWOOD hergestellten Steinzeugwaren, welche den Höhepunkt dieses Zweiges der Keramik bildeten und den Porzellangegenständen sehr nahe kamen. Steinzeug nach niederdeutschem Muster ist in England schon im 17. Jahrhundert fabriziert worden, und ferner hat zu Anfang des 18. der Deutsche PHILIPP EHLERS neben weißem auch rotes und schwarzes Steinzeug nach japanischem Vorbild hergestellt. (Daß die Salzglasur des Steinzeuges erst 1670 oder 1680 von einem englischen Töpfer namens PALMER erfunden worden sei, ist jedenfalls unzutreffend.) Einen weiteren Fortschritt bedeutete dann der — angeblich durch ASTBURY eingeführte — Zusatz von Feuerstein zum Ton, wodurch die Zusammensetzung der Masse dem Porzellan bereits näher kam. Dieses Verfahren wurde noch durch JOSIAH WEDGWOOD (1730—1795) weiter vervoll-

---

[1]) Über Keramik vgl. JUSTI, Manufakturen; BECKMANN, Beyträge zur Ökonomie VI, S. 147; Technologie, S. 195; FERBER, Chemische Fabriken; CHAPTAL, Chimie III, S. 231; FUNKE, Naturgeschichte III, 2, S. 328; HERMBSTÄDT, Technologie, S. 616; PARKES, Chemical essays III, S. 193; POPPE, Geschichte der Technologie III, S. 278; VOGEL, Erfindungen; BUCHER, Geschichte der techn. Künste III, S. 441; MUSPRATT, Chemie, 1. Aufl., Anhang S. 65, 4. Aufl., VIII, S. 283; LEHNERT, Porzellan; FELDHAUS, Technik der Vorzeit, S. 810, 1177.

kommnet, und namentlich wurde durch ihn auch in künstlerischer Hinsicht die Fabrikation auf eine bedeutende Höhe gebracht. Seit 1759 wurde von ihm in der alten Töpferstadt Burslem in Staffordshire das schöne rahmfarbene dekorierte Steinzeug hergestellt, das später unter der Bezeichnung „Queens ware" berühmt wurde. Noch bekannter wurde die Fabrik durch die sog. Jasperware, die heute noch mit dem Namen WEDGWOOD identifiziert wird. Als Vorbilder dienten dabei antike Gemmen und Überfanggefäße — beispielsweise die Portlandvase —, nach denen, vielfach mit Hilfe italienischer Modelleure, die Steinzeuggeräte aus biskuitartiger Masse mit weißen Reliefs auf blauem oder grünem Grunde hergestellt wurden. Ferner wurden auch Gegenstände aus schwarzem und rotem Steinzeug sowie zahlreiche andere Artikel erzeugt. Abgesehen von den kunstgewerblichen Verdiensten WEDGWOODS nahmen die Fabriken, welche 1770 nach dem neugegründeten Ort Etruria bei Newcastle verlegt wurden, auch in kommerzieller Hinsicht großen Aufschwung. Die Erzeugnisse verbreiteten sich über die ganze Welt und verdrängten dank ihrem billigen Preise vielfach die Steingutwaren aus dem häuslichen Gebrauch. Der Wert der Produktion belief sich auf jährlich über 6 Millionen Taler. Im übrigen wurde auch echtes Porzellan in England erzeugt, ferner das Knochenporzellan von Minton und Worcester (auch Staffordshire), eine Art Weichporzellan aus Ton und Knochenasche.

Das Alter der chinesischen Porzellanindustrie ist heute noch strittig. Sicher ist, daß die Tradition der Chinesen selbst unzuverlässig ist und das Bestreben zeigt, den Ursprung der Erfindung möglichst weit zurückzuverlegen. Wahrscheinlich stammen die ältesten porzellanähnlichen Gefäße (Seladon, glasiertes Steinzeug) aus dem 7., echtes Porzellan aus Kaolin und Flußmitteln erst aus dem 9. Jahrhundert Im 10. Jahrhundert wurde zuerst Blaumalerei unter Glasur ausgeführt, im 15. Jahrhundert Malerei über Glasur: damals begann auch die höchste Blüte der chinesischen Porzellanerzeugung unter der Mingdynastie.

Während Porzellangegenstände schon längst nach dem näheren Orient gelangt waren, und man durch MARCO POLO bereits über die chinesische Porzellanfabrikation unterrichtet worden war, kamen erst im Laufe des 15. Jahrhunderts vereinzelte Stücke durch ägyptische Vermittlung nach Italien, ohne daß sie einen eigentlichen Handelsgegenstand gebildet hätten[1]. Erst nach der Entdeckung des Seewegs nach Indien wurden seit Anfang des 16. Jahrhunderts durch Portugiesen und später durch Holländer auch Porzellangegenstände in größerem Umfange eingeführt, die zunächst zu den größten Kost-

---

[1] HEYD, Levantehandel II, S. 680.

barkeiten gehörten. Schon früh wurden Versuche zur Nachahmung echten Porzellans oder zur Schaffung ähnlicher Erzeugnisse gemacht, wie das sog. Mediceerporzellan des 16. Jahrhunderts und das Delfter Steingut. Die ersten, wenigstens äußerlich dem chinesischen Porzellan sehr ähnlichen Produkte waren die in Rouen seit etwa 1675, in St. Cloud seit etwa 1690 hergestellten Erzeugnisse aus Weich- oder Frittenporzellan, das allerdings eine völlig andere Zusammensetzung als echtes (Hart-) Porzellan besitzt. Man stellte zunächst eine Fritte dar aus Salpeter, Kochsalz, Alaun, Gips und Quarz, die gepulvert und mit Ton gebrannt wurde; dann wurde noch mit einer aus Bleioxyd, Soda und Quarz bestehenden Glasur überzogen. Die verhältnismäßig niedere Brenntemperatur ermöglichte eine besonders reichhaltige Dekoration; bevorzugte Farben waren später vor allem „bleu du roi" und „rouge Pompadour". Durch Überläufer der Fabrik von St. Cloud wurden Ableger in Chantilly und Vincennes begründet. Aus letzterem hat sich 1756 die berühmte Manufaktur von Sèvres entwickelt, an der auch LUDWIG XV. beteiligt war. 1760 ging die Fabrik völlig in den Besitz des Königs über. Wie oben erwähnt wurde auch in England Weichporzellan hergestellt, ferner — teilweise nur vorübergehend — in Belgien, Schweden, Italien (Capo di Monte) und Spanien (Buen Retiro).

Als europäischer Erfinder des echten Porzellans darf auf Grund der eingehenden Untersuchungen von PETERS und REINHARDT[1]) wohl in erster Linie der sächsische Gelehrte WALTER EHRENFRIED VON TSCHIRNHAUS angesehen werden, während BÖTTIGER offenbar mit Unrecht bisher der Hauptanteil an der Erfindung zugeschrieben wurde. TSCHIRNHAUS hatte schon 1687 eine Art Porzellan mit dem Brennspiegel erschmolzen, wofür ein Brief von LEIBNIZ aus dem Jahre 1694 Zeugnis ablegt. Auch hat sein Produkt bereits 1701 in Paris Aufsehen erregt, was dafür spricht, daß es sich jedenfalls nicht um glasartiges Frittenporzellan gehandelt hat, welches TSCHIRNHAUS im übrigen wohlbekannt war. Er hat ferner an HOMBERG davon Mitteilung gemacht, daß das Erzeugnis aus einer Mischung überall vorkommender Erden gebrannt sei. TSCHIRNHAUS hat dann bereits 1703 den Plan zu einer Porzellanfabrik dem König vorgelegt und wurde auch später zum Direktor bestimmt. Der junge Alchemist BÖTTIGER[2]) dagegen (geb. 1682), der 1701 vor den Nachstellungen FRIEDRICHS I. von Berlin nach Dresden geflohen war, hatte erst 1705 begonnen, unter der Lei-

---

[1]) Vgl. REINHARDT, Tschirnhaus oder Böttger, ferner PETERS bei DIERGART und Arch. f. Gesch. d. Naturwiss. u. d. Technik Jg. 1910, S. 399; dagegen HEINTZE, a. a. O. S. 183.

[2]) Der Name kommt in verschiedenen Schreibweisen vor, meistens als BÖTTGER. BÖTTIGER lautet nach REINHARDT der Eintrag über die Geburt des Erfinders im Kirchenbuch.

tung von TSCHIRNHAUS zu arbeiten. Zunächst wurden Versuche mit Kreide, Alabaster und Ton gemacht, dann — und zwar noch zu Lebzeiten von TSCHIRNHAUS — mit dem Kaolin von Aue, der als wichtigster Bestandteil der Porzellanmasse anzusehen ist. Daß TSCHIRNHAUS bereits selbst, wenn auch sehr unvollkommene Porzellangeräte hergestellt hat, geht aus einer Notiz von BÖTTIGER über einen aus dem Nachlaß stammenden Becher hervor, der wahrscheinlich aus Kaolin und Alabaster (als Flußmittel) gebrannt war. TSCHIRNHAUS starb während der Einrichtung der zunächst in Dresden begründeten Manufaktur, und bald nach seinem Tode trat BÖTTIGER, der Leiter der Fabrik geworden war, mit seinen unberechtigten Ansprüchen hervor, als alleiniger Erfinder zu gelten. Immerhin muß ihm das große Verdienst der eigentlichen technischen Durchbildung und Vervollkommnung des Porzellanprozesses zuerkannt werden, der noch mehrere Jahre gebraucht hat, bis er wirklich brauchbare Erzeugnisse liefern konnte. Eine Handschrift des sächsischen Staatsarchivs bringt wohl den Erfindungsanteil beider Männer am besten zum Ausdruck: „Meißner Porzellan ... von TSCHIRNHAUS ausgefunden ..., von BÖTTGER zur besseren Perfection gebracht." Die nach Meißen verlegte Fabrik brachte zunächst nur schwarzes und rotes Steinzeug in den Handel, das 1710 zum ersten Male auf der Leipziger Messe angeboten wurde; erst 1713 erschien dort auch echtes weißes Porzellan. 1715 erhielt BÖTTIGER die Fabrik zur freien Verfügung, wurde aber auch fernerhin unter Bewachung gehalten; er starb im Jahre 1719.

Die Porzellanfabrikation gewann in Deutschland rasch an Verbreitung, und zwar vorzugsweise durch unlautere Mittel — wie Diebstahl von Fabrikgeheimnissen und Wegengagieren von Arbeitern —, die von privater und fürstlicher Seite ohne Bedenken angewandt wurden. Nachdem schon in Plaue an der Havel nach Meißner Vorbild 1713 rotes Steinzeug hergestellt worden war, entwichen zwei Techniker aus Meißen nach Wien, wo nach ihren Angaben 1717/19 die Manufaktur eingerichtet wurde. Ein Wiener Techniker oder „Arkanist", wie man damals sagte, namens RINGLER hat dann wiederum zur Errichtung weiterer Fabriken beigetragen. Auf einer Reise wurde er seiner Pläne beraubt, die in die Hände einer ganzen Anzahl deutscher und ausländischer Fürsten übergingen; er selbst hat um die Mitte des Jahrhunderts die bedeutenden Manufakturen von Neudeck (später Nymphenburg) und Ludwigsburg mit eingerichtet. Die letztgenannte herzoglich württembergische Fabrik war übrigens auch dadurch unrühmlich bekannt, daß sie bei ihren Arbeitern das sog. Trucksystem einführte, d. h. die Entlohnung teilweise in Ausschußporzellan vornahm. Im übrigen hat auch FRIEDRICH DER GROSSE für das merkantilistische Zeitalter charakteristische Mittel zur Hebung des Absatzes seiner

Manufaktur nicht verschmäht: die Berliner Juden mußten für die Erteilung irgendwelcher Erlaubnis für 300 Taler Porzellan abnehmen, und die Pächter der Staatslotterie waren sogar genötigt, für 6—9000 Taler Ware zu entnehmen, die nur außerhalb Preußens abgesetzt werden durfte. Begründet wurde die Berliner Manufaktur[1]) zunächst als Privatunternehmen durch den Kaufmann WEGELI im Jahre 1750 oder 1751. Dann folgte, nachdem das genannte Unternehmen bereits eingegangen war, 1761 (1759 ?) die Fabrik des Bankiers GOTZKOWSKY, von dem wieder der König 1763 für 225 000 Taler die Manufaktur erwarb. 1779 wurden bereits gegen 600 Angestellte und Arbeiter beschäftigt.

Hauptsächlich in der Zeit von 1740 bis 1780 sind in Deutschland eine ganze Reihe weiterer Manufakturen entstanden, und zwar war es der Ehrgeiz fast eines jeden Potentaten, über eine eigene Fabrik zu verfügen; daneben bestand auch noch eine Anzahl meist kleinerer privater Fabriken. Abgesehen von den schon genannten sollen hier noch folgende Manufakturen aufgeführt werden, die allerdings teilweise nur kurze Zeit existiert haben: Ansbach, Zweibrücken, Frankenthal, Höchst, Kelsterbach, Fulda, Kassel, Fürstenberg bei Braunschweig, ferner etwa ein Dutzend thüringischer Fabriken — meist in privaten Händen und von geringem Umfang —, wie Gotha, Rudolstadt, Kloster Veilsdorf, Volkstaedt, Wallendorf, Großbreitenbach, Limbach, Ilmenau usw. Die Frankenthaler Fabrik war ursprünglich durch HANNONG in Straßburg eingerichtet worden; sie ging dann später in kurfürstlichen Besitz über und wurde 1800 durch die Franzosen geschlossen. Von hier wurde das Geheimnis der Hartporzellanfabrikation an die Manufaktur von Sèvres verkauft, die, ebenso wie die frühere Fayencefabrik von Limoges, jetzt auch solches Porzellan herstellte. Auch in England wurde neben Weichporzellan (Knochenporzellan) echtes Hartporzellan fabriziert.

Auch sonstige ausländische Fabriken gingen allmählich zum Hartporzellan über oder wurden von vornherein für dieses Erzeugnis errichtet. Zu nennen sind Capo di Monte bei Neapel, Venedig, Buen Retiro bei Madrid, die kaiserliche Manufaktur in Petersburg, Kopenhagen, ferner Fabriken in Polen, Schweden, der Schweiz und den Niederlanden.

5. Die organisch-chemischen Gewerbe im 17./18. Jahrhundert.

Von einer organisch-chemischen Industrie im eigentlichen Sinne des Wortes, d. h. von einer solchen, die auf synthetischem Wege charakterisierte chemische Verbindungen erzeugt, kann mangels wissen-

---

[1]) NICOLAY, Berlin u. Potsdam I, S. 395.

schaftlicher Grundlagen naturgemäß auch im 18. Jahrhundert noch nicht die Rede sein. Immerhin weist das 17. und 18. Jahrhundert gegenüber den früheren manchen neuen Gewerbszweig auf, bei dem organisch-chemische Vorgänge sich vollziehen, wie z. B. die Zersetzungsdestillation der Kohle, und es sind sogar bereits hier und da wohldefinierte, teilweise krystallisierte organische Körper als gewerbliche Präparate hergestellt worden, wenn auch naturgemäß auf einfachstem, rein empirischem Wege. Im allgemeinen aber sind die organischen Gewerbszweige gegenüber den anorganischen in den in Betracht kommenden zwei Jahrhunderten hinsichtlich technischer Neuerungen verhältnismäßig wenig fortgeschritten, und die Art der angewandten, durchweg empirischen Verfahren — beispielsweise bei Färberei, Gerberei, Zuckerindustrie, Seifensiederei — unterscheidet sich prinzipiell nur wenig von denen früherer Zeiten, was in der Hauptsache wieder mit dem oben genannten Zurückbleiben der organischen wissenschaftlichen Forschung hinter den recht erheblichen Fortschritten der anorganisch-chemischen Wissenschaft zusammenhängt.

Mehr als in qualitativer Hinsicht hat sich der gewerbliche Charakter der organischen Industrien in quantitativer Hinsicht verändert, und zwar handelt es sich dabei teilweise — wie bei der Hamburger Zuckerraffinerie und der Seifenindustrie von Marseille — um eine örtliche Anhäufung zahlreicher meist kleiner Betriebe, oder aber es sind hier und da auch bereits größere Unternehmungen entstanden. Entsprechend dem früher dargelegten Charakter der chemischen und verwandten Industrien müssen wir auch hier wieder zwischen solchen Unternehmen unterscheiden, die zwar ein erhebliches Anlagekapital erfordern, also über eine umfangreiche Apparatur mit großer Produktionsmöglichkeit verfügen, ohne daß dem eine hohe Zahl beschäftigter Personen zu entsprechen braucht, und denjenigen Betrieben, die vermöge ihres manufakturartigen Charakters, wobei die Formgebung im Vordergrund steht, eine große Anzahl Arbeiter beschäftigen, während der Kapitalaufwand für die Gebäude usw. zwar erheblich, für die Apparatur aber verhältnismäßig geringer sein kann. Auf der einen Seite ist beispielsweise für die Begründung einer Seifenfabrik in England das nicht unbeträchtliche Kapital von 2—5000 Pfund notwendig gewesen, und noch höhere Ziffern werden für die Zuckerindustrie genannt (vgl. unten), während die Arbeiterzahl dieser Unternehmungen fast durchweg recht gering war. Auf der anderen Seite haben die manufakturartigen Betriebe relativ oder absolut recht hohe Zahlen beschäftigter Personen aufgewiesen, wie beispielsweise eine Potsdamer Gerberei, welche etwa 100 Arbeiter beschäftigt hat, und namentlich die großen, im 18. Jahrhundert entstandenen Zeugdruckereien, bei denen die Arbeiterzahl teilweise bis in die Tausende ging.

Eine kleine Anzahl organischer Präparate[1]) wurde, ähnlich wie die Quecksilberverbindungen, seit dem 17. Jahrhundert gewerbsmäßig in Holland hergestellt. In erster Linie waren dies Campher, Bernstein- und Benzoesäure, sowie Harzöle und ätherische Öle. Die Raffination des Camphers hatten die Holländer wie vieles andere von den Venetianern übernommen; auch in Hamburg und Kopenhagen bestanden im 18. Jahrhundert kleine Betriebe, die sich damit beschäftigten. Die Gewinnung des Rohcamphers in Ostasien erfolgte so, daß Holz und Wurzeln, in kleine Stücke zerschnitten, in eisernen Töpfen mit Wasser gekocht wurden. Der mit den Wasserdämpfen entweichende Campher sammelte sich in dem darüber befindlichen irdenen Helm an, der mit Stoppeln oder Binsen gefüllt war. In dem kleinen Betrieb in Amsterdam, welcher zwei Arbeiter beschäftigte, wurde eine Mischung von rohem Borneo- und Sumatracampher — unter Zusatz von Kalk oder Kreide zur Verhinderung der Gelbfärbung — in Glasballonen auf dem Sandbade sublimiert. Darüber wurden eiserne Hüte gestülpt, die zunächst die Aufgabe hatten, eine Kondensation des entweichenden Wassers zu verhindern; dann wechselt man gegen einen weiteren kalten Hut aus, um Verluste an Campher zu vermeiden. Dieser setzte sich in Form eines runden Brotes im Halse an, das nachher nach Zerschlagen des Kolbens in blaues oder rotes Papier verpackt und versandt wurde. Die Abfälle wurden gesondert aus einer kupfernen Blase mit Helm sublimiert.

In ähnlicher Weise wurden in Holland Bernstein- und Benzoesäure durch Sublimation gewonnen. Bernsteinsäure, schon von Agricola, Libavius und Croll,[2]) erwähnt und in der Prager Medikamententaxe[3]) von 1737 als Sal succini volatile genannt, wurde auch in Königsberg dargestellt. In Holland verfuhr man so, daß man Bernstein aus einer eisernen tubulierten Retorte destillierte, wobei man festes „Salz", einen wässerigen „Spiritus" und Bernsteinöl erhielt. Der feste und wässerige Teil des Destillats wurde in Wasser gelöst, die Lösung geseiht, eingedampft und der Rückstand in übereinander gesetzten Töpfen sublimiert. Das Bernsteinöl wurde nochmals aus einer Retorte destilliert, wobei man sog. Judenpech als Rückstand erhielt; das Öl fand Verwendung als Medizin, in geringeren Sorten auch als Pferdearznei oder Malerfirnis. Ganz ähnlich wurde in Königsberg verfahren, nur erfolgte die Destillation aus kupferner Blase mit Bleihut, die spätere Sublimation in Glasgefäßen.

---

[1]) Ferber, Chemische Fabriken; Demachy, Laborant im Großen II, g. 72; Chaptal, Chimie II, S. 384, 418; III, S. 188; Funke, Naturgeschichte II, 2, S. 790; ferner auch Kopp, Geschichte der Chemie IV, und Lippmann, Zeittafeln.

[2]) Vgl. S. 105.   [3]) Wrany, Chemie in Böhmen, S. 71.

Benzoesäure, von NOSTRADAMUS, LIBAVIUS, BLAISE DE VIGENERE und, in verbesserter Form, von TURQUET DE MAYERNE[1]) gewonnen, wurde in Holland durch Erhitzen des Harzes in flachen irdenen Töpfen mit darübergestülpten Papiertüten dargestellt. Noch besser war das Verfahren von SCHEELE[2]), der das Harz mit Ätzkalk kochte und dann das gelöste Calciumsalz mit Salzsäure zersetzte.

Auch noch aus anderen Harzen wurden in Holland Öle durch Destillation gewonnen, so Terpentin-, Copaiva- und Kopalöl für Firnisbereitung u. dgl. (vgl. S. 189), ferner wurden auch Harze, wie Guajakharz, durch Extraktion der Pflanzenteile mit Alkohol hergestellt. Endlich bildete auch die Reinigung von Walrat und Bienenwachs[3]) einen nicht unwichtigen Gewerbszweig.

Der Weg über die Zersetzung der Kalksalze spielte auch für die Gewinnung anderer organischer Säuren eine Rolle. Am wichtigsten war die Citronensäure[4]), die — von SCHEELE[5]) 1784 zuerst krystallisiert erhalten — um die Wende zum 19. Jahrhundert in England aus importiertem sizilianischem Citronensaft in gewissem Umfange gewerbsmäßig hergestellt wurde; auch wurde festes Calciumcitrat aus Messina eingeführt. Der Saft wurde mit Kalk gesättigt, das Kalksalz abgesiebt, ausgewaschen und mit Schwefelsäure zersetzt; die Lösung wurde abdekantiert, der Gips ausgewaschen und zunächst im Bleikessel über freier Flamme, dann auf dem Wasserbade zur Krystallisation eingedampft. Die Citronensäure fand in erster Linie Anwendung im Kalikodruck zum Erzeugen von Reserven, dann aber auch in Färberei, Gerberei, Talghärtung sowie zu anderen gewerblichen, medizinischen und häuslichen Verwendungszwecken (Limonade, Fleckenmittel). Auch die Oxalsäure[6]), 1776 durch SCHEELE und BERGMAN aus Zucker und Salpetersäure gewonnen, wurde als Ätzmittel in der Zeugdruckerei verwendet. Weinsäure[7]), auf SCHEELE[8]) und RETZIUS (1769/70) zurückgehend, wurde ähnlich wie Citronensäure aus Weinstein über das Calciumsalz hergestellt. Man verwendete sie als Beize in der Färberei und zur Herstellung von Limonaden.

---

[1]) Vgl. S. 105.

[2]) Abhandl. der Stockholmer Akademie von 1775.

[3]) Über Wachsbleicherei und Kerzenfabrikation vgl. HOFFMANN, Chymie; BECKMANN, Technologie, S. 136; POPPE, Geschichte der Technologie III, S. 27; HERMBSTÄDT, Technologie, S. 369.

[4]) CHAPTAL, Chimie III, S. 137; PARKES, Chemical essays III, S. 3.

[5]) Physische und chemische Werke II, S. 319.

[6]) CHAPTAL, Chimie III, S. 179; BERGMAN, Opuscula physica et chemica I, S. 251.

[7]) DEMACHY, Laborant im Großen, I, S. 120; CHAPTAL, Chimie III, S. 134.

[8]) CRELLS Chem. Journ. II, S. 179.

Die Essigbereitung[1]), wie sie beispielsweise in Frankreich ausgeübt wurde, wird von GLAUBER geschildert, der übrigens auch als Entdecker des Holzessigs anzusehen ist. Auf einem Gerüst wurde eine Reihe von Fässern aufgestellt, die auf dem Grunde ein Holzkreuz und darüber einen durchlochten Boden enthielten. Darauf wurden Weintrester aufgeschichtet, die wieder mit einem durchlochten Holzdeckel bedeckt waren. Nach dreitägigem Stehen an warmem Ort wurde aus Hefe ausgepreßter Wein auf das erste Faß gegeben, nach zwei bis drei weiteren Tagen auf das nächste usw. Nach 2—3 Wochen war die Essigbildung vollendet. Ähnlich ist das von BOERHAVE vorgeschlagene Verfahren, wobei die Tonnen mit Weinästen und Weinkämmen gefüllt sind. In Nordfrankreich war in der Regel das noch heute ausgeübte Orleansverfahren üblich, bei dem Tonnen mit Buchenspänen verwendet werden. Statt Weinessig wurde in den Gebieten, die keinen Wein erzeugten (Nordfrankreich und Belgien) Bieressig gewonnen. HERMBSTÄDT gibt auch Rezepte zur Erzeugung von Essig aus Rosinen, Zucker oder Honig. Für die Herstellung des sog. destillierten Grünspans (vgl. S. 167) wird nach DEMACHY der Essig durch Destillation aus kupfernem Kolben mit irdenem oder gläsernem Helm oder auch aus gläsernen Retorten verstärkt.

Die Kunst der Destillation hat im Laufe des 17. und 18. Jahrhunderts nur verhältnismäßig geringe Fortschritte gemacht, wie auch in der Branntwein-, Bier- und Weinerzeugung wenig technische Neuerungen zu verzeichnen sind. Fast durchweg ist im Gärungsgewerbe[2]) die Form des Kleinbetriebes weiterhin vorherrschend geblieben. Bei der Destillation alkoholischer Flüssigkeiten wurde lediglich durch etwas zweckmäßigere apparative Ausgestaltung, durch bessere Dephlegmation und Kühlung eine günstigere Ausbeute und schärferes Trennen der Fraktionen erzielt. Als weiteres Rohmaterial zur Alkoholgewinnung kam die Vergärung der Melasse in größerem Umfang in Aufnahme. Kartoffeln zur Spiritusfabrikation zu verwenden, wird zwar schon von BECHER 1682 vorgeschlagen, doch soll die erste Kartoffelbrennerei erst 1750 zu Monsheim in der Pfalz von DAVID MÖLLINGER errichtet worden sein. (Stärkebereitung aus

<hr>

[1]) GLAUBER, Weinstein; BECKMANN, Technologie, S. 100; POPPE, Geschichte der Technologie III, S. 245; CHAPTAL, Chimie III, S. 147; FUNKE, Naturgeschichte II, 2, S. 758; HERMBSTÄDT, Technologie, S. 430; Kameralchemie; Anleitung zur Fabrikation des Essigs.

[2]) Über Gärungsgewerbe usw. vgl. DEMACHY, Laborant im Großen I, S. 203, 277; BECKMANN, Technologie, S. 81, 104; Beyträge z. Geschichte I, 2, S. 179; III, 3, S. 435; V, 2, S. 206; POPPE, Geschichte d. Technologie III, S. 225, 251; CHAPTAL, Chimie IV, S. 503; FUNKE, Naturgeschichte II, 2, S. 721, 754, 762; HERMBSTÄDT, Technologie, S. 396, 412; Bier; Branntwein; Liqueurfabrikation; WRANY, Chemie in Böhmen, S. 163, 362; SCHELENZ, Destilliergeräte.

Kartoffeln wurde 1747 von dem Schweden LAUTINGSHAUSEN zuerst versucht.) Im übrigen machte quantitativ die Alkoholerzeugung, d. h. namentlich die Brantweinbrennerei, erhebliche Fortschritte. Seit 1629 wurde Kornbranntwein in Wernigerode im großen dargestellt, und die böhmische Erzeugung betrug Ende des 18. Jahrhunderts über 60 000 Eimer. Der große Aufschwung der böhmischen Bierbrauerei datiert erst seit Beginn des 19. Jahrhunderts, nachdem durch die technischen Verbesserungen von FRANZ ANDREAS POUPĚ etwa seit 1792 hierfür die Grundlagen geschaffen waren.

Eine Anzahl aus Alkohol gewonnener Präparate bürgern sich im 17. und 18. Jahrhundert als Medikamente ein. Die schon von VALERIUS CORDUS (vgl. S. 104) stammende Vorschrift zur Herstellung von Äther (spiritus vitrioli dulcis oder spiritus mineralis anodynus) erscheint bereits Ende des 16. Jahrhunderts in deutschen Pharmakopöen, doch wird er erst in der Prager Medikamententaxe von 1699[1]) erwähnt und im 18. Jahrhundert in größerem Umfang von den Apotheken dargestellt. In Mischung mit Alkohol wird er als „Hoffmanns Tropfen" — nach dem Iatrochemiker FRIEDRICH HOFFMANN genannt — viel verwendet. Die Darstellung erfolgte nach DEMACHY[2]) so, daß Alkohol mit Schwefelsäure aus gläserner Retorte auf dem Sandbad destilliert wurde; die Schwefelsäure konnte sechsmal Verwendung finden. Der Äther wurde dann noch über Kaliumcarbonat rektifiziert.

Die durch Einwirkung von Salz- und Salpetersäure auf Alkohol gewonnenen und längst bekannten Präparate[3]) werden unter den Namen „spiritus salis dulcis, spiritus nitri dulcis und fumosus" in den Prager Medikamententaxen[1]) von 1699 bzw. 1737 aufgeführt. Der „Salpeteräther"[4]) — wohl zuerst von KUNCKEL 1681 isoliert — wurde im 18. Jahrhundert nach verschiedenen Verfahren dargestellt; beispielsweise ließ man Alkohol durch rauchende Salpetersäure hindurchtropfen, die mit Schnee oder Salmiak gekühlt war, worauf sich nach 48 Stunden die Verbindung als Öl abschied. Chloräthyl, das (wohl nur in alkoholischer Lösung) schon von BASIL und 1649 von GLAUBER erhalten worden war, wurde einwandfrei in reinem Zustande erst 1759 von ROUELLE[5]) dargestellt. Die „Tincturia nitri Glauberi", die im 17./18. Jahrhundert medizinische Verwendung fand, war eine alkoholische Lösung von Kaliumpikrat, das GLAUBER aus Wolle und konzentrierter Salpetersäure und nachheriges Neutralisieren mit Pottasche erhalten hatte.

¹) WRANY, Chemie in Böhmen, S. 71.
²) Laborant im Großen, I, S. 226.
³) Vgl. auch KOPP, Geschichte der Chemie; LIPPMANN, Zeittafeln.
⁴) DEMACHY, Laborant im Großen I, S. 235.
⁵) Nach KOPP. LIPPMANN nennt COURTENVAUX.

Die Herstellung der Liköre, der ätherischen Öle und Parfüms, der „gewürzhaften Geister"[1]), ist auch im 17. und 18. Jahrhundert italienische und französische, daneben holländische Domäne gewesen — Spanien erzeugte ebenfalls in großem Umfange ätherische Öle —, wenn auch vereinzelte Spezialitäten (Kölnisches Wasser von Johann Maria Farina) anderwärts fabriziert wurden. Bei dem in Südfrankreich, in Languedoc und der Provence, angewandten Verfahren wurden die aromatischen Pflanzenteile, besonders die Blüten, entweder lediglich mit Wasser destilliert, wobei man je nach dem Gehalt ätherische Öle oder wohlriechende Wässer erhielt, oder aber es wurde bei der Destillation Alkohol zugegeben, was die „gewürzhaften Geister" ergab. Verarbeitet wurden auf diese Weise Lavendel, Spik, Thymian, Rosmarin, Rosen, Pomeranzenblüten, Melissen, Citronenschalen usw. Das Spiköl wurde beispielsweise von Hirten und Schäfern direkt auf dem Felde durch Destillation der Blüten mit Wasser aus kupfernen Blasen mit verzinntem Hut dargestellt; als Feuerungsmaterial dienten dabei die getrockneten Kräuter. Das Öl wurde an die städtischen Kaufleute verkauft und kam in Estagnons zu 60—80 Pfund, das Pfund zu 12—15 Sous, in den Handel; es wurde vorwiegend von den Firnismalern verwendet.

Auch die seit alters bekannte Herstellung wohlriechender Essenzen und Pomaden durch Enfleurage, durch Extraktion der Blüten mit Fett, wurde in Grasse bereits im 18. Jahrhundert in erheblichem Umfange ausgeführt. Der Wert der französischen Parfümerieerzeugnisse wird von Chaptal[2]) für den Anfang des 19. Jahrhunderts auf 13 Millionen Franken angegeben.

Auch in Holland bildete — abgesehen von den schon erwähnten Harzölen — die Gewinnung der eigentlichen ätherischen Öle im 17./18. Jahrhundert ein bedeutendes Gewerbe, das von zahlreichen Laboranten betrieben wurde. Dieser Gewerbszweig ist gewissermaßen als Aufbereitungsindustrie des ostindischen Gewürzhandels anzusehen und stand in engem Zusammenhang mit der hochentwickelten holländischen Likör- und Branntweinbrennerei. Verarbeitet wurden neben einheimischen Blüten und Samen, wie Anis, Fenchel usw. in erster Linie Zimt, Cassiarinde und Gewürznelken, die zunächst in Pferdemühlen geraspelt und dann destilliert wurden. Bei Demachy werden auch Rezepte zur Bereitung solcher Öle angegeben; so läßt man beispielsweise Anissamen mit Alkohol stehen und destilliert dann den „Anisgeist" ab. Hierauf wird Wasser in die Blase gefüllt

---

[1]) Ferber, Chemische Fabriken; Demachy, Laborant im Großen I, S. 216.; Chaptal, Chimie II, S. 375; Hermbstädt, Liqueurfabrikation; Technologie, S. 428; Schelenz, Destilliergeräte.
[2]) Industrie françoise II, S. 195.

und nochmals destilliert, wobei noch 6—7 Unzen Öl aus 25 Pfund Samen erhalten werden.

Eine Art brenzlicher Destillation wurde von den Bauern von Languedoc zur Gewinnung von Wacholderöl ausgeführt. Sie zündeten Bündel von Wacholderreisig an, deren Ende in wassergefüllte Gräben eintauchte; das ausschwitzende Öl sammelte sich dabei über dem Wasser an. Durch ein ähnlich primitives Schwelverfahren gewann man in Österreich die teerartige Pappelsalbe, die als Wagenschmiere Verwendung fand.

Die Holzverkohlung und Teergewinnung[1]) wurde auch noch im 18. Jahrhundert meist auf alte Weise in stehenden oder liegenden Meilern oder — für Reisig — auch in Gruben ausgeführt; hier und da kamen auch Meileröfen oder gemauerte Schwelöfen — mit Außenbeheizung — für harzreiche Hölzer zur Verwendung. Sollte mit der Meilerverkohlung die Teergewinnung verbunden werden, so wurde der Teer mittels eines Kanals aus dem Meiler nach außen geführt. Neben dem Teer wurde bei der Verkohlung gelegentlich auch der schon von GLAUBER erwähnte rohe Holzessig gewonnen, der nach PARKES bei einem in Deutschland üblichen Verfahren aus dem Meiler mittels eiserner oder kupferner Rohre in Reservoire geleitet wurde. Im übrigen konnte sich die Gewinnung und Verwendung des Holzessigs, der 1800 von VAUQUELIN und FOURCROY mit Gärungsessig identifiziert worden war, erst entwickeln, nachdem die Holzverkohlung in geschlossenen Retorten mit Außenbeheizung und zweckmäßiger Kondensationseinrichtung besser ausgebildet worden war. Im 18. Jahrhundert waren nur vereinzelte Versuche in dieser Richtung unternommen worden, wie beispielsweise das Verkohlungsverfahren von LEBON, mit dem allerdings in erster Linie die Erzeugung von Leuchtgas bezweckt wurde.

Die wichtigsten Produktionsgebiete für Holzteer waren nach wie vor die waldreichen Länder Nord- und Osteuropas. Insbesondere spielte Schweden als Teerlieferant für den englischen, holländischen und französischen Schiffbau eine große Rolle, wie auch holländisches Kapital in dem schwedischen Holzverkohlungsgewerbe angelegt war. 1703 wurde der schwedische Teerhandel monopolisiert, woraufhin England zum Bezuge nordamerikanischen Holzteers überging. Frankreich hat 1787 noch für 859 200 Franken Teer aus Schweden, für 237 600 Franken aus Rußland bezogen[2]).

---

[1]) GLAUBER, Miraculum mundi; CRAMER, Forstwesen; ZANTHIER, Forstwesen; BECKMANN, Technologie, S. 265; Phys.-ök. Bibliothek XVIII, S. 433; CHAPTAL, Chimie II, S. 342, 433; HERMBSTÄDT, Technologie, S. 680; FUNKE, Naturgeschichte II, 2, S. 783; PARKES, Chemical essays II, S. 251; V, S. 168.
[2]) CHAPTAL, Industrie française I, S. 53, 59.

In gleicher Weise wie die Köhlerei wurde die Harznutzung[1]) in kleingewerblicher Form in waldreichen Gegenden betrieben. Der Schwarzwald, Böhmen, der Harz, Thüringen, dann auch verschiedene französische Provinzen waren als Harzlieferanten besonders bekannt. Das rohe Harz wurde meist mit Wasser geschmolzen und dann durch Säcke oder Fichtenreisig filtriert. Das besonders aus der Gegend von Cayenne stammende französische Harz wurde mit Galipot bezeichnet, während die Provence sog. „Perrinne vierge" lieferte. Durch Destillation der Harze in einer Blase über freiem Feuer erhielt man Terpentinöl, während Kolophonium im Rückstand blieb. Besonders wertvoll war das Lärchenharz (Terpentin) von Chios und Venedig. Frisch auf dem Wasserbad destilliert gab es sog. Terpentinessenz, über freiem Feuer Terpentinöl und gekochten Terpentin als Rückstand (vgl. auch oben unter Bernsteinöl).

Harz, Holzteer, Pech u. dgl. dienten zur Herstellung von Kienruß[2]), der z. B. im Thüringer Wald und im Harz, ferner besonders in Schweden gewonnen wurde. Das Ausgangsmaterial wurde in einem Ofen verbrannt, an den sich eine Kammer anschloß; diese besaß oben eine Öffnung, über der sich ein Kegel aus Wollstoff erhob, an welchem sich der Ruß absetzte. In Paris bestand Ende des 18. Jahrhunderts ein ähnlicher Betrieb, bei dem Pech, Harz und etwas Holz in einem gußeisernen Kessel verbrannt wurden, während sich der Ruß in einer Kammer ansammelte, deren Wände mit Hammelfellen bedeckt waren. Der Preis des Produktes betrug 50 Sous für das Pfund. (Im Saargebiet und im Breisgau wurde auch aus Steinkohle Kienruß gewonnen.) Ein ähnliches Erzeugnis ist das sog. „Frankfurter Schwarz"[3]) gewesen, das in der Gegend von Mainz und am Obermain durch Verkohlen von Trestern im Ofen und nachheriges Mahlen gewonnen wurde. Frankfurt selbst war in der Hauptsache nur Vertriebsort für die Farbe, welche für Zwecke des Kupferdrucks nach ganz Europa versandt wurde. Nach Ferber wurde das Schwarz unter dem Namen „Noir d'allemagne" in Paris zu 40 Sous das Pfund gehandelt; ein ähnliches einheimisches Erzeugnis, „Noir de Paris", wurde ebenfalls aus Trestern u. dgl., die besten Sorten auch unter Verwendung von Elfenbein, Knochen, Pfirsich- und Aprikosenkernen hergestellt. Das durch Verkohlen von Aprikosenkernen gewonnene

---

[1]) Ferber, Chemische Fabriken; Beckmann, Technologie, S. 268; Chaptal, Chimie II, S. 425; Hermbstädt, Technologie, S. 691; Funke, Naturgeschichte II, 2, S. 783.

[2]) Lewis, Abhandlungen II, S. 37; Demachy, Laborant im Großen II, S. 211, 291; Beckmann, Technologie, S. 270; Ferber, Chemische Fabriken; Chaptal, Chimie II, S. 445; Parkes, Chemical essays II, S. 295; Funke, Naturgeschichte II, 2, S. 779; Hermbstädt, Technologie S. 694.

[3]) Beckmann, Beyträge zur Geschichte IV, 4, S. 492; Dietz, Frankfurter Handelsgeschichte II, S. 341.

Schwarz wurde nach DEMACHY nach Anreiben mit Gummiwasser als Tusche benutzt.

Der naheliegende Gedanke, die Meilerverkohlung auch auf den Torf[1]) zu übertragen, dürfte zuerst in Holland und Friesland aufgetaucht sein, ohne daß sich der Zeitpunkt hierfür näher bestimmen läßt. Die älteste urkundliche Erwähnung der Torfkohle stammt erst aus dem Jahre 1621, und zwar wird in einem Begnadigungsbrief des Kurfürsten JOHANN GEORG I. zwei Freiberger Einwohnern das Recht verliehen, Erzgebirgstorf zu stechen, zu verkohlen und an die kurfürstliche Schmelzhütte zu liefern. Nach der „Anleitung zur besseren Benutzung des Torfs" (Altenburg 1781)[2]) soll schon 1560 Torfkoks in Freiberger Schmelzhütten verwendet worden sein; ferner ist gegen 1570 durch den Grafen VON STOLBERG-WERNIGERODE Torfkoks hergestellt worden. Auch in dem 1631 erschienenen französischen Werk von CHARLES DE LAMBERVILLE über Meilerverkohlung wird Torfkohle erwähnt, ebenso in der ältesten eigentlichen Torfliteratur, dem „Tractatus de Turffis" von MARTIN SCHOOK (1658), dem „Traité des tourbes combustibles" von CHARLES PATIN (1663) und der „Dissertatio physica de turfis" von DEGNER (1729). Das älteste diesbezügliche englische Patent stammt aus dem Jahre 1630. An Stelle der Meilerverkohlung, die wegen des starken Schwindens des Torfes große Schwierigkeiten machte, wurde vielfach auch eine Verkohlung in Gruben vorgenommen, die allerdings ebenfalls Schwierigkeiten in der Betriebsführung aufwies. Ein wesentlicher Fortschritt wurde erst durch die Einführung gemauerter oder gußeiserner Meileröfen erzielt, die sich infolge der bei der Meilerverkohlung des Torfes eintretenden Schwierigkeiten hier rascher als bei der Holzverkohlung durchsetzten. Das bekannteste Beispiel solcher Öfen war die 1744 am Blocksberg im Harz errichtete Anlage. Die Öfen, aus eisernen Zylindern mit Deckel bestehend, standen zu je 4—6 auf einem gemauerten Herd. Unten befand sich in jedem Ofen ein Rost, auf dem der Torf aufgeschichtet wurde, um dann ohne Außenbeheizung von unten nach oben verkohlt zu werden. In 6 Öfen konnten in einer Schicht von 24 Stunden 4000 Soden verarbeitet werden. Die Anlage, die insgesamt aus 40 Öfen bestand und einen Kostenaufwand von über 100 000 Talern verursacht hatte, blieb trotz mancher Mängel bis Ende des Jahrhunderts im Betrieb. An Stelle der Meileröfen, die noch mit Innenheizung arbeiten, wurden im 18. Jahrhundert auch bereits Öfen mit getrennter Feuerung verwendet, deren erster Vertreter 1750 konstruiert wurde. Nach der

---

[1]) BECKMANN, Beyträge zur Geschichte II, 2, S. 186; IV, 3, S. 393; ZANTHIER, Forstwesen; BECK, Geschichte des Eisens II, S. 965; III, S. 296, 711; HOERING, Moornutzung.

[2]) Ref. bei BECKMANN, Phys.-ök. Bibliothek XI, S. 385.

Schrift des Geheimrats von Pfeiffer[1]) (vgl. unten bei Kokerei) soll dessen gemauerter Koksofen mit Außenbeheizung auch für Torf Verwendung finden. Ob der deutsche Alchemist Becher[2]), der schon Ende des 17. Jahrhunderts in Holland Torf verschwelt hat, vielleicht bereits eine Art Retortenofen benutzte, muß dahingestellt bleiben. Jedenfalls ist die Retortenverkohlung des Torfes erst in der zweiten Hälfte des 18. Jahrhunderts an verschiedenen Stellen in größerem Umfange ausgeübt worden.

Die Verkokung[3]) der Steinkohle ist erst verhältnismäßig spät ausgebildet worden und noch später die Gewinnung des Gases und der sonstigen Nebenprodukte. Auch der Steinkohlenbergbau hat sich verhältnismäßig langsam entwickelt; angesichts der für den verhältnismäßig geringen industriellen Bedarf hinreichenden Holzbestände war die Notwendigkeit nicht vorhanden, auf die Steinkohle zurückzugreifen, zumal deren Verwendung technische Schwierigkeiten machte und auch als gesundheitsschädlich galt. Begonnen hat der Steinkohlenbergbau in England im 9., in Sachsen im 10., in Belgien im 11., im Herzogtum Limburg im 12. und in Westfalen und Frankreich im 13. Jahrhundert, während von einem nennenswerten industriellen Verbrauch der Steinkohle selbst in England erst seit dem 17. Jahrhundert die Rede sein kann.

Wer zum ersten Male Steinkohlen nach dem Vorbild der Holzverkohlung verkokt hat, ist nicht näher bekannt. Nach Schelenz[4]) kommt die Bezeichnung Cinder für Kohle „from which the gaseous volatile constituents have been burnt" bereits im Jahre 1530 vor, doch kann es sich hierbei auch um Kohlenlösche gehandelt haben, ohne daß vielleicht die Verkokung damals schon als besonderer Prozeß ausgeübt wurde. Der Ausdruck „cooking" oder „coking" für die vorbereitende Behandlung der Steinkohle zum Eisenschmelzen wird dagegen bereits in einem englischen Patent von Procter und Peterson von 1589 erwähnt. In Deutschland hat der auf industriellem Gebiete überhaupt sehr rührige Herzog Julius von Braunschweig und Lüneburg als erster 1584 die Meilerverkokung mit Steinkohle auf seiner Grube Hohenbüchen durchgeführt, und etwa zur gleichen Zeit scheint nach Schelenz[5]) der hessische Hoftischler und Baumeister Christoph Müller Braunkohle durch Erhitzen verkokt oder doch wenigstens vorgetrocknet zu haben. Um 1640 machte dann

---

[1]) Ref. bei Demachy, Laborant im Großen II, S. 382.
[2]) Närrische Weisheit I, 36.
[3]) Über Anfänge der Kokerei vgl. Beck, Geschichte des Eisens II, S. 784, 965, 1269.
[4]) Destilliergeräte, S. 122.
[5]) Cassel und die angewandte Chemie. Zeitschr. f. angew. Chemie, Jg. 1918, I, S. 181.

nach BECKMANN[1]) der anhaltinische Münzmeister DANIEL STUMPFELT eine „Invention den Steinkohlen den Gestank, die Wildigkeit und Unart zu benehmen". Das erste englische Patent für Koksherstellung wurde 1590 dem Dekan von York erteilt, woran sich eine ganze Anzahl weiterer Patente zwischen 1620 und 1640 anschlossen, die sich teils auf das Verkoken, teils auf die Koksverwendung bezogen. Übrigens dürfte auch Lord DUDLEY, der 1619 ein Patent zur Eisenerzeugung mit Steinkohle erhalten hat, Koks benutzt haben. Eine besondere Art der Kokerei ist dann noch von BECHER[2]) in England durchgeführt worden; das von ihm — wohl im geschlossenen Apparat — hergestellte Produkt ist jedenfalls eine Art Halbkoks gewesen, da es nach seinen Angaben noch eine erhebliche Flammenbildung aufwies.

Erst im 18. Jahrhundert, und zwar hauptsächlich in der zweiten Hälfte, hat die englische Kokerei eine nennenswerte industrielle Bedeutung für die Eisenhütten erlangt. Neben Meilern, die jedoch flacher als bei der Holzverkohlung angelegt wurden, wurde in England[3]) vorwiegend der sog. Bienenkorbofen ausgebildet, der aus Mauerwerk errichtet und mit eisernen Bändern verstärkt war. Der Ofen wurde zunächst mit Holz angeheizt, worauf die Kohlen oben eingetragen wurden, oder die Beschickung wurde auch durch glühende Kohlen entzündet; der Prozeß ging dann wie bei einem Meiler ohne Außenbeheizung vor sich. Eine Füllung von 6 Tonnen Kohle benötigte 3 Tage zur Verkokung.

In Deutschland[4]) sollen die ersten größeren Versuche zur „Kohlenabschwefelung", wie man die Kokerei damals nannte, 1750 mit oberhessischem Lignit vorgenommen worden sein, und 1758 begann auch die Kokerei bei Sulzbach im Saargebiet. Im Ruhrgebiet und in Oberschlesien hat man erst gegen Ende des 18. Jahrhunderts begonnen, Koks herzustellen. Neben Meilern verwandte man im 18. Jahrhundert sog. Schaumburger Öfen, langgestreckte, rechteckige, oben offene Kammern, die mit Kokslösche zugedeckt waren, sowie „Burgunder Backöfen", die den englischen Öfen ähnlich waren. In Sulzbach wurden in den sechziger Jahren die von dem Chemiker STAUF, einem Bekannten von GOETHE, angegebenen Muffelöfen benutzt, die mit Teergewinnung[5]) versehen waren; die Muffeln wurden an Ort und Stelle aus

[1]) Ref. bei BECK, Geschichte des Eisens II, S. 785.
[2]) Närrische Weisheit I, 36.
[3]) Nachricht von der in England eingeführten Weise, die Steinkohlen abzuschwefeln und zu Zunder zu machen. (Frankfurt) 1769; ref. bei BECKMANN, Phys.-ök. Bibliothek I, S. 576. Vgl. ferner PARKES, Chemical essays II, S. 328 (mit Abbildung); BECK, Geschichte des Eisens III, S. 159, 304.
[4]) Vgl. BECK, Geschichte des Eisens III, S. 309, 926, 962, 985.
[5]) Über Kokerei mit Teergewinnung vgl. BECHER, Närrische Weisheit I, 36; LEWIS, Abhandlungen II, S. 51; BECKMANN, Phys.-ök. Bibliothek XVI,

feuerfestem Ton hergestellt. 1771 hat dann auch der Geheimrat von Pfeiffer in Aachen größere Versuche zur Teergewinnung in gemauerten geschlossenen Verkokungsöfen mit Außenbeheizung gemacht, dabei jedoch nicht die Beachtung der preußischen Bergbehörde gefunden.

Im übrigen ist wohl Becher der erste gewesen, der der Gewinnung der Nebenprodukte größere Bedeutung schenkte. 1681 wurde ihm mit Henry Serle ein englisches Patent erteilt, das die Bezeichnung trägt: „A new way of making pitch, and tarre out of pit coal" Becher, der auch die Brennbarkeit des Gases erwähnt, verwandte dabei jedenfalls einen Apparat mit Außenbeheizung. Im übrigen wurde auch bei den Meileröfen Teer gewonnen, wenn auch in geringerer Ausbeute. Seit 1775, als der Krieg zwischen England und seinen nordamerikanischen Kolonien die Bezugsmöglichkeit für den hauptsächlich von dort eingeführten Holzteer plötzlich unterband, war die Erzeugung von Steinkohlenteer schon so umfangreich, daß er ohne weiteres an die Stelle des ersteren treten konnte. Aus dem Jahre 1746 stammt auch bereits ein Patent von Hawkins, durch Destillation aus dem Teer Öle und Pech zu gewinnen. Tatsächlich wurde nach Krünitz (bei Lewis) eine solche Destillation in den sechziger Jahren im Saargebiet ausgeführt, wobei neben Pech „stinkendes Phlegma", leichtes und schweres Öl erhalten wurde; letzteres diente, mit Tran vermischt, zu Gerbereizwecken. Von industrieller Anwendung geschlossener Verkokungsöfen mit Nebenproduktengewinnung in England hören wir durch den Bericht von Jars (Voyages metallurgiques, Paris 1774) über eine 1765 ausgeführte Studienreise, während der Earl Dundonald[1]) nach dem Wortlaut seines 1781 erteilten Patentes auf Gewinnung von Teer, Pech, Ölen, Ammoniakverbindungen jedenfalls eine Art von Meilerofen verwendet hat. Im übrigen haben die Arbeiter des genannten Industriellen schon das aus der Teerzisterne entweichende Gas zur Beleuchtung ihrer Arbeitsstätte verwendet.

Der so naheliegende Schritt von der Beobachtung der Brennbarkeit des beim Verkoken entweichenden Gases zur gewerblichen Herstellung von Leuchtgas[2]) ist erst verhältnismäßig spät gemacht

---

S. 224, Referat über „Account of the Qualities and Uses of Coal Tar and Coal Varnish. London 1785; v. Pfeiffer, Entdecktes allgemein brauchbares Verbesserungsmittel der Steinkohlen und des Torfs. Mannheim 1777. Ref. bei Demachy, Laborant im Großen II, S. 382; Chaptal, Chimie II, S. 413; Schultz, Steinkohlenteer; Lunge, Steinkohlenteer; Beck, Geschichte des Eisens III, S. 309 (mit Abbildung), 710, 985.

[1]) Ähnlich Faujas in Paris, vgl. Chaptal, Chimie II, S. 413.

[2]) Matthews, A compendium of gaslighting. London 1827; Schilling, Steinkohlengasbeleuchtung; Blochmann, Gasbeleuchtung; Muspratt, Chemie, 1. Aufl. II, S. 710; Schultz, Steinkohlenteer; Feldhaus, Technik der Vorzeit, S. 353.

worden. Schon 1659 hatte THOMAS SHIRLEY den brennenden Brunnen von Wigan in Lancashire mit dem Schwelen eines in Brand geratenen Kohlenflözes erklärt. Eine bei Whiteheaven 1733 auftretende Gasquelle wurde 1765 durch SPEDDING zur Ausnutzung für Beleuchtungszwecke in Vorschlag gebracht. Im übrigen war das Auftreten des Gases bei der Erhitzung der Kohle, wie erwähnt, von BECHER, dann 1727 von HALES und 1739 von CLAYTON beobachtet worden, ohne daß man an eine Verwertung dachte. Der erste, der das Leuchtgas als Hauptprodukt herstellte, dürfte der Apotheker JAN PIETER MINCKELAERS in Löwen gewesen sein, der 1783/85 das mit Kalk gereinigte Gas zur Beleuchtung seines Hörsaals verwandte; in ähnlicher Weise benutzte der Professor PICKEL in Würzburg Knochengas zur Beleuchtung seines Laboratoriums. Im gleichen Jahre konstruierte der französische Ingenieur LEBON seine sog. „Thermolampe"[1]), einen Apparat zur Holzgaserzeugung mit Kondensationsvorrichtung. Nach den grotesken Schilderungen der damaligen Zeit sollten sogar mit Holzgas gefüllte Ledersäcke auf der Reise mitgeführt werden und nachts als Lagerstätten dienen. Größere Anwendung hat dieser Apparat nicht gefunden; immerhin ist 1799 nach diesem System der Leuchtturm von le Havre beleuchtet worden, und ferner wurden einige Anlagen in Wien durch den Österreicher WINZLER errichtet. (Nicht zu verwechseln mit dem unten genannten WINZER.) In wirklich verwertbarer Form wurde die Gasbeleuchtung in England durchgebildet, wo schon 1792 WILLIAM MURDOCH Haus und Werkstatt mit einer kleinen, dann 1798 die Fabrik von BOULTON und WATT mit einer größeren Beleuchtungsanlage versehen hatte, die 1802 zur Feier des Friedensschlusses zum ersten Male öffentlich gezeigt wurde. Die weitere Entwicklung der Leuchtgasindustrie geschah in rascher Folge. Aus dem Jahre 1804 stammt das erste englische Patent zur Städtebeleuchtung, und 1814 wurde nach vorhergegangenen kleineren Versuchen in London bereits ein ganzes Stadtviertel durch Gaslaternen beleuchtet; diese Einrichtung stammte von dem deutschen Unternehmer FRIEDRICH ALBERT WINZER (WINSOR), dem Begründer der London and Westminster Chartered Light and Coke Co. Gleichzeitig, während der Jahre 1808—1816, wurde auch die notwendige Apparatur durch SAMUEL CLEGG, einen früheren Mitarbeiter von MURDOCH, ausgebildet. Letzterer hatte ursprünglich gußeiserne Töpfe mit Deckel zur Gasbereitung verwendet, dann jedoch schon zylindrische Retorten, die zunächst schräg, später wagerecht gelagert wurden. Von CLEGG stammt die abschließende Vorlage, die sog.

---

[1]) ZACH. ANDR. WINZLER, Die Thermolampe in Teutschland, Brünn 1805; ref. bei BECKMANN, Phys.-ök. Bibliothek XX, S. 342.

Hydraulik, die Luftkühlung, die nasse Kalkreinigung usw., womit die Grundzüge der auch heute noch üblichen Apparatur der Gasanstalten festgelegt waren. Im Anschluß an die Erfüllung dieser technischen Vorbedingungen konnte die Einführung der Gasbeleuchtung in großem Umfange auch außerhalb Englands vor sich gehen. Im übrigen wurde in Amerika das erste Gaswerk schon 1802 in Baltimore, in Deutschland 1816 durch Lampadius in Freiberg errichtet, nachdem dort bereits 1811 eine Straße kürzere Zeit mit Gas beleuchtet worden war.

Abgesehen von pflanzlichem Material wurden auch tierische Produkte bereits im 17./18. Jahrhundert der Zersetzungsdestillation zum Zweck der Öl- und Teergewinnung unterworfen. Das von dem Alchemisten Dippel um 1700 zuerst erhaltene „stinkende Tieröl", das in der Hauptsache aus Pyridinbasen besteht, wurde schon bei der Beschreibung der Gewinnung von Berlinerblau und Salmiak erwähnt. Aus fossilem Material, aus bituminösen Schiefern waren schon früher teerige Produkte erschwelt worden, wie aus dem 1601 erschienenen Buch von Johannes Bauhin[1]) über den „Wunderbrunnen des heilsamen Bades zu Boll" hervorgeht, in welchem über die Schieferölgewinnung auf dem Wege der Destillation durch den fürstlichen Chemiker Pantaleon Keller berichtet wird. Auch die alpinen, besonders schwefelhaltigen Schiefer wurden im 18. Jahrhundert zu Schieferöl, dem sog. „Dürstenöl", für Heilzwecke verarbeitet, was aus einer Notiz von Beckmann[2]) über diesen bei Innsbruck und im Achental betriebenen Gewerbszweig hervorgeht. Noch älteren Datums ist die primitive Erdölgewinnung am Westufer des Tegernsees, die bereits im 15. Jahrhundert stattfand, während ein rationeller Schachtbetrieb erst in Pechelbronn im Elsaß 1735 zur Anwendung kam. Abgesehen von diesen beiden Vorkommen wurden auch die Erdöllager von Wietze und Hänigsen in der zweiten Hälfte des 18. Jahrhunderts ausgebeutet. Das deutsche Roherdöl, das sehr reich an hochsiedenden Produkten ist, wurde, abgesehen von der medizinischen Verwendung, hauptsächlich als Schmiermittel benutzt. Von den außerdeutschen Vorkommen sind die persischen und kaukasischen schon im Altertum bekannt gewesen, die galizischen zur Zeit der Einwanderung der Ruthenen, und über die nordamerikanischen liegen aus dem Jahre 1629 die ersten sicheren Nachrichten vor. Obwohl die Destillation des Roherdöls bereits im arabischen Mittelalter ausgeführt wurde (vgl. S. 45), hat die Aufarbeitung auf diesem Wege doch erst im 19. Jahrhundert größere Bedeutung erlangt.

---

[1]) P. Max Grempe, Schieferöl. Chem.-techn. Ind. Jg. 1918, S. 1.
[2]) Beyträge zur Oekonomie II, S. 192.

Die Zuckerindustrie[1]), d. h., soweit Europa in Frage kommt, die Zuckerraffinerie, ist im 17./18. Jahrhundert wohl der bedeutendste organisch-chemische Gewerbszweig gewesen, wenn auch mehr die Zahl als der Umfang der einzelnen Unternehmungen für die Größe der Gesamtproduktion ausschlaggebend war. Während im 16. Jahrhundert die Raffinerie zunächst in den oberdeutschen Städten sich entwickelt hatte, trat im Einklang mit der allgemeinen handelsgeographischen Umstellung die Bedeutung der Binnenplätze im 17. und 18. Jahrhundert stark zurück, und die großen Seehandelsstädte wie Amsterdam, Antwerpen, Hamburg, Marseille, Bordeaux und die englischen Häfen nahmen die erste Stelle ein. Namentlich der Hamburger Zuckerhandel hat trotz fehlender Rohstoffbasis Ende des 18. Jahrhunderts fast ganz Europa beherrscht: 1690 lebten dort bereits 8000 Menschen von Raffinerie und Handel. 1784 bestanden 365, 1807 428 Zuckersiedereien mit 1500—1600 Angestellten; an Rohzucker wurden 1789 aus Frankreich für über 30 Millionen Franken bezogen. Der Menge nach betrug[2]) die Hamburger Einfuhr 1790 35,15 Millionen Pfund aus Frankreich neben 23,36 aus Portugal, 5,79 aus England, 1,38 aus Holland und Flandern sowie 0,75 aus Spanien. 1792 kamen nur mehr 11,99 Millionen Pfund aus Frankreich, 26,42 aus Portugal, 15,21 aus England, 2,14 aus Spanien, 3,43 aus Holland und Amerika. Die französische Einfuhr kam in der Hauptsache aus St. Domingo, bis der große Negeraufstand die dortigen Kulturen vernichtete. Importiert wurden nach Frankreich 1788 rund 950 000 Zentner Kolonialzucker, davon rund 450 000 Zentner Rohzucker, von dem die Hälfte wiederum zur Ausfuhr gelangte. Holland hatte schon 1667/68 eine Rohzuckereinfuhr von 7,24 Millionen Pfund, der eine Ausfuhr von 0,63 Millionen Pfund Rohzucker und von 1,73 Millionen Pfund Raffinade gegenüberstand; mit dem Niedergang der holländischen See- und Handelsmacht ging jedoch auch die Bedeutung der holländischen Zuckerindustrie zurück, während Hamburg in den Vordergrund trat. Wenn auch die europäischen Binnenplätze sich nicht mit den Seehäfen zu vergleichen vermochten, so haben doch hier und da auch im 18. Jahrhundert im Binnenlande Zuckerraffinerien bestanden; so nennt BECKMANN derartige Anlagen in Minden und Hannover, und in Berlin bestanden nach NICOLAY[3]) 1777 3 Raffinerien mit 208 Arbeitern, ferner

---

[1]) JUSTI, Manufakturen; BECKMANN, Technologie, S. 322; CHAPTAL, Chimie II, S. 473; Industrie françoise II, S. 179; FUNKE, Naturgeschichte II, 2, S. 338; HERMBSTÄDT, Technologie, S. 550; POPPE, Geschichte der Technologie III, S. 148; VOGEL, Erfindungen; LIPPMANN, Zucker; Abhandlungen I, S. 261; SOMBART, Kapitalismus II.

[2]) HILDT, Handlungszeitung, 11. Jg. 1794, S. 201.

[3]) Berlin u. Potsdam I, S. 405.

je eine in Bromberg und Breslau. Es existierten also neben der Unzahl von Zwergbetrieben mit nur wenig beschäftigten Personen doch auch größere Unternehmungen, was auch aus dem erforderlichen Kapitalbedarf hervorgeht, der nach Sombart für Hamburg auf 200—240 000 Mark Banko, für Amsterdam auf 50—200 000 Gulden angegeben wird. In Cette bestand sogar ein Unternehmen mit 400 000 Livres Kapital und in Orléans 1789 20 Fabriken mit 12 Millionen Franken. Auch die größten Unternehmungen haben jedoch kaum mehr als 3000 Zentner Raffinade jährlich erzeugt.

Der Zuckerverbrauch war mit dem steigenden Konsum an Kaffee, Tee und Schokolade naturgemäß stark gewachsen. Lippmann beziffert den englischen Verbrauch um 1700 auf 100 000, um 1800 auf 1,5 Millionen metrische Zentner, den von ganz Europa um 1800 auf 2—2,5 Millionen Zentner. Die Zuckerpreise waren Anfang des 18. Jahrhunderts ganz erheblich zurückgegangen und hatten 1750 nur mehr 83 Goldmark für den englischen Zentner betragen. Zu Ende des Jahrhunderts trat dann im Zusammenhang mit dem Ausfall St. Domingos und den napoleonischen Kriegen wieder eine Preissteigerung ein, und zwar erreichte der Zentner um 1800 einen Preis von 153 Mark.

In technischer Hinsicht unterschied sich das zur Darstellung des Rohzuckers wie zur Raffination angewandte Verfahren kaum von dem schon früher beschriebenen. Der Prozeß der Raffination ist in der 1764 erschienenen Monographie von Duhamel du Monceau eingehend erörtert. Das Verfahren war trotz prinzipieller Einfachheit durch die vielen Arten von Produkten sehr umständlich und wenig rationell hinsichtlich Ausbeute sowie Aufwand an Brennstoff und Arbeitskräften. Zudem wurde intermittierend in 8—9 Monate dauernden „Runden" bis zu den Endprodukten gearbeitet und dann wieder von neuem mit der Verarbeitung des Rohzuckers begonnen. Erst in der zweiten Hälfte des 18. Jahrhunderts wurden nach Lippmann bemerkenswerte technische Verbesserungen erzielt, wie das Eindampfen in flacher Schicht, das Kochen mit Dampf, die Einführung von Klärpfannen mit Doppelböden oder Schlangen und von Saftpumpen an Stelle der alten Schöpflöffel. Die Benutzung der Dampfkraft und des Vakuums sind erst Errungenschaften des 19. Jahrhunderts gewesen.

1747 erschien die berühmte Abhandlung des Berliner Chemikers Andreas Sigismund Marggraf, „Chymische Versuche, einen wahren Zucker aus verschiedenen Pflanzen, die in unseren Ländern wachsen, zu ziehen". Hier war bereits dargelegt, daß sich Zucker aus dem Saft der gewöhnlichen Runkelrübe gewinnen läßt. Das zur Darstellung angewandte Verfahren war jedoch recht umständlich und der Prozentgehalt der Rübe an Zucker sehr gering, so daß naturgemäß an eine Konkurrenz gegen den Rohrzucker zunächst nicht zu denken war; selbst die ersten Versuche zur Übersetzung des Verfahrens in die Praxis ließen noch Jahrzehnte auf sich warten. Erst 1790 hat MARGGRAFS Schüler ACHARD auf seinem Gute Cunern in Schlesien mit solchen Arbeiten begonnen und 1795 auch die Zuckerraffinerie von Königsaal in Böhmen zur Veranstaltung von Versuchen veranlaßt. Die Fabrik in Cunern kam im Jahre 1802 in Betrieb, hat aber wegen der schlechten Rüben und der mangelhaften Apparatur keine nennenswerten Erfolge zu verzeichnen gehabt. Auch weitere Unternehmungen, beispielsweise in Magdeburg und Neuhaldensleben (NATHUSIUS), die während der Kontinentalsperre in Betrieb kamen, haben nur unter dieser besonders günstigen Konjunktur floriert. Lediglich einige nordfranzösische Fabriken haben die Aufhebung der Sperre gut überstanden; von dort ist auch die moderne Rübenzuckerfabrikation ausgegangen. Das von ACHARD angewandte Verfahren bestand darin, daß zunächst die gewaschenen Rüben zu Brei zerkleinert und dieser, in Leinwand eingepackt, mit Schrauben- oder Hebelpressen ausgepreßt wurde. Der Saft wurde erhitzt, abgeschäumt, mit Kalk versetzt, gekocht und nach dem Absitzen der festen Teile eingedampft. Nach nochmaligem Absitzenlassen von apfelsaurem Calcium wurde vollends eingedickt und schließlich in Zuckerhüte eingefüllt. Das letzte Abdampfen in geheizten Räumen in flachen Schalen dauerte oft Monate, und die Ausbeute betrug nur 3%. Erst die Anwendung besserer Rüben, die schnellere Saftgewinnung, die Anwendung von Tierkohle und das Einkochen mit Dampf — das zuerst in Frankreich angewandt wurde — haben bessere Resultate ergeben.

Eine besondere Spezialität war seit dem 18. Jahrhundert die gewerbliche Darstellung des Milchzuckers[1]), der 1615 von FABRIZIO BARTOLETTI in Bologna entdeckt worden war. Das Präparat wurde zuerst von dem Apotheker PRINCE in Neuchâtel in den Handel gebracht und soll tonnenweise aus dem Kanton Bern nach Frankreich exportiert worden sein [DARMSTÄDTER[2]) gibt als einzigen Herstellungsort die Berggemeinde Marbach bei Luzern an]. Später hat auch Lothringen Milchzucker hergestellt. Die Gewinnung erfolgte so, daß die Molken geklärt und zur Krystallisation eingedampft wurden. Der noch gelb gefärbte Zucker wurde wieder aufgelöst, die Lösung nochmals mit Eiweiß (oder Alaun) geklärt, durch Ätzkalk filtriert und abermals abgedampft; dieses Verfahren wurde dann nochmals

---

[1]) BARTOLETTI, Encyclopaedia hermetico-dogmatica, Bologna 1615; BECKMANN, Beyträge zur Geschichte II, 2, S. 289; DEMACHY, Laborant im Großen II, S. 72.
[2]) Geschichte der Naturwissenschaft, S. 110.

wiederholt. Der Zucker, der in halbzölligen Scheiben, in Schachteln verpackt, in den Handel kam, wurde in Paris zur Herstellung künstlicher Molken verwendet, welche als Nährpräparat dienten.

In der Papierindustrie[1]) haben im 17./18. Jahrhundert die Holländer unbestritten an der Spitze gestanden, was auch bereits äußerlich aus dem Namen der um 1670 eingeführten — übrigens aus der deutschen Handmühle entstandenen — Zerkleinerungsmaschine hervorgeht; auch die Entwicklung der Hilfsbetriebe, der Smalte- und Stärkefabrikation[2]), steht mit dem Hochstand der dortigen Papierproduktion im Einklang. Im 18. Jahrhundert ist auch die französische und namentlich die englische Papierfabrikation von Bedeutung gewesen, während in Deutschland dieses Gewerbe entschieden zurückgeblieben ist, was mit den entwicklungshemmenden Fesseln des Zunftzwanges und namentlich der strengen Abgrenzung der an die einzelnen Fabrikanten verpachteten „Lumpenreviere" zusammenhing, wodurch eine schärfere Auslese des Rohmaterials und damit die Herstellung von Qualitätspapieren erschwert wurde. Immerhin sind einige wichtige technische Neuerungen zuerst in Deutschland entstanden, so die um 1720 eingeführte Lumpenschneidmaschine, das Verfahren der Harzleimung, welches 1806 durch den Papierfabrikanten Illig in Erbach erfunden wurde, und endlich sind die ersten Versuche zur Verwendung von Holzstoff als Ausgangsmaterial bereits 1765 durch den Regensburger Prediger Johann Christ. Schäffer gemacht worden. Die Einführung der Chlorbleiche in die Papierindustrie dagegen ist auf die Initiative Chaptals[3]), die Konstruktion der ersten Papiermaschine auf den Franzosen Louis Robert (patentiert 1799) zurückzuführen, indes das erste brauchbare Exemplar einer solchen Maschine 1804 durch den englischen Techniker Donkin geschaffen wurde.

Die Seifenindustrie[4]), die stets sehr konservativ betrieben wurde, hat bis ins 19. Jahrhundert nur verhältnismäßig wenig technische Neuerungen aufzuweisen. Am bedeutungsvollsten ist die durch Geoffroy 1741 gemachte Entdeckung des „Aussalzens" mit Koch-

---

[1]) Beckmann, Technologie, S. 67; Poppe, Geschichte d. Technologie II, S. 200; Funke, Naturgeschichte II, 2, S. 809; Hermbstädt, Technologie S. 235; Hoyer, Papier; Muspratt, Chemie, 1. Aufl., III, S. 759, 4. Aufl., VI, S. 1429; Karmarsch, Technologie, S. 732.

[2]) Über Stärkefabrikation vgl. Beckmann, Technologie, S. 116; Chaptal, Chimie II, S. 501; Poppe, Geschichte d. Technologie III, S. 193; Funke, Naturgeschichte II, 2, S. 751; Hermbstädt, Technologie, S. 446; vgl. auch S. 185.

[3]) Industrie française II, S. 43.

[4]) Hoffmann, Chymischer Manufacturier; Beckmann, Technologie, S. 131; Funke, Naturgeschichte I, 2, S. 849; Hermbstädt, Seifensieder; Technologie, S. 350; Chaptal, Industrie française II, S. 176; Chimie IV, S. 334; Muspratt, Chemie, 1. Aufl., III, S. 1223, 4. Aufl., VII, S. 1367; Deite, Seifenindustrie.

salz gewesen, wodurch es gelang, die früher mit kaustischer Pottasche erhaltenen Leimseifen in harte Natronseifen umzuwandeln. In der Hauptsache trug die Seifenindustrie rein lokalen Charakter, und nur einzelne große Zentren hatten auch internationale Bedeutung. Insbesondere stand auch im 17./18. Jahrhundert die Marseiller Seifenindustrie an der Spitze, hinter der selbst die italienische Seifensiederei von Savona, Genua und noch mehr Venedig stark zurückblieb. Im übrigen war die Marseiller Seifenindustrie mehr durch die Gesamtproduktion und Zahl der Unternehmungen, als durch deren Einzelumfang bedeutend. 1760 bestanden 38 Fabriken mit 170 Kesseln und 1000 Arbeitern. 1789 wurden in ganz Frankreich (d. h. vorwiegend in Marseille) aus 138000 Zentnern Öl[1]) und 150000 Zentnern Soda 225000 Zentner Seife im Werte von 30 Millionen Franken erzeugt, wovon der siebente Teil nach den Kolonien, den Vereinigten Staaten, Deutschland und Holland ausgeführt wurde. Über die Seifensiederei wurde von DUHAMEL eine besondere Monographie veröffentlicht, ferner auch von HERMBSTÄDT. Auch die englische Seifenindustrie war nicht ohne Bedeutung. 1632 wurde dieses Gewerbe monopolisiert, und zwar wurde das alleinige Recht der Herstellung durch königliches Patent gegen jährliche Abgabe an eine Gesellschaft Londoner Seifensieder übertragen, die sich verpflichtete, 5000 Tonnen Seife zu versteuern Nach endlosen Streitigkeiten und Prozessen wurde das Monopol 1637 gegen Entschädigung wieder beseitigt.

Auch die Gerberei[2]) hat ihre altüberkommenen Methoden im wesentlichen bis in die Neuzeit beibehalten. Vielleicht die einzige, für Europa neue Methode ist die Saffiangerberei gewesen (das ähnliche Korduanleder wurde schon im Mittelalter in Deutschland und anderen Ländern erzeugt), die man im 18. Jahrhundert dort eingeführt hat. 1730 entsandte der französische Minister MAUREPAS einen Techniker zum Studium dieses Gewerbes nach der Levante, woraufhin 1749 eine Fabrik in St. Hippolyte am Doubs errichtet wurde. Auch die englische „Society of Arts" ließ die Saffiangerberei in Kleinasien studieren. Immerhin hat sich diese Art der Gerberei erst zu Ende des Jahrhunderts stärker entwickelt; damals entstand eine größere Saffiangerberei in Choisy-le-roi bei Paris und 1800 auch in Württemberg. Im übrigen blieb die Lohgerberei, in zweiter Linie die Sämischgerberei für Europa am wichtigsten; insbesondere hatte

---

[1]) Über Industrie der fetten Öle vgl. BECKMANN, Technologie, S. 125; CHAPTAL, Chimie II, S. 360; HERMBSTÄDT, Technologie, S. 342; POPPE, Geschichte d. Technologie I, S. 220.

[2]) HOFFMANN, Chymischer Manufacturier; BECKMANN, Technologie, S. 160; CHAPTAL, Chimie IV, S. 315; POPPE, Geschichte d. Technologie III, S. 171; HERMBSTÄDT, Ledergerberey; Technologie, S. 278; FUNKE, Naturgeschichte I, 2, S. 869; MUSPRATT, Chemie, 1. Aufl., III, S. 1642, 4. Aufl., III, S. 1180.

die englische Ledererzeugung erhebliche Bedeutung. Der Hauptsitz der deutschen Gerberei war Mainz und Malmédy. Berlin hatte seit 1734 umfangreichere, durch französische Einwanderer begründete Unternehmungen; in der zweiten Hälfte des Jahrhunderts bestand eine Gerberei mit 66 Arbeitern, ferner auch zwei Saffian- und Korduanfabriken. Eine Lohgerberei in Potsdam beschäftigte 1779 4 Meister, 48 Gesellen und etwa 50 Tagelöhner[1]). Technische Monographien über die Gerberei sind von HERMBSTÄDT und MEIDINGER veröffentlicht worden.

Im Anschluß an die Gerberei ist auch noch der Leimfabrikation[2]) zu gedenken, die insofern seit Ende des 18. Jahrhunderts zu den chemischen Gewerbszweigen gehört, als man jetzt nach dem Verfahren von DARCET Leim und Gelatine teilweise aus Knochen gewann, die man vorher mit Salzsäure extrahiert hatte. Es war dies damals neben der Chlorbereitung die wichtigste Verwendung für Salzsäure, für die an sich nur geringer Absatz vorhanden war. Über die Leimbereitung ist von DUHAMEL eine besondere Schrift verfaßt worden.

In technischer Hinsicht hat sich die eigentliche Färberei[3]) — also abgesehen vom Zeugdruck — im 17. und 18. Jahrhundert auch nur verhältnismäßig wenig über die Leistungen früherer Zeiten erhoben, was überhaupt für die zunftmäßig betriebenen Gewerbe charakteristisch ist. Immerhin hat eine reichere Nuancierung durch Mischen von Farbstoffen, durch besondere Behandlung sowie Verwendung von Beizen und Hilfsstoffen Platz gegriffen. Anorganische wie organische Produkte kamen für solche Zwecke zur Verwendung, wodurch wieder die Fabrikation dieser Stoffe neue Anregung erhielt. Neben dem als Beize noch immer im Vordergrund stehenden Alaun und den Vitriolen sind noch folgende Materialien als Hilfsstoffe für Färberei und Druckerei zu nennen: Chlorzinn, Salmiak, Grünspan, Weinstein, Bleizucker, Pottasche, Soda, Mineralsäuren, Essig, Citronensäure, Oxalsäure, Urin, Gallen, Granatschalen, Koloquinten, Gummi usw.

Nach CHAPTAL,[4]) hat zu Anfang des 19. Jahrhunderts die französische Färberei für über 25 Millionen Franken Farbmaterialien und

---

[1]) NICOLAY, Berlin u. Potsdam II, S. 988.

[2]) CHAPTAL, Chimie II, S. 515; HERMBSTÄDT, Technologie, S. 337.

[3]) Vgl. Ars tinctoria fundamentalis; BECHER, Närrische Weisheit I, 30; HOFFMANN, Chymischer Manufacturier; Chymie; LEWIS, Abhandlungen II, S. 158; BECKMANN, Technologie, S. 54; Beyträge zur Geschichte I, 3, S. 334, III, 1, S. 1, IV, 4, S. 475; CHAPTAL, Chimie IV, S. 394; HERMBSTÄDT, Färbekunst; Technologie, S. 180; FUNKE, Naturgeschichte II, 2, S. 819, 831; POPPE, Geschichte der Technologie III, S. 364; VOGEL, Erfindungen; MUSPRATT, Chemie, 1. Aufl., II, S. 1, 4. Aufl., III, S. 1; LAUTERBACH, Geschichte der Farbstoffe.

[4]) Industrie françoise II, S. 193.

Hilfsstoffe verbraucht, in erster Linie Indigo, Cochenille, Alaun, Krapp, Farbhölzer und Kupfersulfat. Ganz allgemein ist im Zusammenhang mit dem Übergang von der Binnen- zur Weltwirtschaft die Färberei seit dem 16. Jahrhundert durch eine starke Zunahme des Verbrauchs der überseeischen Farbstoffe charakterisiert, denen gegenüber die einheimischen, wenig konzentrierten Produkte sich auf die Dauer vielfach nicht zu behaupten vermochten.

Insbesondere vollzieht sich in der geschilderten Periode die restlose Verdrängung des europäischen Waids durch den importierten Indigo[1]). Vergeblich hatte man durch obrigkeitliche Erlasse dem Verbrauch der „fressenden Teufelsfarb" zu steuern gesucht, so in der kaiserlichen Verordnung von 1654 und ähnlichen Verboten in den deutschen Ländern, auch in England und Frankreich, während in Hamburg aus naheliegenden Gründen schon 1610 der Gebrauch des Indigos erlaubt wurde. Die Verwendung des ausländischen Farbstoffs setzte sich ganz allgemein im 17. Jahrhundert durch, indes die Thüringer Waidkulturen, die schon im 30jährigen Kriege stark gelitten hatten, mehr und mehr zurückgingen. Auch die Maßnahmen der sächsischen Kurfürsten wie der brandenburgisch-preußischen Herrscher zur Förderung der Waidkultur blieben ohne Erfolge, ebensowenig wie die im 18. Jahrhundert versuchte Indigodarstellung aus Waid[1]), wofür von FRIEDRICH DEM GROSSEN ein Preis ausgesetzt wurde, einen größeren Umfang anzunehmen vermochte. Ende des 18. Jahrhunderts befaßten sich nur noch wenige Dörfer bei Erfurt mit dem Waidanbau. Die Kontinentalsperre schien dann noch einmal eine günstige Konjunktur für den Waid zu bringen — NAPOLEON ordnete 1811 den Waidanbau für ganz Frankreich an — doch war es mit dem Aufheben der Sperre naturgemäß endgültig mit diesem Farbmaterial vorbei, das nur noch als die Gärung fördernder Zusatz zur sog. Waidküpe weitere Verwendung fand.

1710 hat die durch Indigo und Zuckeranbau besonders ausgezeichnete Insel St. Domingo bereits für 10—14 Millionen Mark Indigo ausgeführt, Südamerika 1773 über 1 Million Pfund; die Bedeutung Südkarolinas für den Indigoanbau wurde bereits erwähnt. Ostindien hatte im 17. Jahrhundert noch beträchtliche Mengen geliefert, doch ging der Export im 18. Jahrhundert bereits erheblich zurück; 1734 hat die Holländisch-Ostindische Kompanie nur noch 14 483 Pfund Indigo nach Holland eingeführt.

Die Gewinnung des Indigos geschah so, daß man zunächst die Pflanzen in Einweichkufen unter Wasser gären ließ, indes man durch

---

[1]) DEMACHY, Laborant im Großen II, S. 234; POPPE, Geschichte der Technologie III, S. 381; FUNKE, Naturgeschichte II, S. 834; LAUTERBACH, Geschichte der Farbstoffe, S. 78.

schwere Balken ein Hochtreiben verhinderte. Die erhaltene Lösung wurde dann in tiefer stehenden Schlagküpen mit Stöcken oder Schaufeln bearbeitet, wodurch Oxydation und Ausfällung des Indigblaus eintrat. Nach dem Absetzen wurde der Farbstoff ausgewaschen, getrocknet und in Stücke von 3 Zoll Größe zerteilt. Nach dem gleichen Verfahren wurde auch versuchsweise Waidindigo hergestellt.

Zum Ansetzen der Indigoküpe wurde (nach CHAPTAL) Pottasche, Kleie und Färberröte verwendet, für Seide Kalk, Eisenvitriol und Auripigment, ferner auch Seifensiederlauge und Auripigment oder Waid, Wau, Färberröte und Kleie. Die kalte Vitriolküpe (auch für Baumwolle und Leinen) ist etwa um 1750 entdeckt worden. Für die Wollfärberei war besonders wichtig die durch Einwirkung von Vitriolöl erhaltene Indigosulfosäure (Sächsischblau und Sächsischgrün, Bergrat BARTH in Freiberg 1746).

Aus Indigo und Salpetersäure hat PETER WOULFE 1771 Pikrinsäure, den ersten künstlichen, rein organischen Farbstoff erhalten, der allerdings erst — aus Teeröl dargestellt — Mitte des 19. Jahrhunderts technische Verwendung fand. Übrigens hatte, wie früher erwähnt, wohl schon GLAUBER aus Wolle mit konzentrierter Salpetersäure und durch nachheriges Neutralisieren mit Pottasche Kaliumpikrat erhalten.

In ähnlicher Weise wie beim Waid vollzog sich auch die Verdrängung des einheimischen Kermes durch die tropische Cochenille. Noch 1669 hat COLBERT den ausschließlichen Gebrauch von Kermes für die französische Scharlachfärberei angeordnet, während im 18. Jahrhundert dieser Farbstoff fast völlig verdrängt ist, und nur noch in Polen (der Ukraine und Podolien) nennenswerte Mengen davon gewonnen werden. Sehr zustatten kam der Ausdehnung der Cochenillefärberei die 1630 (1639?) durch Zufall gemachte Entdeckung des Holländers DREBBEL[1]), daß die Anwendung von Zinnbeize ein besonders schönes Scharlach ergibt, das der mit Kleie, Alaun und Weinstein erhaltenen alten Färbung weit überlegen ist. Die notwendige Zinnbeize wurde in der Regel von den Färbern selbst dadurch hergestellt, daß Zinnspäne in Königswasser — aus Salpetersäure und Salmiak — gelöst wurden. Die Karminfärberei nahm einen besonders großen Aufschwung, nachdem sie durch den Holländer KEPLER 1643 in England eingeführt worden war; einen erheblichen Farbstoffverbrauch bedingte auch die Scharlachfärbung der englischen Uniformen. 1736 wurden bereits 880 000 Pfund Cochenille zu je 50 Schilling aus Mexiko nach Europa eingeführt; später wurde auch in Brasilien, Peru, Indien, Italien, Malta und auf den Kanarischen Inseln Cochenille gewonnen.

---

[1]) Vgl. BECHER, Närrische Weisheit I, 30; POPPE, Geschichte d. Technologie III, S. 387.

Der Preis eines Pfundes war Ende des 18. Jahrhunderts auf 15 Schilling zurückgegangen.

Die Cochenille diente auch zur Bereitung des Carmins und des Florentiner Lacks[1]), ersterer besonders als Schminke, beide als Malerfarbe verwendet. Zur Bereitung des Carmins wurde Cochenille und Weinstein mit Wasser in einem Zinnkessel zum Sieden erhitzt, Alaun hinzugegeben und nach dem Erkalten durch Nesseltuch in glasierte Töpfe filtriert. Nach längerem Stehen schied sich die Farbe ab, die vermittelst ungeleimten Papiers auf einer Unterlage von Leinwand abfiltriert, ausgewaschen und getrocknet wurde. Für Florentiner Lack findet sich bei Demachy folgendes Rezept: Eine Lösung von Cochenille und Weinstein wird durch Zutropfen von Zinnbeize gefällt und zu dem Lack eine Abkochung von Chonankörnern und Orleans hinzugefügt. Hierzu wird dann noch ein Brei von gefällter Tonerde (aus Alaun und Pottasche) hinzugemischt, ausgewaschen, abfiltriert und mit Tragant mit Hilfe von Trichtern zu kleinen Kegeln geformt. In ähnlicher Weise lassen sich auch Lacke unter Verwendung von Fernambukholz (Wiener Lack) oder Krapp (auch Berlinerrot genannt) herstellen; auch der wegen seiner Form so benannte Venezianer Kugellack ist ein ähnliches Produkt. Fabrikmäßig wurden Carmin und Carminlack, später Kapplack, seit 1780 von Georg Huber in München dargestellt. Auch eine grüne Lackfarbe, das Saftgrün (ähnlich das Schüttgelb), wurde benutzt, das man aus den Beeren von Rhamnus catharticus herstellte. Der ausgepreßte Saft wurde unter Zusatz von Alaun oder Pottasche in tönernen Geschirren eingedunstet oder auch in Rinderblasen, die an einem Ofen aufgehängt waren. Endlich wurde auch Indigolack gewonnen durch Fällen einer Lösung von Indigosulfosäure und Alaun mit Alkali. Von organischen Malerfarben werden nach Wrany[2]) um 1764 folgende verwendet: Schüttgelb, Gummigutt, Indigo, Lackmus (aus Heidelbeeren), reiner Lack, Kugellack, Carmesin und Saftgrün.

Der einzige rote Farbstoff, fast der einzige einheimische überhaupt, der dauernde Bedeutung behielt, war der Krapp, der von den deutschen Färbern vorzugsweise aus Schlesien bezogen wurde. Auch in Mittel- und Süddeutschland, besonders der Pfalz, wo viele Fabriken bestanden[3]), ferner namentlich in Seeland und Flandern, Böhmen und Südfrankreich wurde viel Krapp angebaut. Die Aufbereitung in den Krappmühlen erfolgte so, daß man die Wurzeln trocknete, dann durch

---

[1]) Über Lackfarben vgl. Neri, L'arte vetraria; Kunckel, Ars vitraria; Ferber, Chemische Fabriken; Demachy, Laborant im Großen II, S. 276; Funke, Naturgeschichte I, 2, S. 964, II, 2, S. 836; Hermbstädt, Kameralchemie; Schultz, Technik in Bayern.

[2]) Chemie in Böhmen, S. 161.

[3]) Beckmann, Phys.-ök. Bibliothek XVI, S. 351.

Dreschen die Haut entfernte, welche ein schlechteres Rot ergab, schließlich darrte und mahlte. Der Zentner besten Krapps wurde um die Wende zum 19. Jahrhundert mit 60 Reichstalern bezahlt. Eine 1790 bei Prag errichtete Krappfabrik erzeugte jährlich 200—300 Zentner Krappmehl[1].

Besonders wichtig für die Ausdehnung des Krappverbrauchs war die im 18. Jahrhundert in West- und Mitteleuropa eingeführte Türkischrotfärberei, die eine besonders schöne und hervorragend echte Färbung liefert. Das Verfahren stammt wohl ursprünglich aus Indien und ist lange Zeit durch griechische Färber in der europäischen und asiatischen Türkei ausgeübt worden. 1693 erhielt der Färber Jeremias Neuhofer vom Augsburger Rat die Erlaubnis, das Verfahren anzuwenden, dessen Kenntnis er mit großen Kosten erlangt hatte. 1747 gelangte eine Anzahl griechischer Fachleute aus Adrianopel und Smyrna nach Frankreich, wo sie neben der übrigen Baumwollfärberei auch das Verfahren des Türkischrot einführten. Zunächst wurde in Rouen, Lyon und in Languedoc je eine Färberei errichtet, dann weitere Unternehmungen in Frankreich, im Elsaß, in der Schweiz, in Elberfeld, in England und Schottland; in Berlin wurden seit 1753 die ersten Versuche zur Türkischrotfärberei gemacht. Zunächst färbte man nur Garne und erst mit Beginn des 19. Jahrhunderts auch im Stück. 1765 wurde das Rezept durch die französische Regierung unter folgendem Titel veröffentlicht: „Mémoire sur le procédé de teinture du rouge incarnat d'Adrianople sur le coton filé." Das Verfahren, das teilweise noch in der Gegenwart angewendet wird, ist sehr kompliziert. Nach Entschlichten der Garne mit Alkali wird wiederholt mit Galipoliöl (ranzigem Olivenöl), Schafmist, Soda und Pottasche, schließlich mit Galläpfeln oder Sumach und Alaun imprägniert, worauf der eigentliche Färbeprozeß vor sich gehen kann.

Im übrigen kommt für die Rotfärberei namentlich noch Rotholz (Brasilholz), früher aus Indien, später aus Amerika, in geringerem Maße auch Lacca und Sandelholz in Frage. Auch bei den gelben Farben wird die schon wiederholt erwähnte Verdrängung der europäischen durch die ausländischen, namentlich überseeischen Erzeugnisse im 17. und 18. Jahrhundert vollständig. Statt Wau, Färberscharte und Safflor werden nur mehr Orleans, Curcuma, Gelbbeeren, sowie namentlich Gelbholz, Fisettholz und Quercitronrinde benutzt. Das letztgenannte Farbmaterial wurde 1774 durch den englischen Färber Bancroft entdeckt, der 1786 vom englischen Parlament ein Privileg für ausschließliche Einfuhr und Verwendung auf eine Reihe von Jahren erhielt.

---

[1] Wrany, Chemie in Böhmen, S. 312.

Eine gewisse Bedeutung behielten von den älteren Farbstoffen die Flechtenfarbstoffe, welche unter den Namen Orseille und Lackmus bekannt sind. Beide unterscheiden sich in der Hauptsache durch die Art der Zubereitung, und zwar kam erstere meistens aus Italien in Form von Teig, letzterer aus Holland in Form von Stücken in den Handel. Die Bereitung der Orseille aus dem vorwiegend von den Kanarischen Inseln bezogenen Rohmaterial erfolgte so, daß man die gepulverte Flechte in Fässern mit Harn oder Kalk und Soda gären ließ (auch Salmiak, Kochsalz und Arsenik wurden als Zusätze verwendet). Die Lackmusfabrikation[1]) wurde nach BOLZEN VON RUFACHS Illuminierbuch — erschienen in Frankfurt 1613 — schon damals in Flandern betrieben. Die Amsterdamer Fabriken des 18. Jahrhunderts benutzten ebenfalls Flechten von den Kanarischen und Kapverdischen Inseln (wahrscheinlich Lichen roccella), und zwar sollen jährlich 2600 Zentner verschifft worden sein. Man ließ das Moos mit Wasser, Urin, Kalk und Pottasche einige Wochen in Kästen gären, mahlte die Masse, trieb sie durch ein Haarsieb und formte dann mit Hilfe stählerner oder messingener Formen kleine Stücke von 4 × 5 Zoll Größe, die auf Brettern getrocknet und in den Handel gebracht wurden. In ähnlicher Weise hat eine Fabrik in Leith (Schottland) aus Lichen saxabilis eine rote Farbe (Persio) hergestellt. Im übrigen wurde Lackmus auch aus anderen Pflanzen bereitet. So wurde in Grandlangues bei Montpellier aus den Maurellen (Crotonarten) durch Auspressen ein Saft gewonnen, mit welchem Tücher getränkt wurden. Diese breitete man dann auf Reisern oder Holzstäben über Kufen aus, in denen sich Urin oder Mist und Kalk befand, wobei durch die Einwirkung des Ammoniaks Blaufärbung eintrat. Nach öfterer Wiederholung des Verfahrens wurden die Tücher in Paketen von 3—4 Zentnern zu je 30—32 Livres nach Holland verkauft, wo sie zur Lackmusbereitung dienten.

Daß auch Berlinerblau, auf der Faser erzeugt, als Textilfarbe Anwendung fand, wurde bereits früher erwähnt.

Im ganzen und großen sind die Träger des färbetechnischen, wie überhaupt des textiltechnischen Fortschritts im 17. und 18. Jahrhundert zunächst vorwiegend die Niederlande und Frankreich gewesen, dann auch das Elsaß, die Schweiz und England, das erst verhältnismäßig spät auf den Plan trat. Noch Mitte des 18. Jahrhunderts war der Schweizer Baumwollverbrauch ebenso groß wie der englische. Die deutsche Färbetechnik war eigentlich schon im 16. Jahrhundert — trotz der Anfangserfolge im Zeugdruck — nicht mehr ganz auf der Höhe, und

---

[1]) FERBER, Chemische Fabriken; DEMACHY, Laborant im Großen II, S. 273, 317; BECKMANN, Beyträge zur Geschichte I, 3, S. 334; POPPE, Geschichte d. Technologie III, S. 378; FUNKE, Naturgeschichte II, 2, S. 873.

es muß als entschiedener Fortschritt angesehen werden, daß seit der Eroberung von Antwerpen und dem Widerruf des Edikts von Nantes die gewerblich sehr hochstehenden Einwanderer — beispielsweise die französischen Seidenfärber — in Deutschland ihre Kenntnisse verbreiteten. In Frankreich, wo sich die Färberei der besonderen Begünstigung Colberts zu erfreuen hatte — 1669 erschien eine Zunftordnung für Färber —, hatte auch die Austreibung der Hugenotten nur eine vorübergehende Schädigung zu verursachen vermocht, denn im 18. Jahrhundert steht die französische Färberei mit der englischen entschieden an der Spitze. Dies spiegelt sich auch in den zeitgenössischen Veröffentlichungen der Gelehrten wieder. So haben Dufay, Macquer, Hellot, Lepileur d'Apligny und Berthollet (L'art du teinturier, 1791) Monographien veröffentlicht, in England Newton und Bancroft (Experimental researches concerning the philosophy of permanent colors, 1794). In Schweden hat sich Bergman mit färbetechnischen Fragen beschäftigt, während in Deutschland nach Stahl, dessen Schrift „Adnotationes ad artem tinctoriam fundamentalem oder vollkommene Entdeckung der Färbekunst" 1702 erschienen war, erst um die Wende zum 19. Jahrhundert Hermbstädt auf Veranlassung Friedrich Wilhelms III. die Färbe- und Bleichkunst in größeren Schriften behandelte. Wenn Deutschland in der Färberei wie überhaupt in der Textilindustrie hinter anderen Ländern zurückgeblieben war, so hängt dies mit den verhängnisvollen Nachwirkungen des Dreißigjährigen Krieges und der allgemeinen politischen und wirtschaftspolitischen Zerrissenheit zusammen, welche die vorhandenen Energien in innerer Reibung statt in weltpolitischer Machtentfaltung zur Auswirkung kommen ließ. Zu Ende der betrachteten Epoche tritt auch noch das mit dem vorigen eng zusammenhängende Moment der Beherrschung der fremden Märkte in Erscheinung, die sowohl hinsichtlich der Beschaffung des Rohmaterials — der Baumwolle — wie hinsichtlich des Absatzes der Fertigprodukte namentlich der e n g l i s c h e n   T e x t i l i n d u s t r i e [1]) die denkbar breiteste Basis verschaffte. Ursprünglich hatte in der Hauptsache die Levante den für die europäische Baumwollindustrie notwendigen Rohstoff geliefert, und ferner bedeutete speziell für das englische Textilgewerbe der indische Besitz eine günstige Bezugsmöglichkeit, wenn auch Indien gerade in Baumwollfabrikaten noch im 18. Jahrhundert ein gefährlicher Konkurrent der englischen Industrie gewesen ist. Immerhin war neben der großartigen englischen Wollindustrie und der schottischen und irischen Leinenindustrie auch die Baumwollindustrie von

---

[1]) Vgl. Taube, Manufakturen; Schulze-Gaevernitz, Großbetrieb; Binz, Chemische Industrie; Sombart, Kapitalismus II; Lorenz, Chemische Industrie, S. 8.

Manchester, die nach der Zerstörung Antwerpens im Jahre 1585 durch
Flüchtlinge dahin verpflanzt worden war, schon Mitte des 17. Jahrhunderts nicht ganz unbedeutend. Der Hauptaufschwung erfolgte
jedoch erst, als das amerikanische Rohmaterial in größeren Mengen
auf den europäischen Markt kam. Bereits 1621 waren in Louisiana
und Texas Anbauversuche mit Baumwolle unternommen worden;
wesentlich später, erst Ende des 18. Jahrhunderts, begann der auf
Anregung des Advokaten Coxe unternommene Massenanbau in den
Südstaaten der damaligen Union, der die Baumwolle bald zu dem
ersten Textilrohstoff der Welt machte. Einen erheblichen Anteil an
diesem Aufschwung hat die Erfindung der Entkörnungsmaschine
durch Eli Whitney im Jahre 1793 gehabt. Die englische Industrie
zog in erster Linie Nutzen aus der Entwicklung des amerikanischen
Baumwollanbaues, indem sie einerseits infolge der ausschließlichen
englischen Seeherrschaft während der napoleonischen Epoche der wichtigste Abnehmer war und andererseits sich — trotz mancher Ein-
schränkung zugunsten der Woll- und Leinenindustrie — freier als die
kontinentalen, durch die Fesseln des Zunftwesens stärker eingeschränk-
ten Betriebe entfalten konnte. 1801 betrug der englische Export an
Baumwollwaren bereits 7 Millionen von 18 Millionen Gesamtexport,
während der englische Verbrauch an Baumwolle allerdings 1798/1800
erst 41,8 Millionen Pfund gegen 108,6 Millionen Pfund Leinen und
109,6 Millionen Pfund Wolle betrug; erst im 3. Jahrzehnt des 19. Jahrhunderts trat die Baumwolle an die Spitze.

In der Hauptsache sind es also wirtschaftliche und wirtschafts-
politische Momente gewesen, welche die englische Baumwollindustrie
um die Wende zum 19. Jahrhundert zur Großindustrie gemacht haben
und damit auch indirekt der Anlaß zum Entstehen der chemischen
Großindustrie gewesen sind. Momente mehr sekundärer Art waren
die technischen Fortschritte, die zunehmende Mechanisierung seit Einführung der Spinnmaschine durch Arkwright (seit 1769) und die
damit keineswegs unbedingt identische energetische Umstellung durch
Einführung der Dampfkraft an Stelle von menschlicher und tierischer
Kraft oder Wasserkraft, was eine Vervielfältigung der für den Pro-
duktionsprozeß zur Verfügung stehenden Arbeitsmenge bedeutete.
1785 wurde zum ersten Male eine Dampfmaschine in einer englischen
Baumwollspinnerei in Betrieb gesetzt. Im übrigen galt diese Umge-
staltung zunächst hauptsächlich für die Spinnerei, denn die Zahl der
Kraftwebstühle betrug in Lancashire gegenüber der der Handweb-
stühle selbst im Jahre 1813 nur 2400 gegen 200 000. Wenn auch die
genannten technischen Momente weniger bei der gewaltigen Entfaltung der Produktion eine Rolle gespielt haben, so sind sie doch
in anderer Hinsicht bedeutsam gewesen: die zunehmende Verselb-

ständigung der Produktionsmittel und der hohe Kapitalwert der Maschinen, die durch die Zentralapparatur bewirkte konstitutive Zusammenfassung sind das Charakteristikum der modernen Fabrik gegenüber der additiven Struktur der Manufaktur, mag diese auch noch so viel Personen beschäftigen. Daß eine große Zahl von Arbeitern nicht erst eine Begleiterscheinung der großindustriellen Fabrikepoche ist, zeigt gerade das Beispiel der älteren Textilmanufakturen, wie die Tuchmanufaktur in Glasgow, die 1700 bereits 1400 Personen beschäftigte, und Werke ähnlichen Umfangs in Frankreich und anderen Ländern.

Soweit die Textilbetriebe gemischt chemisch-mechanischer Art gewesen sind, tragen auch sie zunächst durchaus die Züge der Manufaktur, um im 19. Jahrhundert ebenfalls der Mechanisierung unterworfen zu werden. Die chemischen Neuerungen im Textilgewerbe, die bereits früher besprochene künstliche Bleicherei und namentlich die Zeugdruckerei[1]) haben gleichfalls an dem Emporkommen der Baumwollindustrie im 18. und zu Anfang des 19. Jahrhunderts einen ganz erheblichen Anteil gehabt. Der Baumwolldruck und sonstige Zeugdruck, der bis zu Ende des 17. Jahrhunderts in Europa eine vergleichsweise geringe Bedeutung gehabt hatte, nahm damals, verursacht durch die Mode des Tragens der sog. „Indiennes", einen erneuten Aufschwung. Die uralte indische Technik, die mit dem schon von PLINIUS erwähnten ägyptischen Druckverfahren im wesentlichen identisch ist, bestand im Gegensatz zu dem europäischen Prozeß des Bedruckens mit Ölfarben — wie er beispielsweise in Augsburg und Nürnberg ausgeübt wurde — in dem Aufdrucken bzw. Aufmalen von Beizen oder auch reservierenden Massen aus Wachs, Ton u. dgl., woran sich das Färben im Bad oder der Küpe anschloß; mit Indigo wurden so weiße Muster auf blauem Grunde, sog. Porzellandruck, erhalten. Zunächst sind derartige Stoffe neben unbedruckten „Musselinen" seit Anfang des 17. Jahrhunderts in stets steigendem Maße durch die Holländisch-Ostindische Kompanie in Europa eingeführt worden, so daß schließlich im Jahre 1700 in England und Frankreich Einfuhrverbote für bedruckte indische Stoffe erlassen wurden; immerhin hat dieses Verbot in England mehr der Ende des 17. Jahrhunderts entstandenen einheimischen Baumwolldruckerei als den Leinenwebern und Färbern genutzt. In Holland ist der Deckdruck schon in der ersten Hälfte des 16. Jahrhunderts eingeführt worden, und Ende des 17. Jahrhunderts machen in Augsburg bereits die nach indischem Muster bedruckten englischen und holländischen Kattune der ein-

---

[1]) HERMBSTÄDT, Technologie, S. 215; PARKES, Chemical essays II, S. 65; MUSPRATT, Chemie, 1. Aufl., II, S. 5, 198, 221, 4. Aufl., III, S. 1; FORRER, Zeugdruck.

heimischen Öldruckerei starke Konkurrenz. Erst 1690 gelang es, die neue Technik auch in Augsburg einzuführen, dem dann Frankfurt, Hamburg, Sachsen, Köln u. a. folgten. In Berlin ist erst 1741 die erste Druckerei durch den Genfer DUPLANTIER errichtet worden, während FRIEDRICH WILHELM I. diesem Gewerbszweig noch durchaus ablehnend gegenübergestanden hatte. Augsburg wurde in der Druckerei bald führend in Europa, namentlich durch das 1759 begründete Unternehmen von JOHANN HEINRICH SCHÜLE, der zeitweise 3500 Arbeiter — ferner auch einen Chemiker — beschäftigte und gegen 70 000 Stück abgesetzt hat. Augsburger Werkmeister haben auch in der Schweiz und im Elsaß (Mülhausen gehörte bis 1798 zur Eidgenossenschaft) zur Begründung von Druckereien beigetragen, die bald einen erheblichen Umfang angenommen haben. Im Elsaß ist die Entwicklung besonders mit den Namen KÖCHLIN und DOLLFUSS verknüpft, die 1746 mit SCHMALTZER die erste Druckerei anlegten. In Frankreich dagegen war das Drucken von Kattun und das Tragen solcher Stoffe bis 1759 verboten. Erst das von dem Deutschen OBERKAMPF in Jouy begründete Unternehmen hat die französische Druckerei zu bedeutender Höhe gebracht; die Manufaktur hat zu Beginn des 19. Jahrhunderts mit 1500 Arbeitern etwa 60 000 Stück jährlich hergestellt. In England, wo schon 1634 bedruckte Wolltapeten u. ä. nach deutschem oder holländischem Vorbild hergestellt wurden, soll der Zeugdruck 1674 eingeführt worden sein (nach anderen Angaben erst 1690 durch einen französischen Refugié, was aber nicht zu dem vor dieser Zeit in Augsburg erfolgten Auftauchen englischer Kattune passen würde). Im übrigen ist in England vorübergehend der Verkauf bedruckten Kattuns überhaupt verboten gewesen, und nach Aufhebung dieses Verbotes bestand noch die Vorschrift, daß mindestens die Kette der zu bedruckenden Stoffe aus Flachs bestehen müsse. Erst 1774 wurde die Baumwolldruckerei völlig freigegeben, blieb aber bis in das 19. Jahrhundert mit einer hohen Steuer belastet. Immerhin hat schon 1750 das damals bedeutendste Unternehmen von Bromleyhill bereits etwa 50 000 Stück hergestellt, während in Lancashire erst 1764 die erste Baumwolldruckerei errichtet wurde. Von da an hat sich die Produktion rasch gehoben und gegen Ende des Jahrhunderts bereits 1 Million Stück erreicht; damals bestand auch schon eine nicht unerhebliche Ausfuhr nach den Vereinigten Staaten und den Kolonien.

Die angewandte Technik bestand zunächst in dem Handdruck mit hölzernen Modeln, während die gravierten Kupferplatten im Jahre 1770 aufgekommen sein sollen. Ein etwa 1780 in Amiens erschienenes Buch von DE LA PLATIÈRE erwähnt auch eine Druckmaschine (von BONVALET) mit gravierten Metallplatten, die der späteren Perrotine ähnlich ist. Als Erfinder des Walzendrucks wird meistens OBERKAMPF (etwa 1785) bezeichnet, doch ist schon 1699 durch ANDREAS GLOREZ von Mähren eine hölzerne Walzendruckmaschine für Leinentapeten beschrieben worden, und auch das Nürnberger Zeugdruckerwappen aus der Zeit von 1690/95 gibt eine ähnliche Maschine wieder; endlich sind auch schon 1770 in Manchester hölzerne Druckwalzen, in Frankreich etwa zur gleichen Zeit auch Gaufrierwalzen verwendet worden. Die Bedeutung der Neuerung OBERKAMPFS besteht dagegen neben sonstigen Verbesserungen in der Anwendung gravierter Kupferwalzen, doch sind diese von ihm erst nach 1800 in Gebrauch genommen worden, nachdem schon BONVALET in Amiens vor 1780 solche Walzen benutzt hatte. Unabhängig von den vorgenannten Konstrukteuren hat auch der Schotte BELL 1785 eine Walzendruckmaschine erfunden. Auf einen Glasgower Techniker ist das seit 1799 ausgeführte Verfahren der nachträglichen „Enlevage" mit Citronensäure zurückzuführen, wozu anderwärts seit 1803 auch Oxalsäure verwendet wurde. Überhaupt hat die chemische Rationalisierung der Drucktechnik durch Anwendung verschiedener Beizen und Ätzgründe zu Anfang des 19. Jahrhunderts bereits eine erhebliche Bedeutung erlangt.

Verzeichnis der benutzten Literatur.

(Weiteres siehe im Text.)

AGRICOLA, GEORG, De re metallica libri XII, Basel 1556 (Deutsche Übersetzung von D. PHIL. BECHIUS, Frankfurt 1580).

— Bermannus, sive de re metallica dialogus (1528). (Deutsche Übersetzung von F. A. SCHMID. Freiberg 1806.)

— De natura fossilium libri IV. Basel 1546.

Ars tinctoria fundamentalis oder Gründliche Anleitung zur Färbekunst. Aus dem Französischen übersetzt. Frankfurt u. Leipzig 1683.

BASILIUS VALENTINUS, Triumph-Wagen Antimonii. Herausgegeben von JOHANN THÖLDE. Leipzig 1624.

— Offenbahrung der verborgenen Handgriffe. Erfurt 1624.

BECHER, JOHANN JOACHIM, Närrische Weisheit. Frankfurt 1682.

— Chymischer Glückshafen oder große chymische Concordantz. Frankfurt 1682.

BECK, LUDWIG, Geschichte des Eisens in technischer und kulturgeschichtlicher Beziehung. Braunschweig 1892/1903.

BECKMANN, JOHANN, Beyträge zur Oeconomie, Technologie, Polizey- und Kameralwissenschaft. Göttingen 1779/1791.

— Anleitung zur Technologie. Göttingen 1777.

— Beyträge zur Geschichte der Erfindungen. Leipzig 1780/1805.

— Physikalisch-öconomische Bibliothek. Göttingen 1770/1808.

BENRATH, H. E., Die Glasfabrikation. Braunschweig 1880.

BERGMAN, TORBERN, Geschichte des Wachstums und der Erfindungen in der Chemie in der ältesten und mittleren Zeit (De primordiis chemiae und Historia chemiae 1779/82). Übersetzt von JOH. CHRIST. WIEGLEB. Berlin-Stettin 1792.

— Opuscula physica et chemica. Herausgegeben von E. B. G. HEBENSTREIT. Holm-Upsala-Abo-Leipzig 1779/90.

BERTHELOT, MARCELLIN, La chimie au moyen-âge. Paris 1893.

— Les origines de l'alchimie. Paris 1885.

— Introduction à l'étude de la chimie des anciens et du moyen-âge. Paris 1885.

— Die Chemie im Altertum und Mittelalter. Herausgegeben von KALLIWODA und STRUNZ. Leipzig u. Wien 1909.

BESSON, JACOB, De absoluta ratione extrahendi olea. Zürich 1559.

BINZ, ARTHUR, Ursprung und Entwicklung der chemischen Industrie. Berlin 1910.

BIRELLUS, GIOVANNBATTISTA, Alchimia nova. (Die güldene Kunst. Übersetzt von PETER UFFENBACH. Frankfurt 1603.)

BIRINGUCCIO, VANUCCIO, De la pirotechnia libri X. Venedig 1540.

BLOCHMANN, Beiträge zur Geschichte der Gasbeleuchtung. Dresden 1871.

BLÜMNER, HUGO, Die gewerbliche Tätigkeit der Völker des klassischen Altertums. Leipzig 1869.

— Technologie und Terminologie der Gewerbe und Künste bei den Griechen und Römern. Leipzig 1875/1887.

BRUNSCHWYGK, HIERONYMUS, Liber de arte distillandi oder New Buch der rechten Kunst zu distillieren. Straßburg 1500.

BUCHER, BRUNO, Geschichte der technischen Künste. Stuttgart 1875.

Bücher, Karl, Zur griechischen Wirtschaftsgeschichte. (Festgabe für Albert
    Schäffle.) Tübingen 1901.
Büchsenschütz, Albert Bernh., Die Hauptstätten des Gewerbefleißes im
    klassischen Altertum. Leipzig 1869.
Caesalpinus, Andreas, De metallicis rebus libri tres. Rom 1596.
Camerarius, Joachim, Hortus medicus philosophicus. Frankfurt 1588.
Cardanus, Hieronymus, De subtilitate. Nürnberg 1550. (Deutsche Über-
    setzung von Heinrich Pantaleon, Offenbarung der Natur. Basel 1559.)
Chaptal, Jean Antoine Claude, Graf v., Chimie appliquée aux arts. Paris
    1807.
— De l'industrie françoise. Paris 1819.
Conrad, Johannes, Grundriß zum Studium der politischen Ökonomie. 7. Aufl.
    Jena 1914/1919.
Cordus, Valerius, Dispensatorium hoc est pharmacorum conficiendorum
    ratio. Nürnberg 1535.
— Annotationes in Dioscoridis de materia medica. Frankfurt 1549.
— De artificiosis extractionibus. Herausgegeben v. Gessner. Straßburg 1561.
Cramer, Johann Andreas, Anfangsgründe der Metallurgie. Blankenburg u.
    Quedlinburg 1774.
— Anleitung zum Forstwesen. Berlin 1766.
Croll, Oswald, Basilica chymica. Frankfurt 1609.
Dariot, Claude, Die güldene Arch. (Deutsche Übersetzung.) Nürnberg 1614.
— In erweiterter Form: Vereinigung der galenischen und paracelsischen
    Artzneykunst. Basel 1623.
Darmstädter, Ludwig, Handbuch zur Geschichte der Naturwissenschaft und
    der Technik. 2. Aufl. Berlin 1908.
Deite-Schrauth, Handbuch der Seifenindustrie. 4. Aufl. Berlin 1917.
(Demachy, Jean Francois) Demachys Laborant im Großen. Mit Anmerkungen
    von Dr. Struve und Abhandlungen Wieglebs. Aus dem Französischen
    übersetzt von D. Samuel Hahnemann. Leipzig 1801. (Paris 1777.)
Diels, Hermann, Antike Technik. Leipzig u. Berlin 1914.
Diergart, Paul, Beiträge zur Geschichte der Chemie, dem Gedenken von
    G. W. A. Kahlbaum gewidmet. Leipzig u. Wien 1909.
Dietz, Alexander, Frankfurter Handelsgeschichte. Frankfurt 1910.
(Dimeschqi) Chems-ed-din-Abu-Abdallah Mohammed, Manuel de la cosmo-
    graphie du moyen-âge. Herausgegeben von A. F. Mehren. Kopenhagen
    1874.
Dioskorides, Pedanius, Materia medica. Übersetzt von Berendes. Stutt-
    gart 1902.
Dornaeus, Gerardus (Dorn), Clavis totius philosophiae chymisticae. Leyden
    1567.
(Dukas) Michaelis Ducae Nepotis historia byzantina. Herausgegeben von
    Immanuel Bekker. Bonn 1834.
Encelius, Christophorus, De re metallica libri III. Frankfurt 1551.
Ercker, Lazarus, Beschreibung aller furnemisten mineralischen Ertz und
    Bergkwercksarten. Prag 1574.
Fachs, Modestin, Probierbüchlein. 1595.
Feldhaus, Franz, Technik der Vorzeit. Berlin-Leipzig 1914.
Ferber, Johann Jakob, Nachrichten und Beschreibungen einiger chemischen
    Fabriken. Halberstadt 1793.
Forrer, Robert, Die Kunst des Zeugdrucks vom Mittelalter bis zur Empire-
    zeit. Straßburg 1898.
Francotte, L'industrie de la Grèce ancienne. Brüssel 1900.
Funke, Karl Philipp, Naturgeschichte und Technologie. Wien 1812 (zuerst
    1790).
Garzoni, Thomaso, La piazza universale di tutte le professioni del mondo.
    Venedig 1590.

Gessner, Conrad (Euonymus Philiater), De secretis remediis. Zürich 1554.

Glauber, Johann Rudolf, Furni novi philosophici. Amsterdam 1648.

— Miraculum mundi. Amsterdam 1653.

— Pharmacopoea spagyrica. Amsterdam 1654.

— Tractatus de natura salium. Amsterdam 1658.

— Des Teutschlands Wolfahrt. Amsterdam 1656/60.

— Grundriss und warhafftige Beschreibung, wie man aus der Weinhefen einen guten Weinstein extrahieren sol. Amsterdam 1654.

Gmelin, Johann Friedrich, Geschichte der Chemie. Göttingen 1797/99.

Hermbstädt, Sigismund Friedrich, Grundriß der Technologie. Berlin 1814.

— Grundriß der experimentellen Kameralchemie. Berlin 1808.

— Chemisch-technologische Grundsätze der gesammten Ledergerberey. Berlin 1805/07.

— Grundriß der Färbekunst. Berlin-Stettin 1802.

— Allgemeine Grundsätze der Bleichkunst. Berlin 1804.

— Die Wissenschaft des Seifensieders. Berlin 1808.

— Anleitung zur gemeinnützigen Kenntnis der Natur, Fabrikation und Nutzanwendung des Essigs. Berlin 1808.

— Chemische Grundsätze der Kunst Bier zu brauen. Berlin 1814.

— Chemische Grundsätze der Destillierkunst und Liqueurfabrication. Berlin 1819.

— Chemische Grundsätze der Kunst Branntwein zu brennen. Berlin 1823.

Heyd, Wilhelm, Geschichte des Levantehandels im Mittelalter. Stuttgart 1879.

Hildt, Johann Adolf, Handlungszeitung. Göttingen 1784 ff.

Hoering, Paul, Moornutzung und Torfverwertung. Berlin 1915.

Hoffmann, Gottfried August, Die Chymie zum Gebrauch des Haus-, Land- und Stadtwirts, des Künstlers, Manufacturiers, Fabricanten und Handwerkers. Leipzig 1757.

— Chymischer Manufacturier und Fabricant. Gotha 1758.

Horn, Georg, Die Geschichte der Glasindustrie und ihrer Arbeiter. Stuttgart 1903.

Hoyer, Egbert, Die Fabrikation des Papiers. Braunschweig 1887.

Hübner, Johann, Curieuses Natur-, Kunst-, Gewerck- und Handlungslexikon. Leipzig 1712.

Inama-Sternegg, Karl Theodor v., Deutsche Wirtschaftsgeschichte. Leipzig 1879/91.

Justi, Johann Heinrich Gottlob v., Vollständige Abhandlung von denen Manufakturen und Fabriken. Kopenhagen 1758.

Karmarsch, Karl, Geschichte der Technologie seit der Mitte des 18. Jahrhunderts. München 1872.

Khunrath, Conradus, Medulla distillatoria. Schleswig 1549.

Kisa, Anton, Das Glas im Altertume. Leipzig 1908.

Kopp, Hermann, Geschichte der Chemie. Braunschweig 1843/47.

— Beiträge zur Geschichte der Chemie. Braunschweig 1869.

— Die Alchemie in älterer und neuerer Zeit. Heidelberg 1886.

Kunckel, Johann, Ars vitraria experimentalis oder vollständige Glasmacherkunst. Frankfurt 1679.

Lagercrantz, Otto, Papyrus Holmiensis, Rezepte für Silber, Steine und Purpur. Upsala 1913.

Lampadius, W. A., Handbuch des allgemeinen Hüttenwesens. Göttingen 1801/10.

— Sammlung praktisch-chemischer Abhandlungen und vermischter Bemerkungen. Dresden 1795/1800.

Lauterbach, Fritz, Geschichte der in Deutschland bei der Färberei angewandten Farbstoffe mit besonderer Berücksichtigung des mittelalterlichen Waidbaus. Leipzig 1905.

Lehnert, Georg, Das Porzellan. Bielefeld u. Leipzig 1902.

Lemery, Nicolas, Vollständiges Materialien-Lexikon. Aus dem Französischen übersetzt von Christoph Friedrich Richter. Leipzig 1721.

Lewis, William, Physikalisch-chymische Abhandlungen und Versuche. Aus dem Englischen übersetzt von J. G. Krünitz. Berlin 1764/66.

Libavius, Andreas, Alchemia. Frankfurt 1595.

— Praxis Alchymiae. Frankfurt 1605.

Lippmann, Edmund O. v., Abhandlungen und Vorträge zur Geschichte der Naturwissenschaften. Leipzig 1906/13.

— Entstehung und Ausbreitung der Alchemie. Berlin 1919.

— Zeittafeln zur Geschichte der organischen Chemie. Berlin 1921.

— Geschichte des Zuckers. Leipzig 1890.

Löhneyss, Georg Engelhardt, Bericht vom Bergwerck. Zellerfeld 1617.

Lonicer, Adam, Naturalis historiae opus novum. Frankfurt 1551.

Lorenz, Richard, Chemische Industrie im Kriege. Leipzig 1919.

Lunge, Georg, Handbuch der Sodaindustrie und ihrer Nebenzweige. 3. Aufl. Braunschweig 1903/1909.

— Die Industrie des Steinkohlenteers und Ammoniaks. Braunschweig 1888. (5. Auflage 1912.)

Matthesius, Johann, Sarepta oder Bergpostill. Nürnberg 1562.

Matthiolus, Petrus Andreas, Commentarii in VI libros Pedacii Dioscoridis Anazarbei de materia medica. Venedig 1558.

Meyer, Eduard, Die wirtschaftliche Entwicklung des Altertums. Jena 1895.

— Geschichte des Altertums. Stuttgart 1893/1907.

Meyer, Ernst v., Geschichte der Chemie. 4. Aufl. Leipzig 1914.

Muspratt, Sheridan, Theoretische, praktische und analytische Chemie in Anwendung auf Künste und Gewerbe. 1. Auflage (bearbeitet von F. Stohmann und Th. Gerding). Braunschweig 1856. 4. Auflage (bearbeitet von F. Stohmann, B. Kerl und H. Bunte). Braunschweig 1888 ff.

Neri, Antonio, L'Arte vetraria. Florenz 1612.

Neuburger, Albert, Die Technik des Altertums. Leipzig 1919.

Neumann, Bernhard, Die Metalle. Halle 1904.

(Nicolay, Friedr.) Beschreibung der königl. Residenzstädte Berlin und Potsdam. Berlin 1779.

(Palissy) Les oeuvres de maistre Bernard Palissy. Herausgegeben von B. Fillon. Niort 1888.

(Paracelsus), Bücher und Schriften des Philippus Theophrastus Bombast v. Hohenheim, Paracelsus genannt. Herausgegeben von Johannes Huser. Basel 1590.

Parkes, Samuel, Chemical essays. London 1815.

Pedemontanus, Alexius (Ruscelli), De secretis. Venedig 1555. (Deutsche Übersetzung von Wecker, Artzney-Buch. Basel 1575.)

Peters, Hermann, Aus pharmazeutischer Vorzeit in Wort und Bild. 2. Aufl. Berlin 1899.

Plinius, Cajus P. Secundus, Naturalis historia. Herausgegeben von Carl Mayhoff. Leipzig 1906. (Deutsche Übersetzung von Wittstein. Leipzig 1882.)

Poppe, Johann Heinrich Moritz v., Lehrbuch der speziellen Technologie. Stuttgart und Tübingen 1819.

— Geschichte der Technologie. Göttingen 1807/1811.

Porta, Giovanbattista della, Magiae naturalis libri XX. Neapel 1589 (1558 libri IV).

— De distillatione. Rom 1608. (Ars destillatoria in deutscher Sprache herausgegeben von Peter Uffenbach. Frankfurt 1611.)

Quercetanus, Joseph (Du Chesne), De priscorum philosophorum verae medicinae materia (De dogmaticorum medicorum legitima et restituta medicamentorum praeparatione). St. Gervais 1603.

Reinhardt, Curt, Tschirnhaus oder Böttger. Görlitz 1912.

RÖSSLER, BALTASAR, Speculum metallurgiae politissimum. Vor 1673.

ROMOCKI, S. J. v., Geschichte der Explosivstoffe. Berlin 1895.

ROSCHER, WILHELM, Nationalökonomik des Handels und Gewerbefleißes. Bearbeitet von WILHELM STIEDA. 7. Aufl. Stuttgart 1899.

RUBEUS, HIERONYMUS (ROSSI), De destillatione. Ravenna 1582.

RUSKA, JULIUS, Das Steinbuch des ARISTOTELES. Heidelberg 1912.

RYFF, WALTER HERMANN, Das new gross Distillierbuch. Frankfurt 1545.

SALA, ANGELO, Opera medico-chymica quae extant omnia. Frankfurt 1647. (De natura, proprietate et usu spiritus vitrioli.)

SCHELENZ, HERMANN, Geschichte der Pharmazie. Berlin 1904.

— Zur Geschichte der pharmazeutisch-chemischen Destilliergeräte. Berlin 1911.

SCHERER, H., Allgemeine Geschichte des Welthandels. Leipzig 1852.

SCHILLING, N. B., Handbuch der Steinkohlengas-Beleuchtung. 3. Aufl. 1879/92.

SCHLÜTER, CHRIST. ANDR., Gründlicher Unterricht von Hüttenwerken. 1738.

SCHMOLLER, GUSTAV, Grundriß der allgemeinen Volkswirtschaftslehre. 4/6. Auflage. Leipzig 1901.

SCHNEIDER, HERMANN, Kultur und Denken der alten Ägypter. Leipzig 1907.

SCHRICK, MICHAEL (PUFF aus), Ein nutzlich materi von mangerlay ussgeprante Wassern. Augsburg 1479.

(SCHULTZ, GUSTAV, Die chemische Industrie Bayerns.) In: Darstellungen aus der Geschichte der Technik, der Industrie und Landwirtschaft in Bayern. Festschrift, München 1906.

— Die Chemie des Steinkohlenteers. Braunschweig 1886.

SCHULZE-GAEVERNITZ, GERHART v., Der Großbetrieb ein wirtschaftlicher und sozialer Fortschritt. Leipzig 1892.

SIMON, JOH. CHRIST., Die Kunst, Salpeter zu machen und Scheidewasser zu brennen. Dresden 1771.

SIMONSFELD, HENRY, Der Fondaco dei Tedesci in Venedig und die deutsch-venezianischen Handelsbeziehungen. Stuttgart 1885.

SOMBART, WERNER, Der moderne Kapitalismus. München-Leipzig 1917.

STAHL, GEORG ERNST, Anweisung zur Metallurgie. Leipzig 1720.

STANGE, ALBERT, Die Zeitalter der Chemie in Wort und Bild. Leipzig 1908.

STAVENHAGEN, ARTHUR, Festschrift zur Feier des hundertjährigen Bestehens der Hermania. Schönebeck a. E. 1897.

STRUNZ, FRANZ, Über die Vorgeschichte und die Anfänge der Chemie. Leipzig u. Wien 1906.

— Die Chemie im klassischen Altertum. Wien 1905.

SVEDBERG, THE, Die Materie. Leipzig 1914.

TAUBE, FRIEDRICH WILHELM, Historische und politische Abschilderung der Engländischen Manufakturen, Handlung, Schiffahrt und Colonien. Wien 1774.

Technologisches Taschenbuch für Künstler, Fabrikanten und Metallurgen. Göttingen 1786.

TURQUET DE MAYERNE, THÉODORE, Pharmacopoeia. In Opera medica. London 1703.

ULSTADIUS, PHILIPPUS, Coelum philosophorum. Straßburg 1527.

VIGENÈRE, BLAISE DE, Abhandlung von Feuer und Salz. Aus dem Französischen übersetzt. Breslau 1782. (Paris 1608).

VOGEL, EMIL FERDINAND, Geschichte der denkwürdigsten Erfindungen. Leipzig 1847.

WRANY, ADALBERT, Geschichte der Chemie und der auf chemischer Grundlage beruhenden Betriebe in Böhmen. Prag 1902.

ZANTHIER, H. D. v., Abhandlungen über das theoretische und praktische Forstwesen. Berlin 1799.

ZWELFER, JOHANN, Animadversiones in pharmacopoeiam augustanam. Wien 1652.

— Pharmacopoeia regia. Wien 1652. (Die späteren Auflagen, z. B. Dordrecht 1672, ebenso die deutsche Übersetzung „Königliche Apothek oder Dispensatorium", Nürnberg 1692, mit Anhang „Mantissa spagyrica".)

Namenverzeichnis.

Sachverzeichnis.

Hausdruckerei Dr. Martin Sändig oHG., Wiesbaden